工学结合·基于工作过程导向的项目化创新系列教材
国家示范性高等职业教育机电类“十三五”规划教材

电机设计

Dianji Sheji

▲主　编　　张晓宇　张旭宁
▲副主编　　王桂秀　毛政祥

華中科技大学出版社
http://www.hustp.com
中国·武汉

内容提要

本书主要从电机的基本理论及具体设计方法入手，详细论述了电机的基本设计理论及常用电动机的设计等内容。全书分三部分，共9章：第一部分包括4章，精辟地论述了电机主要参数之间的关系及磁路计算、参数计算、损耗与效率计算；第二部分共4章，主要讲述了感应电机、直流电机、永磁直流电动机及单相串激电动机的具体设计方法及完整的设计程序，并附有设计实例；第三部分共1章，举实例论述了计算机软件在电机设计中的应用。

本书构思新颖、基础理论论述精练、实际算例翔实、文字与图片并举，可作为相关高职高专电机专业及技能应用型本科院校相关专业的教材和参考书，也可作为有关工程技术人员工具用书。

图书在版编目(CIP)数据

电机设计/张晓宇，张旭宁主编．—武汉：华中科技大学出版社，2016.1(2021.1重印)
ISBN 978-7-5680-1512-7

Ⅰ.①电…　Ⅱ.①张…　②张…　Ⅲ.①电机-设计-高等职业教育-教材　Ⅳ.①TM302

中国版本图书馆CIP数据核字(2015)第315560号

电机设计
Dianji Sheji

张晓宇　张旭宁　主编

策划编辑：张　毅
责任编辑：刘　静
封面设计：原色设计
责任校对：李　琴
责任监印：朱　玢
出版发行：华中科技大学出版社(中国·武汉)　　电话：(027)81321913
武汉市东湖新技术开发区华工科技园　　邮编：430223
录　　排：华中科技大学惠友文印中心
印　　刷：武汉邮科印务有限公司
开　　本：787mm×1092mm　1/16
印　　张：14.25
字　　数：381千字
版　　次：2021年1月第1版第2次印刷
定　　价：38.00元

前言 QIANYAN

我国高职高专教育的根本任务是培养综合素质高、实践能力强和创新能力突出的一线复合技能型人才。这就需要教育机构勇于改革，探索科学合理、符合高职高专院校学生特点的教学模式与教材。

电机设计课程既是一门需要掌握较多的理论知识的课程，又是一门具有较强实践性的课程。本书由长期从事电机设计的生产一线科研人员、教学经验丰富的优秀教师合力打造，内容力求保持科学性、实用性、新颖性。对较多的公式推导、理论分析进行了删繁就简，并配以精练的语言表述；同时增加了内容丰富、生动的插图，详细表述了典型电机设计思路、要点及电磁程序设计实例，以培养学生应用能力、实践动手能力、分析能力、解决问题能力。本书文字叙述精练，文字与图片、表格并举，力求避免大段文字的烦琐表达，能够极大提高学生的感性认识，从而提高学生的学习与阅读兴趣。本书既可以作为高职相关专业的教学用书，也可作为相关社会从业人员的业务参考及培训用书。

本书由江门职业技术学院高级工程师张晓宇、江门职业技术学院张旭宁任主编，德昌电机有限公司高级工程师王桂秀、江门马丁电机科技有限公司毛政祥任副主编。其中第1章至第5章和第9章由张晓宇编写，第6章由王桂秀编写，第7章由毛政祥编写，第8章由张旭宁编写。江门海力数控电机有限公司梅贤煜参与了计算实例及资料整理与校对工作。

本书编写过程中参阅了有关教材和资料，在此表示衷心感谢。限于编者的学术水平和实践经验，书中的错漏及不足之处，恳切希望有关专家和广大读者批评指正，以便修订时改进。

编　者

2016年元月

目录 MULU

第1篇　电机设计基础理论

第2篇　电机设计实例

第3篇 计算机软件在电机设计中的应用

第1篇 电机设计基础理论

第1章

电机主要参数之间的关系

本章导读

图1-1所示为电机的分解图。电机在进行能量转换时，无论是发电机（将其他形式的能源转换成电能的一种设备），还是电动机（将电能转换成机械能的一种设备），其能量都是以电磁能的形式通过定子、转子之间的气隙传递的，与该能量对应的功率称为电磁功率，电机的主要尺寸与电磁功率有密切关系。同时，在电机参数中，线负荷 A、气隙最大磁密 B_δ 的选取对电机工作性能和经济性有很大影响。

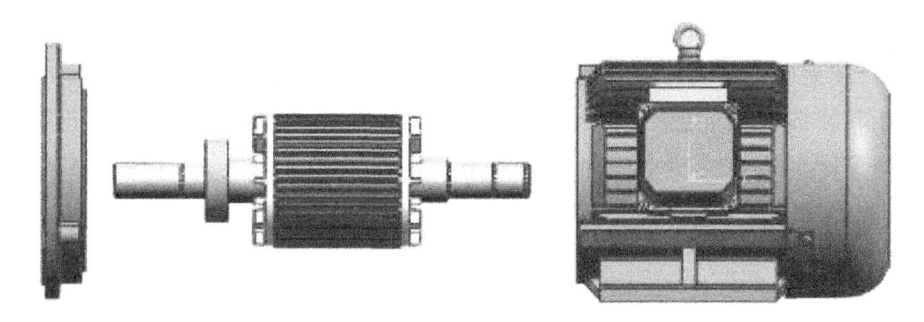

图1-1　电机的分解图

本章主要包括以下三个方面的内容。一是分析电机的几何尺寸，确定究竟哪些是主要尺寸，从几何角度来看，这些主要尺寸一经确定，其他尺寸就大体上确定了，电机的质量、价格和工作性能等也基本上确定了。二是通过对主要尺寸关系式的分析，得到电机参数中线负荷 A、气隙最大磁密 B_δ 的选取对电机运行性能和经济性的影响，以及选取线负荷 A、气隙最大磁密 B_δ 的基本原则。三是电机的几何相似定律及系列电机等。

学习目标

（1）掌握电机的主要尺寸及理解电机主要尺寸确定的一般方法。

（2）掌握电机主要参数之间的关系式及电磁负荷的选择。

（3）了解电机的几何相似定律及系列电机。

电机的几何尺寸很多，以图1-2为例，有铁芯尺寸、绕组尺寸、外形尺寸、安装尺寸及其他各种结构部件的尺寸，但是究竟哪些是主要尺寸呢？由电机学知识可知，电机的电磁过程主要是在气隙中进行的，其能量形式的转换是通过气隙主磁通进行的。因此，主要尺寸必定与气隙有密切关系。实践证明，电枢直径 D 与铁芯有效长度 l_{ef} 是电机的主要尺寸，而气隙可以说是第三个主要尺寸。对于直流电机而言，电枢直径是指转子外径；对于交流电机而言，电枢直径是指定子内径。

从几何角度看，这些尺寸一经确定，其他尺寸就大体上确定了，并且不少电磁性能也就基本确定了，同时电机的质量、价格和工作性能等也基本上确定了。

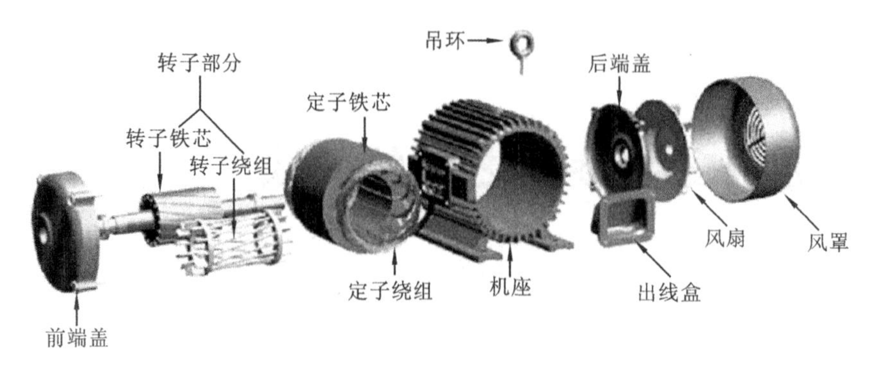

图 1-2　感应电机零件结构示意图

1.1　电机主要参数之间的关系式

电机在进行能量转换时，无论是发电机（将其他形式的能源转换成电能的一种设备），还是电动机（将电能转换成机械能的一种设备），其能量都是以电磁能的形式通过定子、转子之间的气隙传递的，与该能量对应的功率称为电磁功率。电机的主要尺寸与电磁功率有密切关系，电磁功率也可用计算功率来表示。

一、计算功率

1. 交流电机的计算功率

交流电机的计算功率为

$$P' = mEI \tag{1-1}$$

式中　m——电枢绕组相数；

E——电枢绕组相电势，V；

I——电枢绕组相电流，A。

其中，电枢绕组相电势为

$$E = 4K_{\mathrm{Nm}} f N K_{\mathrm{dp}} \Phi \tag{1-2}$$

式中　K_{Nm}——气隙磁场波形系数，当气隙磁场呈正弦分布时，$K_{\mathrm{Nm}}=1.11$；

f——电流频率，Hz；

N——电枢绕组的每相串联匝数；

K_{dp}——电枢绕组系数；

Φ——每极磁通，Wb。

其中，每极磁通为

$$\Phi = B_{\delta\mathrm{av}} \tau l_{\mathrm{ef}} = B_{\delta} \alpha'_{\mathrm{p}} \tau l_{\mathrm{ef}} \tag{1-3}$$

式中　B_{δ}——气隙最大磁密，T；

$B_{\delta\mathrm{av}}$——气隙磁密平均值，T；

α'_{p}——计算极弧系数，$\alpha'_{\mathrm{p}}=\dfrac{B_{\delta\mathrm{av}}}{B_{\delta}}$；

l_{ef}——铁芯有效长度，m；

τ——极距，$\tau=\dfrac{\pi D}{2p}$（D为电枢直径，p为极对数），m。

通常，将沿电枢绕组圆周单位长度上的安培导体数称为线负荷A，即

$$A=\frac{2mNI}{\pi D} \tag{1-4}$$

并整理得

$$\frac{D^2 l_{ef} n}{P'}=\frac{6.1\times 10^{-3}}{\alpha'_p K_{Nm} K_{dp} A B_\delta} \tag{1-5}$$

2. 直流电机的计算功率

直流电机的计算功率为

$$P'=E_a I_a \tag{1-6}$$

式中　E_a——电枢绕组的电势，V；

I_a——电枢绕组的电流，A。

其中，电枢绕组的电势为

$$E_a=\frac{p\cdot n}{60}\cdot\frac{N_a}{a}\cdot\Phi \tag{1-7}$$

式中　N_a——电枢绕组的总导体数；

a——电枢绕组的并联支路对数。

因为线负荷为

$$A=\frac{I_a N_a}{2a\pi D} \tag{1-8}$$

所以

$$I_a=\frac{2a\pi DA}{N_a} \tag{1-9}$$

代入上面关系，并化简得

$$\frac{D^2 l_{ef} n}{P'}=\frac{6.1\times 10^{-3}}{\alpha'_p A B_\delta} \tag{1-10}$$

比较式(1-5)、式(1-10)可知，交流电机和直流电机的主要尺寸与计算功率、转速、电磁负荷之间的关系是相似的。

对一定功率和转速范围内的电机，B_δ、A变动不大，α'_p、K_{Nm}、K_{dp}变化范围更小。

二、电机常数和利用系数

1. 电机常数

电机常数C_A在大体上反映了产生单位计算转矩所消耗的有效材料（铜、铝或电工钢）的体积，并在一定程度上反映了结构材料的耗用量。其表达式为

$$C_A=\frac{D^2 l_{ef} n}{P'}=\frac{6.1\times 10^{-3}}{\alpha'_p K_{Nm} K_{dp} A B_\delta} \tag{1-11}$$

因为计算转矩$T'=\dfrac{P'}{\Omega}=\dfrac{60P'}{2\pi n}$（$\Omega$为机械角速度，单位为rad/s）；

所以

$$C_A=\frac{D^2 l_{ef} n}{P'}=\frac{D^2 l_{ef}}{P'/n}=\frac{60D^2 l_{ef}}{2\pi T'}=\frac{6.1\times 10^{-3}}{\alpha'_p K_{Nm} K_{dp} A B_\delta} \tag{1-12}$$

$D^2 l_{ef}$近似地表示转子有效部分的体积，定子有效部分的体积也与它有关。

2. 利用系数

K_A 是电机常数 C_A 的倒数，称为利用系数。其表达式为

$$K_A = \frac{1}{C_A} = \frac{2\pi T'}{60D^2 l_{ef}} = \frac{P'}{D^2 l_{ef} n} \tag{1-13}$$

K_A 表示单位体积的有效材料所能产生的计算转矩，它的大小反映了电机有效材料的利用程度。

在比较设计方案时，K_A 往往是一项很好的比较指标，随着电机制造水平的提高、材料质量的改进，K_A 将不断增大。

C_A 并非是常数，转速一定时，C_A 随着电机功率的增大而减小，K_A 和转矩应力则随电机功率的增大而增大。

不同类型电机的计算功率 P'可通过电机的额定功率 P_N 来决定，方法如下。

对感应电机：

$$P' = \frac{K_E P_N}{\eta_N \cos\varphi_N} \tag{1-14}$$

式中　K_E——满载电势标幺值，即额定负载时，感应电势与端电压的比值；

η_N、$\cos\varphi_N$——额定负载时的效率、功率因数；

P_N——额定功率。

对同步发电机：

$$P' = \frac{K_E P_N}{\cos\varphi_N} \tag{1-15}$$

对同步电动机：

$$P' = \frac{K_E P_N}{\eta_N \cos\varphi_N} \tag{1-16}$$

对同步调相机：

$$P' = K_E P_N \tag{1-17}$$

对具有并励绕组的直流发电机：

$$P' = K_g P_N \tag{1-18}$$

式中　K_g——考虑发电机电枢压降和绕组电流而引入的系数。

对具有并励绕组的直流电动机：

$$P' = \frac{K_m P_N}{\eta_N} \tag{1-19}$$

式中　K_m——考虑电动机电枢压降和绕组电流而引入的系数。

三、从确定的主要尺寸关系式所得出的结论

确定主要尺寸的关系式即为

$$C_A = \frac{D^2 l_{ef}}{P'/n} = \frac{60D^2 l_{ef}}{2\pi T'} = \frac{6.1 \times 10^{-3}}{\alpha'_p K_{Nm} K_{dp} A B_\delta} \tag{1-20}$$

从上式可得出以下几点结论。

(1)电机的主要尺寸取决于 P'/n 或 T'。当其他条件相同时，无论是功率大、转速高的电机，还是功率小、转速低的电机，若 T'相近，则其所消耗的有效材料相近，体积相近，D、l_{ef}基本相

同。

(2)在一定转速范围内，电磁负荷 A 和 B_{δ} 不变。当 C_A 一定时，对 P' 相同的电机，n 越大，$D^2 l_{ef}$ 越小；对 $D^2 l_{ef}$ 相同的电机，n 越大，P' 越大。

(3)当 C_A、n 一定时，若 D 不变而选用不同的 l_{ef}，则可得到不同功率的电机。

(4)α'_p、K_{Nm} 和 K_{dp} 一般变化不大，电磁负荷 A 和 B_{δ} 值的大小直接影响电机的主要尺寸和有效材料用量。A 和 B_{δ} 选得越大，电机的尺寸越小，耗用的材料就越少。

1.2 电磁负荷的选择

根据确定的主要尺寸关系式

$$\frac{D^2 l_{ef} n}{P'} = \frac{6.1 \times 10^{-3}}{\alpha'_p K_{Nm} K_{dp} A B_{\delta}} \tag{1-21}$$

来看：由于在正常的电机中，α'_p、K_{Nm}、K_{dp} 实际上变化不大，因此当计算功率和转速一定时，电机的主要尺寸 $D^2 l_{ef}$ 取决于电磁负荷 A、B_{δ}。

从上式看出，A、B_{δ} 越大，$D^2 l_{ef}$ 越小，电机的质量越轻，成本越低。因此，设计电机时，我们总希望 A、B_{δ} 大一点好。但是 A、B_{δ} 的选择与许多因素有关，会影响电机的其他性能。它不但影响有效材料用量，更重要的是对电机的参数、启动和运行影响较大。下面先讨论电磁负荷对电机运行性能和经济性的影响，然后简单介绍具体的电磁负荷的选择方法。

一、电磁负荷对电机工作性能和经济性的影响

(一)线负荷 A 较大

(1) 优点：

① 电机体积较小，可节省使用材料；

② B_{δ} 一定时，由于铁芯质量减轻，铁耗减小。

(2) 缺点：

① 绕组用铜(铝)量将增加；

② 增大了电枢单位表面上的铜(铝)耗，绕组温升增大；

③ 改变了电机参数和电机特性。

(二)气隙最大磁密 B_{δ} 较大

(1) 优点：电机体积较小，可节省使用材料。

(2) 缺点：

① 电枢基本铁耗增大；

② 气隙磁位降和磁路饱和程度将增大；

③ 改变了电机参数和电机特性。

二、线负荷 A 和气隙最大磁密 B_{δ} 的选择

(1)A、B_{δ} 的比值要适当。A、B_{δ} 的比值影响电机参数和电机特性；影响铜、铁的分配，即影响电机效率曲线上出现最高效率的位置(可变损耗与不变损耗相等，效率最大)。对一般轻载电

机，A 选较大值，B_δ 选较小值，其效率较高。

(2) A、B_δ 的选择要考虑冷却条件。当输出功率一定时，增大电磁负荷 A、B_δ，电机的体积减小了，可节省有效材料，但需要较好的冷却条件。对采用防护式冷却方式的电机，A、B_δ 一般比同规格封闭式电机的大；对一般小型异步电机，通常可大 15%～20%。

(3) A、B_δ 的选择要考虑所用材料和绝缘结构的等级。绝缘结构的耐热等级越高，电机允许温升越高，A 越大；导磁材料（包括结构部件材料）性能越好，B_δ 越大。

(4) A、B_δ 的选择要考虑计算功率 P' 和转速 n 的大小。由于电枢圆周速度 v_a 取决于转子直径及转速 n，对电枢圆周速度 v_a 快的电机，冷却条件有所改善，因此 A、B_δ 可选取得大些；对计算功率 P' 大、电枢直径小的电机，选取的 A、B_δ 相应小些。

(5) 选取较大的 A，绕组用铜（铝）量将增加。由于电机尺寸减小了，若 B_δ 不变，每极磁通将减小，为得到一定的感应电势，绕组匝数必将增多。

(6) 选择较高的 A 或导体电流密度 J，绕组电阻将增加，绕组温升将增高。对直流电机，A 过高，电抗电势将增加，换向会恶化。

(7) 选择较高的 B_δ，电机基本铁耗增加。由于电枢铁芯中的磁密与 B_δ 成一定的比例关系，而铁的比损耗（单位质量铁芯中的损耗）与铁磁材料内磁密的平方成正比关系，故随着 B_δ 的增大，铁的比损耗的增加速度比铁芯质量减轻的速度更快。因此，B_δ 增大还将导致效率降低及在冷却条件不变时温度升高。

总的来说，电磁负荷 A、B_δ 的选择要考虑的因素很多，很难从理论上来确定 A、B_δ。通常，主要参考电机工业长期积累的经验数据，并在分析、对比设计电机与已有电机之间在使用材料、结构、技术条件、要求等方面的异同后进行选取电磁负荷 A、B_δ。但随着电工材料的不断改进、冷却条件的不断提高，电磁负荷 A、B_δ 的选择空间越来越大。

1.3 电机的几何相似定律及系列电机

一、电机的几何相似定律

为进一步认识电机的重要尺寸与计算功率、转速、电磁负荷间的某些规律，我们对具有相同的导体电流密度、磁通密度、转速和极数，而计算功率递增、几何形状相似的电机进行分析。

所谓几何相似，是指电机所对应的尺寸具有相同的比值。如：若 A、B 两台电机几何相似，则它们的对应尺寸成比例，即

$$\frac{D_A}{D_B}=\frac{l_A}{l_B}=\frac{h_{sA}}{h_{sB}}=\frac{b_{sA}}{b_{sB}} \tag{1-22}$$

式中　h_s、b_s——槽高、槽宽。

在导体电流密度、磁通密度、转速、频率保持不变时，对一系列计算功率递增、几何相似的电机，单位功率所需有效材料的质量 G、有效材料的成本 C_{ef} 及产生的损耗 $\sum p$ 与计算功率 P' 的 1/4 次方成反比的定律称为几何相似定律。

$$\frac{G}{P'}\propto\frac{C_{ef}}{P'}\propto\frac{\sum p}{P'}\propto\frac{P'^{3/4}}{P'}=\frac{1}{P'^{1/4}} \tag{1-23}$$

1. 证明

条件：J、B、n、f 保持不变。

①长度 l 与计算功率 P' 之间的关系为

由于 $P' \propto EI, E \propto N\Phi, \Phi = BS_{Fe}$ （S_{Fe} 为铁芯净截面面积）

所以 $E \propto NBS_{Fe}$

且 $I = JS_C$（J：导体电流密度；S_C：导体截面积），代入 P'，则 $P' \propto NBS_{Fe}JS_C$（B、J 保持不变，$S_{cu} = NS_C$）

可得 $P' \propto S_{Fe}S_{cu}$（S_{cu} 为绕组净截面面积）

已知 $S_{Fe} \propto l^2, S_{cu} \propto l^2$

所以 $P' \propto l^4 \quad l \propto P'^{\frac{1}{4}}$

②G、C_{ef} 和 $\sum p$ 与 P' 的关系为：有效材料的质量与体积成正比，也与长度 l 的立方成正比；有效材料的成本 C_{ef}、产生的损耗 $\sum p$ 与 G 成正比，故可得

$$G \propto l^3 \quad 即 \quad G \propto P'^{\frac{3}{4}}$$

$$C_{ef} \propto G \quad 即 \quad C_{ef} \propto P'^{\frac{3}{4}}$$

$$\sum p \propto G \quad 即 \quad \sum p \propto P'^{\frac{3}{4}}$$

③单位功率所需有效材料的质量 G、有效材料的成本 C_{ef} 及产生的损耗 $\sum p'$ 与计算功率 P' 的关系为

$$\frac{G}{P'} \propto \frac{C_{ef}}{P'} \propto \frac{\sum p}{P'} \propto \frac{P'^{\frac{3}{4}}}{P'} = \frac{1}{P'^{\frac{1}{4}}}$$

即得几何相似定律：在 J、B、n、f 保持不变时，对一系列计算功率递增、几何相似的电机，单位功率所需有效材料的质量 G、有效材料的成本 C_{ef} 及产生的损耗 $\sum p$ 与 $P'^{\frac{1}{4}}$ 成正比。

2. 用途

① 电机的几何相似定律可用来大体上估计与已制成电机几何相似，但计算功率不同的电机的质量、成本或损耗；

② 电机的几何相似定律也可用来分析几何相似的系列电机中各规格电机之间的对应关系。

可以看出，电机有效材料的质量、成本的增加相对容量的增加要慢，损耗的增加相对容量的增加也要慢。因此，有效材料的利用率提高了，效率提高了。此外，电机的损耗与长度 l 的立方成正比，而冷却表面却与长度成正比，这样电机损耗增加的速度就大于冷却表面增加的速度，电机温升将增加。因此，必须设法改变电机的冷却系统或冷却方式，放弃它们的几何相似。所以，冷却问题对大功率电机比对小功率电机显得重要。

二、系列电机

电机制造厂的产品通常按系列生产（见图 1-3），以便能利用已有的工艺装备，降低成本和缩短生产周期。所谓系列电机，就是指技术要求、应用范围、结构形式、冷却方式、生产工艺基本上相同，功率及安装尺寸按一定规律递增，零部件通用性很高的一系列电机。

1. 我国目前生产的几个主要系列

1）基本系列

基本系列是指使用面广、生产量大、用于一般用途的系列。例如：直流电机的 Z2 系列（小型

图 1-3 系列电机

直流电机)、ZF 系列(中型直流发电机)和 ZD(中型直流电动机);异步电机的 J2、JO2 系列(三相鼠笼式异步电机)和 Y 系列(新型三相异步电机);同步电机的 T2 系列(三相同步发电机)、TD 系列(同步电动机)和 TT 系列(同步补偿机)。

2)派生系列

派生系列是指为满足不同的使用要求,将基本系列进行部分改动,而派生出来的系列。它与基本系列有较多的通用性。例如:ZJD 大型轧钢及卷扬机用直流电动机,由 ZD 系列派生而来;JZ2 冶金及起重用三相感应电动机,由 J2 系列派生而来;JDO2 三相多速异步电动机,由 JO2 系列派生而来。

3)专用系列

专用系列是指适用某种特殊条件或使用面很窄的系列。例如:GD 系列辊道用电动机,用于冶金工业中工作辊道和传送辊道,有堵转转矩大、堵转电流小、堵转时间长、变频调速宽的特点,能够在频繁启动、制动、反转的条件下运行。

2. 系列电机的优点

①减少了材料用量,缩短了工艺设计时间,降低了成本:由于它们的生产工艺过程与零部件形式相同,可以充分利用模具、量具、卡具等工艺装配。

②缩短了生产周期(由于充分利用了原有的模具等和工艺装配图纸等条件);

③可以减少设计、制造、使用、维修方面的许多工作。

3. 系列电机设计的特点

(1)功率等级要通过全面综合分析用户的要求、选用的方便性、电机的经济性等多方面来确定。同一系列电机中,相邻两功率等级之比(大功率比小功率),称为功率递增系数或容量递增系数 K'_P,其大小直接影响到整个功率等级数目的确定,而且对系列电机的经济性有很重要的影响。

(2)安装尺寸的确定及功率等级与安装尺寸的对应关系。

电机的安装尺寸是指电机与配套机械进行安装时的有关尺寸。系列电机的安装尺寸一般按轴中心高进行分级,轴中心高的确定必须综合考虑配套机械和电机本身的具体情况,原则上是按优先数系递增。

对安装尺寸是轴中心高的端盖式轴承的电机,在确定功率等级与安装尺寸的对应关系时,主要是确定功率等级与轴中心高的对应关系。功率等级确定后,选取轴中心高等级,此时必须全面考虑工艺装备、用户要求、电磁设计、材料利用等。

(3)交流电机系列定子冲片外径的确定。

①与规定的轴中心高数值的一致性;

②硅钢片利用的经济合理性；

③整个系列外形的匀称性，并在条件允许的情况下，能充分利用已有的工艺装备。

(4)零部件的标准化、系列化和通用化。

1.4　电机的主要尺寸比及确定的一般方法

一、电机的主要尺寸比

在正常的电机中，α_p'、K_{Nm}、K_{dp}实际上变化不大，因此在计算功率和转速一定时，电磁负荷A、B_δ选定后，可确定D^2l_{ef}。但D^2l_{ef}相同的电机，可以设计成扁平状，也可以设计成细长状。为了反映电机的几何形状，引入一个新的概念——主要尺寸比$\lambda=\frac{l_{ef}}{\tau}$。$\lambda$的大小影响电机的工作性能、经济性、工艺性。扁平电机外形图、细长电机外形图分别如图1-4、图1-5所示。

图1-4　扁平电机外形图

图1-5　细长电机外形图

在合理范围内，可适当选择较大的λ值。

(1)λ较大，电机较细长(l_{ef}较大、D较小)，线圈的跨距较小；绕组端部变短，可减少绕组端部用铜量、减小端部各部件(端盖、轴承、刷架和换向器等)的尺寸，使得电机端部漏抗减小、质量减轻、成本降低，效率得以提高。另外，在正常范围内，可提高绕组铜的利用率。对于λ较大的电机，各结构部件尺寸较小，质量轻，因此单位功率的材料消耗较少，成本低。细长电机定子、转子示意图如图1-6所示。

(2)D^2l_{ef}一定：λ越大，$\sum p$越小，电机的效率越高。

当D^2l_{ef}一定时，λ越大，附加铁耗减少，机械损耗越少，特别是当J一定时，端部铜耗越少，因此，$\sum p$越小，电机的效率得到提高。

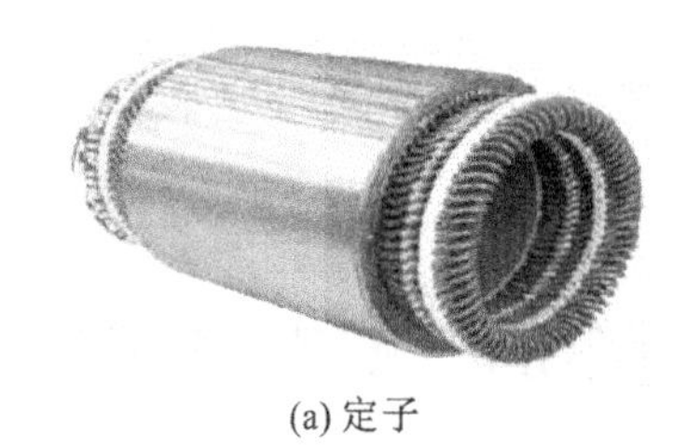

(a) 定子

(b) 转子

图 1-6　细长电机定子、转子示意图

(3) $D^2 l_{ef}$ 一定：λ 取较大值，绕组端部较短，因此电机端部漏抗减小，使得总漏抗减小。

(4) $D^2 l_{ef}$ 一定：λ 取较大值，风路增长，冷却条件变差，此时必须采取措施来加强冷却。对无径向通风道的开启式电机或防护式电机，可充分利用绕组端部散热。此外，由于铁芯细长，还将增加冲片数量，增加叠压和嵌线工时。

(5) 由于细长电机的线圈数目少于较粗短的电机的线圈数目，因而其线圈制造工时和对绝缘材料的消耗减少。但细长电机的冲片数量增多，冲剪和铁芯叠压的工时增加，冲模磨损加剧，下线难度增大。为保证转子有足够的刚度，细长电机必须使用较粗的转轴。

(6) 铁芯细长，转动惯量与圆周速度较小，对转速较高的电机或要求时间常数较小的电机是有利的。

选择 λ 值时，通常主要综合考虑温升、节约用铜(铝)、转子机械强度和转动惯量等因素。

二、几种不同电机的 λ 的选取

(1) 异步电机：对于中小型感应电机，通常取 $\lambda=0.4\sim1.5$，少数取 $\lambda=1.5\sim4.5$；对于大型感应电机，通常取 $\lambda=1\sim3.5$，极数多时取较大值。感应电机的过载能力与功率因数等都与漏抗有关，即与 λ 有一定关系，其较合适的 λ 取值为 $1\sim1.3$。

(2) 同步电机：对于凸极电机，一般取 $\lambda=0.4\sim1.5$，且 λ 随着极数的增加而增大；对于高速或大型同步电机，由于受到材料机械强度的限制，所以 λ 值选择得较大，可达 $3\sim4$。对于由汽轮机带动的电机，转速高，离心力大，为使转子机械应力不超过允许值，在加强冷却的条件下，其 λ 值随功率的增加而增大。

(3) 直流电机：对于中小型电机，通常取 $\lambda=0.6\sim1.2$；对于大型电机，通常取 $\lambda=1.25\sim2.5$。λ 值越大，铁芯越细长，换向条件越差，故直流电机采用较小 λ 值。但对于转动惯量较小(例如轧钢机用电机)或大型高速的直流电机，λ 值也应取得大些。

三、确定主要尺寸的一般方法

确定电机的主要尺寸，一般可采用计算法和类比法两种方法。

1. 计算法

在采用计算法确定电机的主要尺寸时，可根据电机本身的特点而采用不同的步骤，甚至将电机主要尺寸的关系式写成其他形式。采用计算法确定电机主要尺寸的一般步骤如下。

(1) 由电机额定功率 P_N，根据式(1-14)～式(1-19)求得计算功率 P'。

(2) 根据推荐的数据或曲线选取电磁负荷 A、B_δ。

(3) 由 P'、n(交流机 $n=n_0$，直流机 $n=n_N$)、A 和 B_δ，根据式(1-12)求得 $D^2 l_{ef}$。

(4) 参考推荐的数据，选用适当的 λ。

(5)由$\lambda=\frac{l_{ef}}{\tau}$及已算得的$D^2l_{ef}$,分别求得主要尺寸$l_{ef}$和$D$。

(6)确定交流电机定子外径D_1、直流电机定子外径D_a。

对交流电机,计算得到定子内径D_{i1}后,参照定子内径、外径之比的经验值可估算定子外径D_1。算得D_1或D_a后,参照表1-1或表1-2选取标准外径,然后经过调整,确定相应的D_{i1}和l_{ef}。

表1-1 交流电机定子的标准外径

机座号	1	2	3	4	5	6	7	8	9	10	11
D_1/cm	12	14.5	16.7	21	24.5	28	32.7	36.8	42.3	56	56
机座号	12	13	14	15	16	17	18	19	20	21	22
D_1/cm	65	74	85	99	118	143	173	215	260	325	425

表1-2 直流电机定子的标准外径

机座号	1	2	3	4	5	6	7	8	9	10	11	12	13
D_a/cm	8.3	10.6	12	13.8	16.2	19.5	21	24.5	29.4	32.7	36.8	42.3	49.3
机座号	14	15	16	17	18	19	20	21	22	23	24	25	26
D_a/cm	46	65	74	85	99	120	150	180	215	250	285	315	350

2. 类比法

在实际生产中,很多时候不采用计算法,而是采用类比法来确定电机主要尺寸。类比法是指根据所设计电机的具体条件(结构、材料、技术指标、经济指标和工艺等),参照已生产过的同类型相似规格电机的设计数据和实验数据,直接初选电机主要尺寸及其他数据的一种方法。

例如:对感应电机,一般常通过类比直接选取定子外径、定子内径、气隙尺寸、转子内径、定子槽数、转子槽数等。若所设计电机1和生产过的同类电机2的极数相同而额定功率不同,则由式(1-20)可知,可近似认为$\frac{D_{i1}^2 l_{ef1}}{D_{i2}^2 l_{ef2}}=\frac{P_{N1}}{P_{N2}}$,一般取$D_{i1}=D_{i2}$,于是$\frac{l_{ef1}}{l_{ef2}}=\frac{P_{N1}}{P_{N2}}$,由此可确定$l_{ef1}$。同时,将电机2的导线截面积$S_2$乘以$\frac{P_{N1}}{P_{N2}}$即可得电机1的导线截面积$S_1$,即$S_1=S_2\cdot\frac{P_{N1}}{P_{N2}}$;电机2的绕组匝数除以$\frac{P_{N1}}{P_{N2}}$即可得电机1的绕组匝数$N_1$,即$N_1=N_2\cdot\frac{P_{N2}}{P_{N1}}$。这样,所设计电机1的导线截面积和绕组匝数就初步推算出来了。

小　结

(1)电枢直径D与铁芯有效长度l_{ef}是电机的主要尺寸,而气隙可以说是第三个主要尺寸。对于直流电机而言,电枢直径是指转子外径;对于交流电机而言,电枢直径是指定子内径。

(2)电机的主要尺寸取决于计算功率P'与转速n之比或计算转矩T'。可以看出,在其他条件相同时,计算转矩相近的电机所消耗的有效材料相近,对功率大、转速高的电机和功率小、转速低的电机,由于$\frac{P'}{n}$相近,因此二者体积也接近。

(3)选择电磁负荷要考虑的因素很多,电磁负荷很难通过理论来确定。对电磁负荷,通常主要参考电机工业长期积累的经验数据,并在分析对比设计电机与已有电机之间在使用材料、结构、技术条件、要求等方面的异同后,进行选取。

(4)几何相似定律:在 J、B、n、f 保持不变时,对一系列计算功率递增、几何相似的电机,单位功率所需有效材料 G、有效材料的成本 C_{ef}及产生的损耗 $\sum p$ 与 $P'^{\frac{1}{4}}$成正比。

(5)在正常电机中,当计算功率和转速一定时,在电磁负荷 A、B_δ 选定后,可确定 $D^2 l_{ef}$。但 $D^2 l_{ef}$相同的电机,可以设计成细长状,也可设计成扁平状。$\lambda=\frac{l_{ef}}{\tau}$的大小影响电机运行性能、经济性、工艺性。

(6)在实际生产中,通常采用类比法来确定电机的主要尺寸。类比法是指根据所设计电机的具体条件(结构、材料、技术指标、经济指标和工艺等),参照已生产过的同类型相似规格电机的设计和实验数据,直接初选主要尺寸及其他数据的一种方法。

复习思考题

1. 什么是主要尺寸关系式?根据它可得出哪些重要结论?

2. 电机常数 C_A和利用系数 K_A的物理意义是什么?

3. 什么是电机的几何相似定律?为何在可能情况下,总希望用一个大功率电机来代替总功率相等的数个小功率电机?为何冷却问题对大功率电机比对小功率电机显得重要?

4. 电磁负荷对电机运行性能和经济性有何影响?电磁负荷选用时,要考虑哪些因素?

5. 设有两台电机 1、2。它们的规格、材料、结构、绝缘等级与冷却条件均相同。若电机 1 的线负荷选得比电机 2 的大,则两台电机的导体电流密度能否取值相同?为什么?

6. 什么是电机的主要尺寸比?它对电机的运行性能和经济性有何影响?

7. 电机的主要尺寸通常是怎样确定的?

8. 何谓系列电机?为什么一般电机厂生产的大多是系列电机?系列电机设计有哪些特点?

第2章 磁路计算

本章导读

当电机绕组中通过电流时，电机内就会建立起相应的磁场。为简化计算，通常把电机各部分磁场分成等值的各段磁路。所谓等值的磁路，是指各段磁路上的磁位降等于磁场内对应点之间的磁位降，且各段中磁通沿截面均匀分布，各段的磁场强度保持为恒值的磁路。一般来说，各类旋转电机的磁路可分为如下各段：气隙、定子齿(或磁极)、转子齿(或磁极)、定子轭及转子轭。

磁路计算的目的在于确定电机中感应一定电势所对应的主磁场所必需的磁化力或励磁磁动势，进而计算励磁电流及电机的空载特性，校核电机各部分磁密选择得是否合适，并确定有关尺寸。

学习目标

(1)了解全电流定律，掌握磁路计算的目的及一般步骤。

(2)掌握气隙磁压降的计算过程，理解计算极弧系数及气隙系数的含义。

(3)掌握齿部磁压降计算，理解齿磁密饱和程度对计算的影响。

(4)掌握轭部(极联轭和齿联轭)磁压降计算。

(5)熟悉励磁电流和空载特性的计算。

2.1 概　　述

当电机绕组中通过电流时，电机内就会建立起相应的磁场。为了简化物理图像及电磁计算，通常将电机内的磁场分为主磁场和漏磁场两种。磁路计算的目的就在于确定电机中感应一定电势所对应的主磁场所必需的磁化力或励磁磁动势，进而计算励磁电流及电机的空载特性，校核电机各部分磁密选择得是否合适，并确定有关尺寸。

一、磁路计算所依据的基本原理——全电流定律

如图 2-1 所示，电机内的磁场可分成若干个扇形区域，每个扇形区域包含一对磁极，所有扇形区域的磁场分布图都是相同的。要确定建立磁场所必需的磁化力，只要计算一个扇形范围内的磁场就足够了。

全电流定律，又称为安培环路定律，它是电机设计中进行磁路计算所依据的基本原理。其定义为：磁场强度 $\boldsymbol{H}$ 沿闭合路径的线积分等于该回路所包围的全电流，即

$$\oint \boldsymbol{H} \cdot \mathrm{d}\boldsymbol{l} = \sum i \tag{2-1}$$

式(2-1)左边为磁场强度 $\boldsymbol{H}$ 在 $\mathrm{d}\boldsymbol{l}$ 方向上的线积分，在电机的磁路计算中，所选择的闭合回路一般通过一对磁极的中心线；右边为闭合回路所包围的全电流，即为每对极的励磁磁动势。

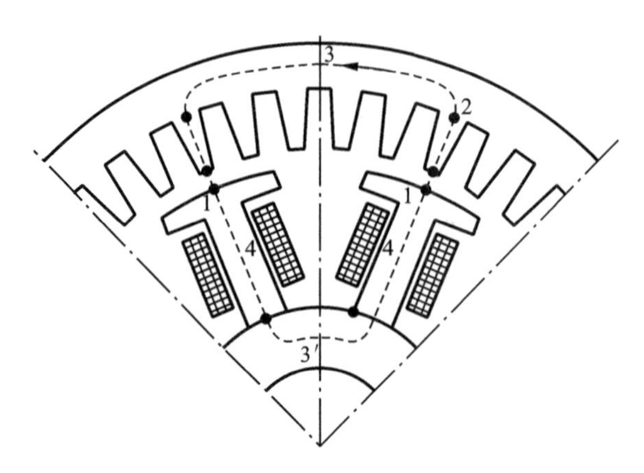

图 2-1 凸极同步发电机的磁路示意图

若积分路径沿着磁场强度方向(即沿磁力线)取向,则

$$\oint \boldsymbol{H} \cdot \mathrm{d}\boldsymbol{l} = \oint H \cdot \mathrm{d}l = \sum i \tag{2-2}$$

二、磁路计算的一般步骤

为简化计算,通常把电机各部分磁场分成等值的各段磁路。所谓等值的磁路,是指各段磁路上的磁位降等于磁场内对应点之间的磁位降,且各段中磁通沿截面均匀分布,各段的磁场强度保持为恒值的磁路。

电机中感应一定电势所对应的主磁场所必需的励磁磁动势可通过下式计算:

$$H_1L_1 + H_2L_2 + \cdots + H_nL_n = F_0 \tag{2-3}$$

式中 $H_1, H_2, H_3, \cdots, H_n$——各段磁路上的磁场强度;

$L_1, L_2, L_3, \cdots, L_n$——各段磁路的长度;

F_0——电机中感应一定电势所对应的主磁场所必需的励磁磁动势。

可将电机分成若干个扇形区域,每个扇形区域包含一对磁极。由于各扇形区域的磁场分布都是相同的,故只需要研究一个扇形区域范围内的磁场便可。

图 2-1 所示为凸极同步发电机的磁路示意图。图中示出了其中的一条典型磁路,这条闭合磁路包括气隙、定子齿、定子轭、转子齿和转子轭五个部分。由于在一对极的磁路中,两个极的磁路情况是相似的,可以只对一个极(半条回路)进行磁路计算。这半条回路(即一个极)所需励磁磁动势等于各段磁路所需磁动势之和,即

$$F_{01} = F_1 + F_2 + \cdots + F_n = H_1L_1 + H_2L_2 + \cdots + H_nL_n \tag{2-4}$$

式中 F_n——第 n 段磁路上的磁动势,$F_n = H_nL_n$;

因此,励磁磁动势的计算可归结为计算每极磁路上各段磁路的磁压降(磁动势)。

一般来说,各类旋转电机的磁路可分为如下各段:气隙、定子齿(或磁极)、转子齿(或磁极)、定子轭及转子轭,如图 2-2 所示。

由于在磁路中各段磁路的截面积大小和材料不同,各段的磁密和磁阻也就不同,求整个磁路所需励磁磁动势时,必须对每段磁路分别计算。一般可按以下具体步骤进行磁路计算。

(1)根据定子每相电势求出每极磁通 Φ。

(2)确定通过每段磁路的磁通 Φ_x。

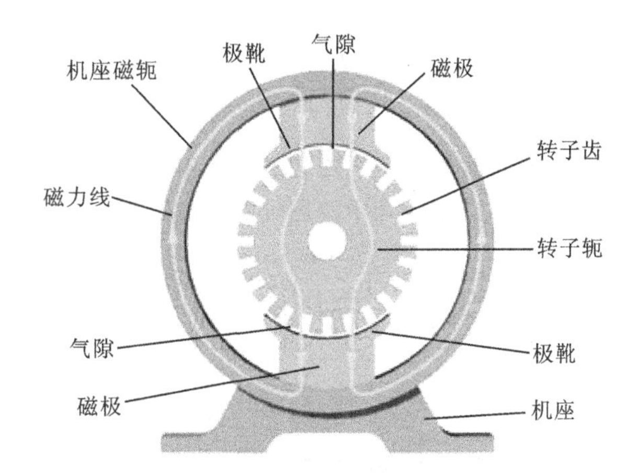

图 2-2　旋转电机的磁路组成

(3)根据电机的尺寸确定各段磁路的截面积 S_x 和磁密 B_x。

(4)根据磁密 B_x,从所用材料的磁化特性曲线上查得各段磁路的磁场强度 H_x。

(5)确定各段磁路长度 L_x。

(6)求出各段磁路所需磁动势 $F_x=H_xL_x$,再将各段磁路所需磁动势相加,就可以得出一个极所需的励磁磁动势 F_{01}。若电机的绕组匝数已知,便可以求出磁化电流的大小。

2.2　气隙磁压降的计算

由于空气的磁阻比硅钢片的磁阻大很多,在电机的各段磁路中,气隙磁压降通常占总磁压降的 60%～85%或以上。气隙磁压降的大小对电机的许多运行性能都有十分重要的影响。因此,准确地计算气隙磁压降很重要。

一、气隙磁密的计算

1. 每极磁通 Φ 的确定

电机的每极磁通可根据给定的电枢的绕组电势或相电势确定。

对于直流电机:

因为

$$E_a = \frac{pN_a}{60a}n\Phi$$

所以

$$\Phi = \frac{E_a}{\frac{pn}{60}\cdot\frac{N_a}{a}} \tag{2-5}$$

对于交流电机:

因为

$$E = 4K_{Nm}K_{dp}fN\Phi$$

所以

$$\Phi = \frac{E}{4K_{\mathrm{Nm}}K_{\mathrm{dp}}fN} \tag{2-6}$$

2. 气隙最大磁密 B_δ 的确定

实际上，电机内气隙磁场的空间分布是不均匀的。由于磁路计算路径是沿着最大气隙磁通密度所在的磁极中心线的，所以在磁路计算中选用气隙最大磁密 B_δ，且因为

$$\Phi = B_\delta \cdot \alpha'_{\mathrm{p}} \cdot \tau \cdot l_{\mathrm{ef}} \tag{2-7}$$

所以

$$B_\delta = \frac{\Phi}{\alpha'_{\mathrm{p}} \cdot \tau \cdot l_{\mathrm{ef}}} \tag{2-8}$$

式中 α'_{p}——计算极弧系数。

3. 气隙磁场强度 H_δ(极中心线处的气隙磁场强度)的确定

因为

$$B_\delta = \mu_0 H_\delta \tag{2-9}$$

式中 μ_0——空气磁导率，通常认为等于真空中的磁导率，即 $\mu_0 = 0.4\pi \times 10^{-7}$ H/m。

所以

$$H_\delta = \frac{B_\delta}{\mu_0} \tag{2-10}$$

4. 气隙磁压降 F_δ 的确定

$$F_\delta = H_\delta L_\delta = H_\delta \cdot k_\delta \cdot \delta = k_\delta \cdot H_\delta \cdot \delta \tag{2-11}$$

式中 δ——单边气隙径向长度，简称为气隙，mm；

k_δ——气隙系数，因槽口影响使气隙磁阻增加而引入的系数。

由上式可知，在已知每极磁通 Φ 及几何尺寸 τ、δ 的情况下，气隙磁压降的计算就在于如何确定计算极弧系数 α'_{p}、铁芯有效长度 l_{ef} 及气隙系数 k_δ。下面分析 α'_{p}、l_{ef}、k_δ 如何确定。

二、计算极弧系数 α'_{p} 的确定

直流电机主磁极及在一个极距范围内气隙磁密示意图如图 2-3 所示，图 2-4 中的实线所示为直流电机沿电枢圆周方向的气隙磁密 $B(x)$ 分布。直流电机的每极磁通为

$$\Phi = l_{\mathrm{ef}} \cdot \int_{-\frac{\tau}{2}}^{\frac{\tau}{2}} B(x)\mathrm{d}x = B_\delta \alpha'_{\mathrm{p}} \tau l_{\mathrm{ef}} \tag{2-12}$$

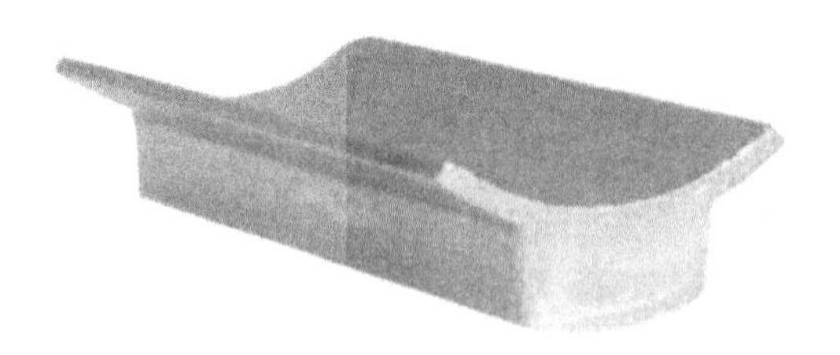

(a) 直流电机主磁极

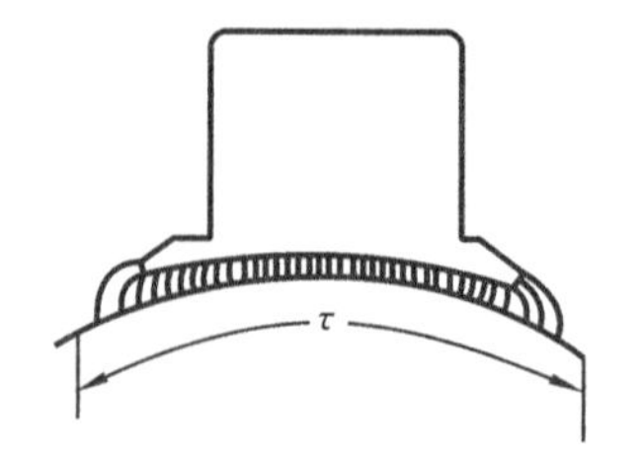

(b)在一个极距范围内气隙磁密示意图

图 2-3 直流电机主磁极及在一个极距范围内气隙磁密示意图

假设每极计算磁通集中在极弧计算长度 b'_{p} 范围内，并认为在这个范围内气隙均匀分布，其磁密大小等于气隙最大磁密 B_δ，则计算极弧系数 α'_{p} 即为极弧计算长度 b'_{p} 与极距 τ 之比，即

$$\alpha'_{\mathrm{p}} = \frac{b'_{\mathrm{p}}}{\tau} \tag{2-13}$$

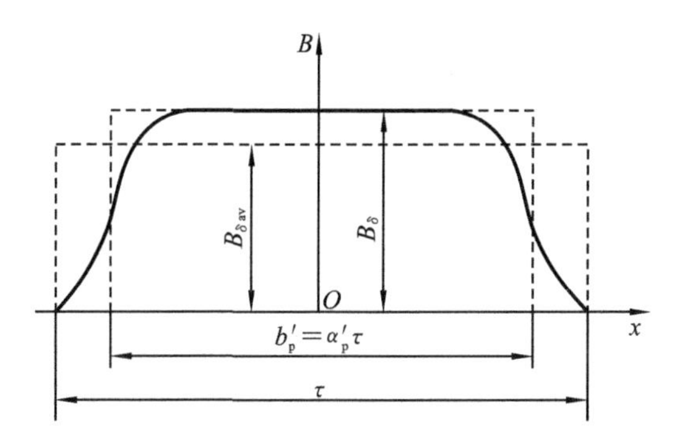

图 2-4　直流电机沿电枢圆周方向的气隙磁密 $B(x)$ 分布

计算极弧系数 α'_p 的大小决定气隙磁密 $B(x)$ 的形状，因而它取决于励磁磁动势分布曲线的形状、气隙的均匀程度及磁路饱和程度。当 $B(x)$ 呈正弦分布时，δ 均匀，磁路不饱和，$\alpha'_p=\dfrac{2}{\pi}=0.637$；磁路越饱和，$B(x)$ 越平，$B_{\delta av}$ 越大，α'_p 也越大。

1. 直流电机 α'_p 的确定

(1)均匀气隙:对具有补偿绕组的大中型直流电机和某些小型直流电机，其极弧部分的气隙常为均匀气隙，如图 2-5(c)所示。对于这类电机，

$$b'_p=\widehat{b}_p+2\delta \tag{2-14}$$

式中　$\widehat{b}_p$——极弧实际长度；

　　2δ——计及极靴尖处的单边气隙径向长度。

以式(2-14)代入式(2-13)即可确定计算极弧系数 α'_p。

(2)不均匀气隙:为了削弱电枢反应，无补偿绕组直流电机的磁极常做成图 2-5(a)所示的削角形状。在这种磁极的极靴中部，约占 2/3 极弧表面部分下的气隙仍是均匀气隙；而在两侧，当气隙逐渐增大到 2 倍时，这一部分极靴表面是个平面。对这种极靴，边缘效应被削弱，因此

$$b'_p=\widehat{b}_p \tag{2-15}$$

同理，也可以采用偏心圆弧极靴，以使气隙由 0 连续增大到 δ_{max}，如图 2-5(b)所示。当 $\delta_{max}<3\delta$ 时，也可取 $b'_p=\widehat{b}_p$。

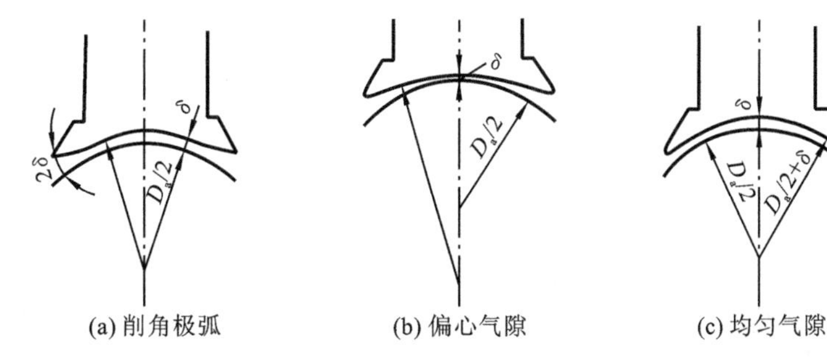

图 2-5　直流电机的气隙

2. 异步电机 α'_p 的确定

一般来说，异步电机的气隙较小，由于磁路钢部分的饱和，气隙磁密分布已不是正弦波形状，而是平顶波形状。此时，$B_{\delta av}$ 比呈正弦分布的大，因此 $\alpha'_p>0.637$。α'_p 的大小主要与定子齿和转子齿的饱和程度有关。齿部越饱和，气隙磁场的波形越平，α'_p 越大。计算时，饱和程度用饱和

系数 K_s 来表示：

$$K_s = \frac{F_\delta + F_{t1} + F_{t2}}{F_\delta} \tag{2-16}$$

式中 F_δ——气隙磁压降；

F_{t1}——定子齿部磁压降；

F_{t2}——转子齿部磁压降。

根据已知的 α_p' 与 K_s 的关系曲线（见图 2-6），便可由 K_s 查得相应的 α_p'。

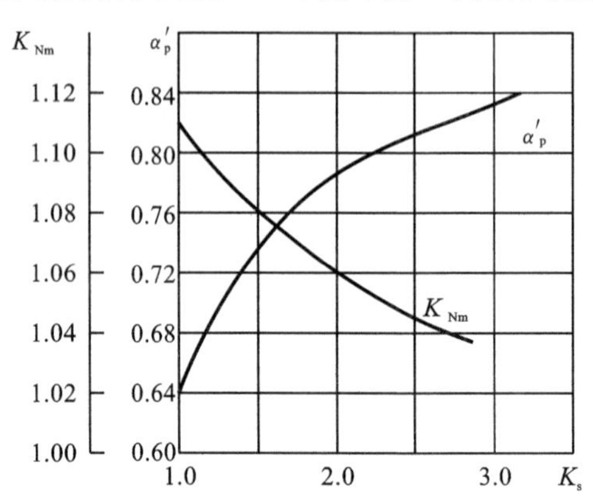

图 2-6 异步电机的 $\alpha_p{}' = f(K_s)$ 及 $K_{Nm} = f(K_s)$ 曲线

在磁路计算开始时，F_δ、F_{t1} 与 F_{t2} 均为未知数，K_s 尚不知道，这时须参考类似电机的数据或根据经验先假定一个 K_s' 数值（一般取 $K_s' = 1.15 \sim 1.45$）进行计算。若算得的 K_s 与原来假设的 K_s' 相差较大，则需要重新假定 K_s 并进行计算，直至算得的 K_s 与假定的 K_s' 相差不超过 $\pm 1\%$ 为止，即先根据经验初选 $K_s' = 1.15 \sim 1.45$，再计算得出 F_δ、F_{t1}、F_{t2}，进而得到 K_s，比较 K_s' 与 K_s，若相对误差小于 1%，则 K_s 取值较合适。

3. 凸极同步电机 α_p' 的确定

凸极同步电机采用集中励磁绕组，励磁磁动势和气隙磁压降 F_δ 的空间分布均呈矩形，但我们希望气隙磁密呈正弦分布。为此，通常把极靴的外表面做成圆弧形，它与定子铁芯不同圆（即不同心）。$\widehat{b}_p$ 一般选取范围为 $(0.55 \sim 0.75)\tau$。

在凸极同步电机里，由于气隙变化较大，气隙磁场分布的变化也较大。对具有不均匀气隙的凸极同步电机，计算极弧系数 α_p' 与极弧系数 $\widehat{b}_p/\tau$ 的关系如图 2-7(a) 所示。而对具有均匀气隙的凸极同步电机，计算极弧系数 α_p' 与 $\widehat{b}_p/\tau$ 的关系如图 2-7(b) 所示。

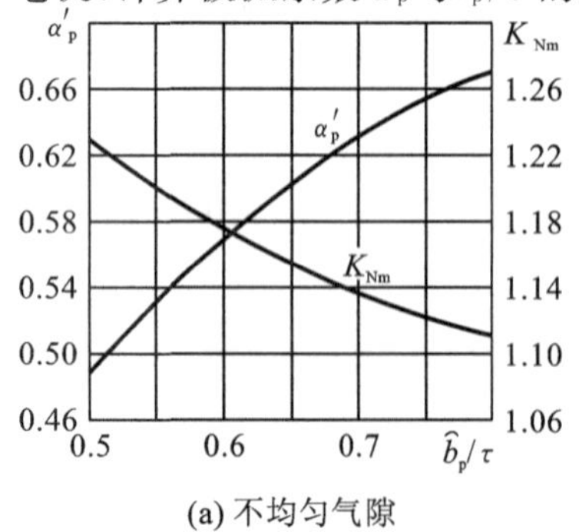

(a) 不均匀气隙

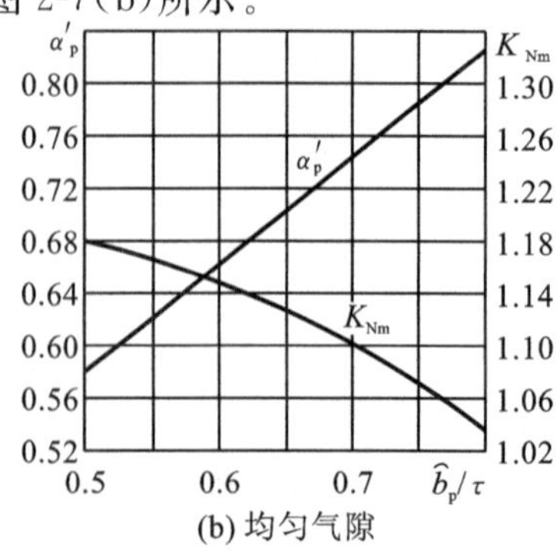

(b) 均匀气隙

图 2-7 凸极同步电动机的 $\alpha_p' = f\left(\frac{\widehat{b}_p}{\tau}\right)$ 及 $K_{NM} = f\left(\frac{\widehat{b}_p}{\tau}\right)$ 曲线

三、铁芯有效长度 l_{ef}

如图 2-8 所示，主磁通不仅在铁芯总长 l_t 的范围内穿过空气隙，而且有一部分从定子、转子端面越过，这种现象称为边缘效应。考虑边缘效应的影响，在计算磁通穿越空气隙的截面积时，在轴向长度上要多算一些，因此铁芯有效长度 l_{ef} 为 $l_t+2\delta$。

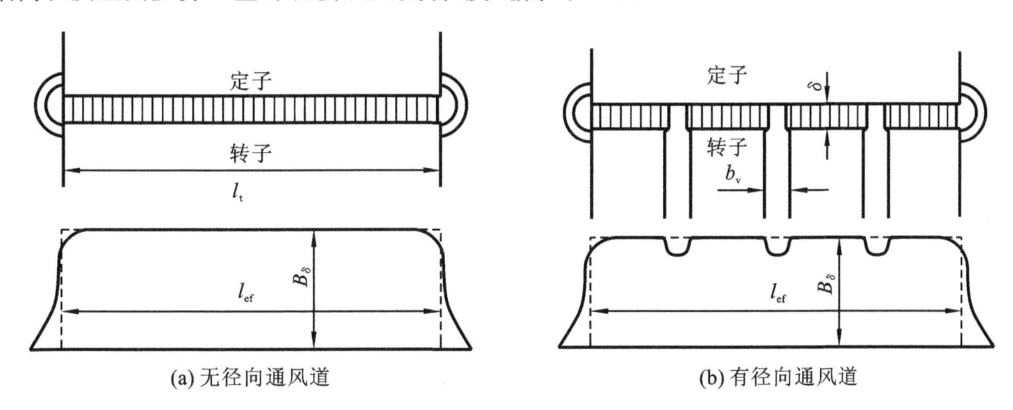

(a) 无径向通风道　　(b) 有径向通风道

图 2-8　电机气隙磁场的轴向分布

若转子铁芯具有径向通风道，则气隙磁场的轴向分布如图 2-8(b)所示。径向通风道处没有钢片，磁通较少，引起气隙磁场沿轴向分布不均匀，所以在计算时要考虑因存在径向通风道而损失的长度，则

$$l_{ef}=l_t-N_v b'_v \tag{2-17}$$

式中　N_v——铁芯中径向通风道数；

b'_v——沿铁芯长度因一个径向通风道所损失的长度。

若仅转子铁芯中具有径向通风道，则有

$$b'_v=\frac{b_v^2}{b_v+5\delta} \tag{2-18}$$

式中　b_v——铁芯中径向通风道的宽度。

若定子、转子都具有径向通风道，且相互对齐，则有

$$b'_v=\frac{b_v^2}{b_v+\frac{5}{2}\delta} \tag{2-19}$$

四、气隙系数 k_δ

上文中提到的气隙系数 k_δ 是考虑因齿槽影响使气隙磁阻增加而引入的系数。

若先假定转子表面有齿槽，而定子内圆表面光滑，则齿槽的存在将使气隙磁阻增加，使齿槽口的磁通量减少，因而使气隙磁通减小。为维持主磁通为既定值，则齿顶处气隙最大磁密必须由无槽时的 B_δ 增加到 $B_{\delta\max}$。以直流电机为例，实际的磁密分布曲线如图 2-9 所示(图中细线对应无槽电机)，其最大气隙磁压降 $F_{\delta\max}$ 为

$$F_{\delta\max}=H_{\delta\max}\cdot\delta=\frac{B_{\delta\max}\delta}{\mu_0}=\frac{B_\delta k_\delta\delta}{\mu_0} \tag{2-20}$$

上式中定义了气隙系数为 $k_\delta=\dfrac{B_{\delta\max}}{B_\delta}$。

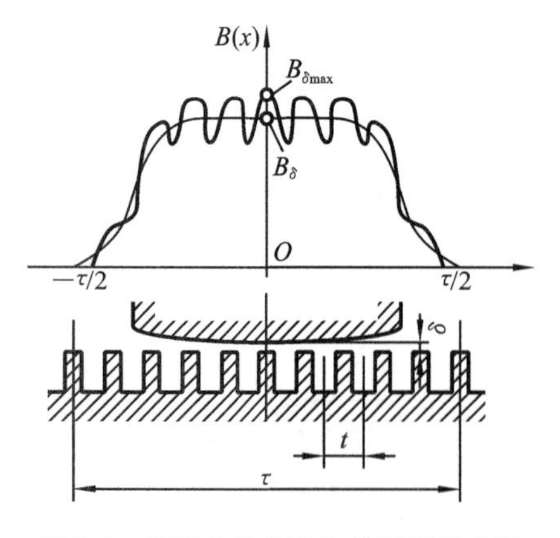

图 2-9 直流电机转子有槽而定子内圆表面光滑时气隙磁密的分布

k_δ 是略大于 1 的系数，表示了由于齿槽的存在而使气隙磁密增大的倍数。

通常把 $k_\delta \cdot \delta$ 称为有效气隙 δ_{ef}，即 $\delta_{ef}=k_\delta \cdot \delta$，可以理解为计算气隙磁动势时，有槽电机也可以用一台无槽电机来代替，后者的有效气隙为 $k_\delta \cdot \delta$，而气隙最大磁密仍为 B_δ。

在工程计算上，大多采用以下近似公式计算电机的气隙系数。

对半闭口槽和半开口槽：

$$k_\delta = \frac{t(4.4\delta+0.75b_0)}{t(4.4\delta+0.75b_0)-b_0^2} \tag{2-21}$$

式中 b_0——槽口宽；

t——齿距。

对开口槽：

$$k_\delta = \frac{t(5\delta+b_0)}{t(5\delta+b_0)-b_0^2} \tag{2-22}$$

式(2-21)、式(2-22)中，槽口宽 b_0、气隙 δ 和齿距 t 的单位要一致。

当定子、转子两边都开槽时(如感应电机)，则 $k_\delta=k_{\delta1}k_{\delta2}$。这里 $k_{\delta1}$、$k_{\delta2}$ 分别为定子、转子开槽的气隙系数。

2.3 齿部磁压降的计算

根据本章第 1 节中简化计算的假设，每极齿部磁压降为

$$F_t = H_t L_t \tag{2-23}$$

式中 H_t——齿部磁场强度，对应于齿部磁密 B_t，可由硅钢片的磁化曲线查得；

L_t——齿部磁路计算长度。

一、齿部磁密 B_t 的计算

齿部磁密 B_t 的计算与钢片的饱和程度有很大的关系，下面分两种情况来进行分析。

(一)齿部磁密 $B_t \leqslant 1.8$ T 时

当齿部磁密 $B_t \leqslant 1.8$ T 时，由于钢片的饱和程度不高，电机齿部(铁磁材料)的磁导率 μ 比槽部(非磁性的铜或绝缘材料)的磁导率 μ_1 大得多(如 D21 硅钢片在 $B=1.5$ T 时，$\mu=882\times10^{-6}$ H/m，而空气、铜的 $\mu_1=1.257\times10^{-6}$ H/m)，因此齿部磁阻比槽部磁阻小得多，所以一个齿距范围内的主磁通由气隙进入铁芯表面后，几乎全部从齿内通过，如图 2-10 所示。

若认为磁通 Φ_t 全部进入齿中，则齿部磁密为

$$B_t = \frac{\Phi_t}{A_t} \tag{2-24}$$

式中 Φ_t——计算磁路处一个齿距范围内的气隙磁通，$\Phi_t=B_\delta l_{ef} t$；

A_t——齿的计算截面积。

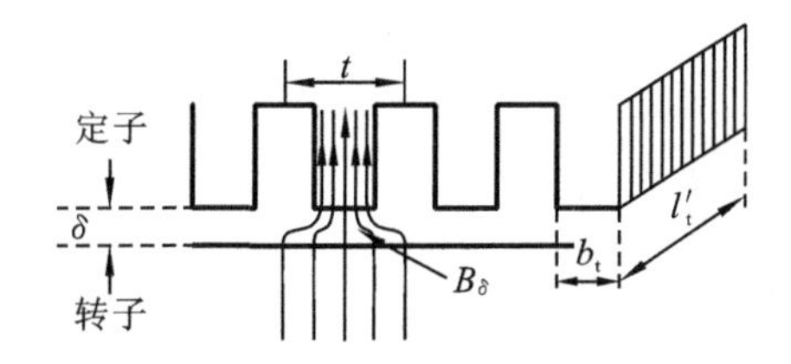

图 2-10　平行齿气隙中磁场的近似分布

一般情况下，A_t 可按下式计算：

$$A_t = K_{Fe} l_t' b_t \tag{2-25}$$

式中　K_{Fe}——铁芯叠压系数，对 0.5 mm 的涂漆硅钢片，K_{Fe}=0.92～0.93；

l_t'——不含通风道的铁芯计算长度；

b_t——计算齿宽，对于平行齿壁的梨形槽（见图 2-11），取齿宽。

所以，齿部磁密为

$$B_t = \frac{B_\delta l_{ef} t}{K_{Fe} l_t' b_t} \tag{2-26}$$

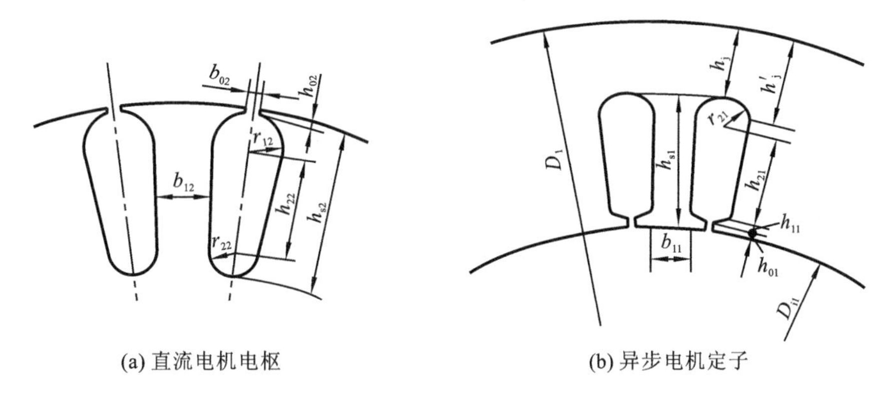

图 2-11　梨形槽的尺寸

对齿部不平行槽[见图 2-12(a)]，由于沿着齿高各点的宽度是变化的，因此齿部磁密和相应的磁场强度也是变化的，齿部磁压降严格来讲应该采用积分法来求。但工程中常采用近似的方法。这种方法的基本思想是用一个均匀分布的磁场来替代实际上沿齿高不均匀分布的磁场来进行计算。如果齿不饱和，可以采用“离齿最狭部分 1/3 齿高处”的截面中的磁场强度作为计算用的磁场强度，即 $F_t = H_{t/3} L$。根据计算出的齿部磁密 B_t 及齿部材料的磁化曲线就可以查得相应的齿磁场强度 H_t。

（二）齿部磁密 B_t>1.8 T 时（对热轧钢片）

当齿部磁密 B_t>1.8 T（如在直流电机及同步电机中），此时齿部磁路比较饱和，如图 2-12(b)所示，铁的磁导率较低，此时齿部磁阻与齿槽的磁阻相差不大，磁通大部分将由齿间通过，小部分则经过齿槽进入轭部。因而按上面方法算出的磁密、磁压降比实际的磁密、磁压降大。为了使计算值与实际值接近，按下式计算齿部磁密：

$$B_t = B_t' - \mu_0 H_t k_s \tag{2-27}$$

式中　B_t'——齿部视在磁密，即假想磁通 Φ_t 全部进入齿时的齿部磁密；

μ_0——空气磁导率；

H_t——齿部磁场强度；

k_s——槽系数(槽分路系数),由齿、槽尺寸决定。

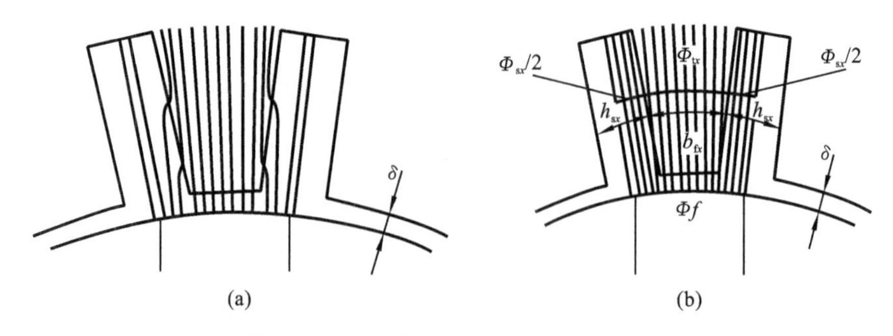

图 2-12 平行槽气隙中磁场的近似分布

对梨形槽:

$$k_s = \frac{(r_{12} + r_{22})l_{ef}}{K_{Fe}b_t l'_t} \tag{2-28}$$

对矩形槽:

$$k_s = \frac{b_s l_{ef}}{K_{Fe}b_{t/3} l'_t} \tag{2-29}$$

式中 $b_{t/3}$——靠近最窄处$\frac{1}{3}$处的齿宽。

如图 2-13 所示,式(2-27)可表示为一条下倾的直线,在纵坐标上截距为 B'_t,与水平线的夹角为 α_t,且 α_t 与 $\arctan(\mu_0 k_s)$成正比。此直线与磁化曲线交点 P 的横坐标即为实际的齿部磁场强度 H_t,由它就可以计算 F_t。

为计算方便,通常事先已根据不同的 k_s 值,绘出一簇 $B'_t = f(H_t)$ 曲线(见图 2-13),只要计算出齿部视在磁密 B'_t及槽系数 k_s,即可由图 2-13 直接查得 H_t值。

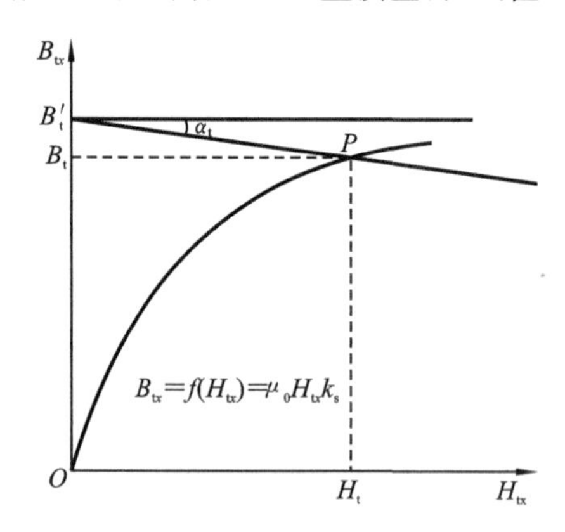

图 2-13 用图解法求取实际齿磁密和相应磁场强度

二、齿部磁路计算长度 L_t 的计算

对每一极的磁路而言,定子或转子电枢齿部磁路计算长度按以下公式计算。

(1)对直流电机电枢梨形槽(或类似槽):

$$L_t = h_{22} + \frac{2}{3}(r_{22} + r_{12}) \tag{2-30}$$

(2)对异步电机电枢机梨形槽(或类似槽):

$$L_t = h_{11} + h_{21} + \frac{1}{2}r_{21} \tag{2-31}$$

(3)对半开口槽,可忽略槽口处的磁压降:

$$L_t = h_1 + h_2 \tag{2-32}$$

(4)对开口槽:

$$L_t = h_s \tag{2-33}$$

2.4　轭部磁压降的计算

按所衔接的是磁极还是齿,可将轭分为极联轭和齿联轭两种。对这两种轭,需要按不同的方法计算磁压降。

在极数少的电机(特别是两极电机)中,由于轭的磁路长度较长,轭部磁压降可能超过齿部磁压降;而在多极电机中,轭部磁压降通常只占磁路总磁压降的很小一部分,有时甚至可以忽略不计。

一、极联轭磁压降的计算

(一)磁极漏磁系数的计算

直流电机的定子轭和凸极同步电机的转子轭都属于极联轭,极联轭也叫作磁轭。

通过电机主极极身的磁通 Φ_m 按磁通连续性定理应包含两部分:一部分为穿过气隙的气隙主磁通 Φ_δ;另一部分为不穿过气隙而在极间空间闭合的相邻极间漏磁通 Φ_σ,如图 2-14 所示。

磁通 Φ_m 的计算公式为

$$\Phi_m = \Phi_\delta + \Phi_\sigma = \Phi_\delta(1 + \frac{\Phi_\sigma}{\Phi_\delta}) = \sigma\Phi_\delta \tag{2-34}$$

式中　Φ_δ——气隙主磁通;

Φ_σ——相邻极间漏磁通;

σ——磁极漏磁系数,$\sigma=(1+\frac{\Phi_\sigma}{\Phi_\delta})$。

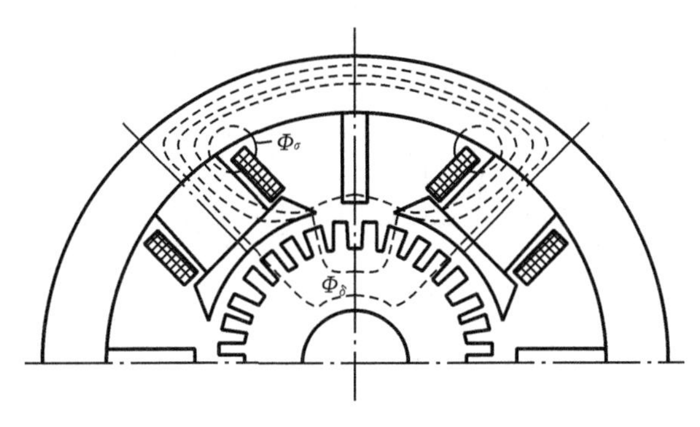

图 2-14　直流电机气隙主磁通和相邻极间漏磁通示意图

σ 的大小与电机的运行性能有很大的关系,在设计电机时,σ 应选取合适的值。对直流电机,通常取 $\sigma<1.2\sim1.25$;对凸极同步电机,通常取 $\sigma<1.35$。

（二）极联轭磁压降的计算

电机主极极身的磁通 Φ_m 经过磁极后，分成两路分别进入左右两边的轭，可认为经过极联轭每个截面的磁通为 $\Phi_m/2$，所以极联轭的轭部磁密为

$$B_j=\frac{\Phi_j}{A_j}=\frac{\frac{\Phi_m}{2}}{h_jL_j} \tag{2-35}$$

式中 h_j——轭高；

L_j——轭部轴向长度。

若极联轭是由薄钢板冲叠而成的，则式(2-35)中 A_j 应再乘以铁芯叠压系数 K_{Fe}（对不涂漆的 2～3 mm钢板，取 $K_{Fe}=0.98$）。

根据 B_j 及轭部材料的磁化曲线可查得相应的磁场强度 H_j。

轭部轴向长度（一个极磁路长）为

$$L_j=\frac{\pi D_{jav}}{2p}\cdot\frac{1}{2} \tag{2-36}$$

式中 D_{jav}——轭的平均直径。

极联轭磁压降为

$$F_j=H_jL_j \tag{2-37}$$

二、齿联轭磁压降的计算

异步电机的定子轭、转子轭及同步电机或直流电机的电枢轭都为齿联轭，齿联轭也称为芯轭。

（一）交流电机齿联轭磁压降的计算

交流电机的齿联轭在一个极距的气隙磁通分散地进入齿部及轭部，所以穿过齿联轭各个截面的磁通是不同的，即沿轭部积分路径上的磁密分布不均匀，并且在每一处的截面中沿径向上的磁密分布也是不均匀的，如图 2-15 所示。因此，磁极中心线上：

$$\left.\begin{aligned}\Phi&=0\\B&=0\end{aligned}\right\} \tag{2-38}$$

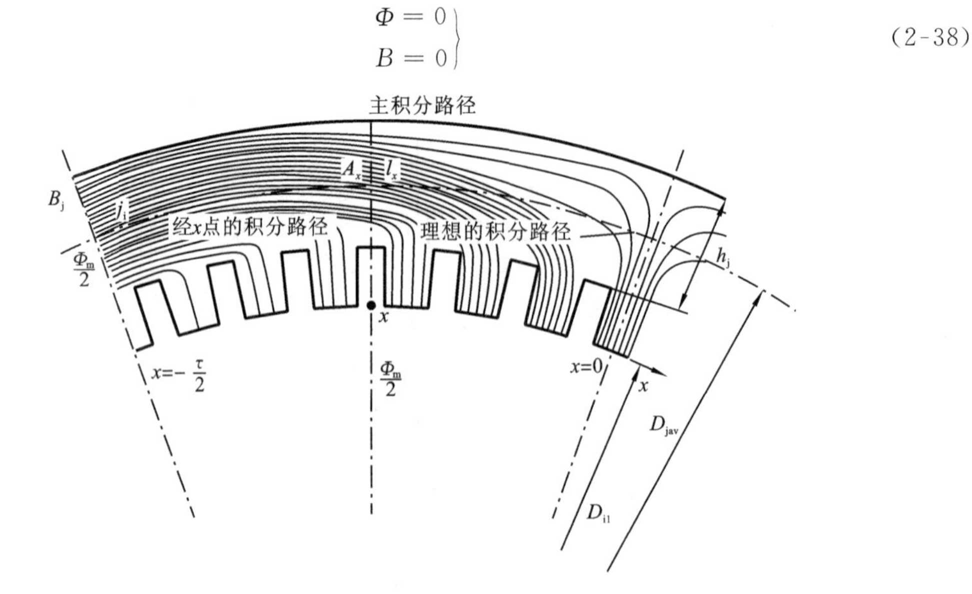

图 2-15　齿联轭中的磁通分布

极间中心线上：

$$\left.\begin{aligned}\Phi &= \frac{\Phi_m}{2} \\ B &= B_j\end{aligned}\right\} \tag{2-39}$$

齿联轭轭部磁密的最大值为

$$B_{jmax} = \frac{\frac{\Phi_m}{2}}{K_{Fe} L_j h_j'} \tag{2-40}$$

式中　h_j'——轭部计算高度；

L_j——轭部轴向长度（不含径向通风道），$L_j = l_t - N_v b_v$。

对采用矩形槽、轭中无轴向通风道的电机，h_j'为齿联轭实际高度。

对图 2-11(b)所示的定子圆底槽：

$$h_j' = \frac{D_1 - D_{i1}}{2} - h_{s1} + \frac{r_{21}}{3} \tag{2-41}$$

对图 2-16 所示的转子圆底槽：

$$h_j' = \frac{D_2 - D_{i2}}{2} - h_{s2} + \frac{r_{22}}{3} - \frac{2}{3} d_{v1} \tag{2-42}$$

式中　d_{v1}——定子轴向通风道直径。

对转子铁芯直接套在轴上的两极异步电机，转子电流频率低，部分磁通渗入转轴，此时

$$h_j' = \frac{D_2 - \frac{1}{3} D_{i2}}{2} - h_{s2} + \frac{r_{22}}{3} - \frac{2}{3} d_{v2} \tag{2-43}$$

式中　d_{v2}——转子轴向通风道直径。

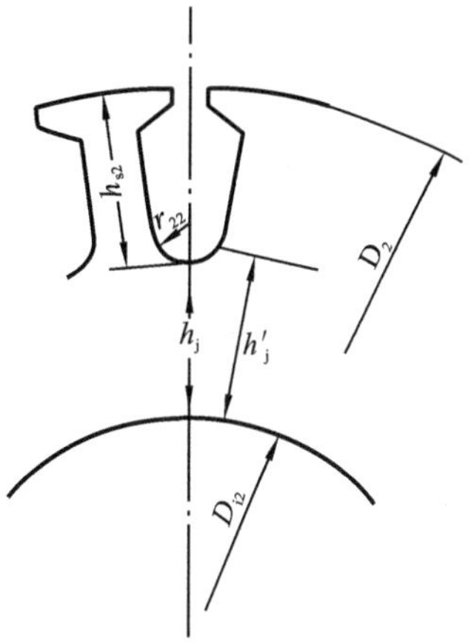

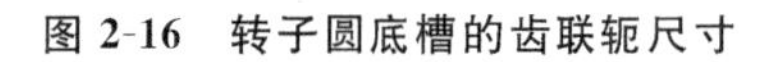

图 2-16　转子圆底槽的齿联轭尺寸

由于齿联轭中磁密分布不均匀，全长的轭磁路的磁压降需要通过各段相加求得，太麻烦，所以可以从等效磁压降出发，用等效磁场强度来计算全长的轭磁路的磁压降。

$$H_{jav} = C_j H_j \tag{2-44}$$

齿联轭磁路上的磁压降为

$$F_j = C_j H_j L_j' \tag{2-45}$$

式中　C_j——轭部磁压降校正系数，由曲线查取；

L_j'——每极的齿联轭磁路计算长度，为

$$L_j' = \frac{\pi D_{jav}}{2p} \cdot \frac{1}{2} \tag{2-46}$$

（二）直流电机齿联轭磁压降的计算

直流电机齿联轭中的磁通分布与交流电机齿联轭中的磁通分布是相同的，如图 2-17 所示，齿联轭截面中穿过的磁通也不是 $\Phi_m/2$，只有在两主极极尖之间的那段电枢轭中穿过了 $\Phi_m/2$；在极弧下的那段电枢轭中，穿过每个截面的磁通均小于 $\Phi_m/2$。二者所不同的是计算方法不一样。

对于两极小型直流电机，由于轭部磁路较长且极数少，所以每极磁通量较大。为使轭的高度不致过大，一般选用较高的轭部磁密。轭部常分为两段进行计算。

(1)一段是极间范围内的，其磁密 $B_{j2} = B_j$，且

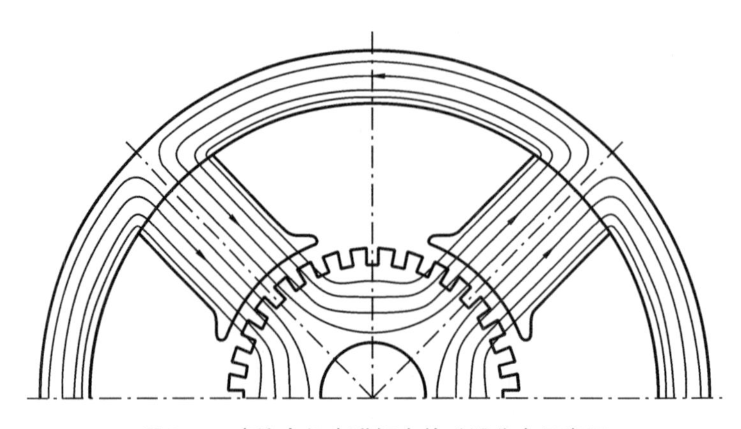

图 2-17 直流电机齿联轭中的磁通分布示意图

$$B_j = \frac{\Phi_j}{K_{Fe}h'_j l_j} = \frac{\Phi_m}{2K_{Fe}h'_j l_j} \tag{2-47}$$

式中 h'_j——轭部计算高度，其求法同交流电机；

Φ_j——轭部极间范围内的磁通。

(2)在极弧范围内，取该处磁密 $B_{j1}=\frac{2}{3}B_j$，然后在磁化曲线上分别按 B_{j1}、B_{j2} 分别查得相应的磁场强度 H_{j1}、H_{j2}，于是有

$$F_j = H_{j1}L_{j1} + H_{j2}L_{j2} = H_{j1}\alpha'_p L_j + H_{j2}(1-\alpha'_p)L_j \tag{2-48}$$

式中 L_j——轭部轴向长度，其求法同交流电机 L_j 的求法；

对四极及四极以上的直流电机，由于轭部磁压降在整个磁路中所占的比例不大，可采用较粗略的计算，即按最大的轭部磁密 B_j 查的 H_j，即

$$F_j \approx H_j L_j \tag{2-49}$$

2.5 磁极磁压降的计算

先算出极身中的磁密 Φ_m，并认为沿极身高度的不同截面中的磁密 B_m 处处相等，则

$$B_m = \frac{\Phi_m}{A_m} = \frac{\sigma\Phi_\delta}{A_m} \tag{2-50}$$

式中 A_m——每个磁极的导磁截面积。

对小型凸极同步电机：

$$A_m = K_{Fem}l_m b_m + 2b'd' \tag{2-51}$$

式中 l_m——磁极极身长度；

b_m——磁极极身宽度；

d'——磁极极身压板厚；

b'——磁极极身压板宽；

K_{Fem}——磁极钢片叠压系数，对厚度为 1～1.5 mm 的钢板，$K_{Fem}=0.95$～0.96。

对直流电机，极身一般不用压板，所以

$$A_m = K_{Fem}l_m b_m \tag{2-52}$$

根据算出的 B_m，从所用材料的磁化曲线，便可查得相应的磁场强度 H_m。

磁极的磁路长度就是磁极高度 h_m+h_p，当极靴上不开槽时，极靴的磁压降比较小，一般可以忽略。于是，每个磁极的磁压降为

$$F_m = H_m(h_m + h_p) \approx H_m h_m \tag{2-53}$$

式中　L_m——每个磁极磁路的计算长度，一般 $L_m=h_m$（h_m 为磁极极身的高度）。

2.6　励磁电流和空载特性计算

各类电机的励磁电流和空载特性的计算一般按以下步骤进行。

(1)根据感应电势确定每极气隙磁通。

(2)按前述方法计算磁路各部分的磁压降，各部分的磁压降的总和即为每极所需的励磁磁动势。

(3)计算励磁电流或空载特性。

一、感应电势和气隙磁通

(一)对运行时必须调节励磁电流的直流电机和同步电机

因为运行时感应电动势有较大的变动，所以需要计算并绘出整条空载特性曲线。一般可计算出对应于一系列感应电势值（$0.3U_N$、$0.6U_N$、$0.8U_N$、$0.9U_N$、$1.05U_N$、$1.1U_N$、$1.15U_N$、$1.3U_N$）的每极励磁磁动势及相应的励磁电流。

(二)对异步电机

异步电机从空载到额定负载时，感应电势变动不大，所以只需要求出空载状态和额定负载状态时的励磁电流，而不必求出整条空载特性曲线，这时应先计算出两种工作状态下定子绕组相电势和气隙磁通。

1)额定负载时定子绕组相电势 E_1

由于在进行磁路计算时，电机额定电流及参数的实际值还未确定，所以只能按经验对 E_1 按下式进行估算：

$$E_1 = K_E U_{\Phi N} = (1-\varepsilon_L')U_{\Phi N} \tag{2-54}$$

式中　$U_{\Phi N}$——定子绕组额定相电压；

ε_L'——定子绕组额定负载时阻抗压降与额定相电压之比的预估值。

一般中小型电机的 $1-\varepsilon_L'$ 值为 0.89～0.95，在完成磁路计算、参数计算等之后，还应校对 $1-\varepsilon_L'$ 值，若计算值与预估值偏差大于±0.5%时，则应重新假设 $1-\varepsilon_L'$ 并全部返回重新计算。

2)空载时定子绕组相电势 E_{10}

由于空载电流 I_0 较小，所以计算 E_{10} 时可忽略 I_0R_1，则

$$E_{10} \approx U_{\Phi N} - I_0 X_{\sigma 1} \approx U_{\Phi N} - I_{m0} X_{\sigma 1} \approx U_{\Phi N} - I_m X_{\sigma 1} \tag{2-55}$$

式中　I_{m0}——空载电流中的磁化电流分量；

I_m——额定电流中的磁化电流分量；

$X_{\sigma 1}$——定子绕组的每相漏电抗。

3)气隙磁通

根据 E_1 和 E_{10} 及绕组数据可按式(2-6)求出每极气隙磁通。

二、每极励磁磁动势

各类电机的每极励磁磁动势分别如下。

对直流电机：

$$F_0 = F_\delta + F_t + F_{j1} + F_m + F_{j2} \tag{2-56}$$

式中 F_{j1}、F_{j2}——电枢轭(齿联轭)、机座(极联轭)的磁压降。

对异步电机：

$$F_0 = F_\delta + F_{t1} + F_{t2} + F_{j1} + F_{j2} \tag{2-57}$$

式中 F_{j1}、F_{j2}——定子轭、转子轭(均为齿联轭)的磁压降。

对凸极同步电机：

$$F_0 = F_\delta + F_t + F_{j1} + F_m + F_{j2} + F_{\delta j} \tag{2-58}$$

式中 F_{j1}、F_{j2}——定子轭(齿联轭)、转子轭(极联轭)的磁压降。

三、励磁电流和空载特性

对直流电机和凸极同步电机的集中励磁绕组，空载励磁电流为

$$I_{f0} = \frac{F_0}{N_f} \tag{2-59}$$

式中 N_f——励磁绕组每极匝数。

对多相交流分布绕组，交流磁化电流的有效值为

$$I_m = \frac{2pF_0}{0.9mNK_{dp}} \tag{2-60}$$

式中 m——相数；

N——每相串联匝数。

若取不同的一系列电势值，按前述方法列表分别进行磁路计算，求出相应的空载励磁电流 I_{f0}，就可以得到整条空载特性曲线 $E=f(I_{f0})$。

2.7 电机中常用的磁性材料

电机中常用的磁性材料包括软磁材料和硬磁材料(见图 2-18)两大类。软磁材料在较软的外磁场的作用下就能产生较强的磁感应强度，而且随着外磁场的增强，很快达到磁饱和状态。

(a) 软磁材料

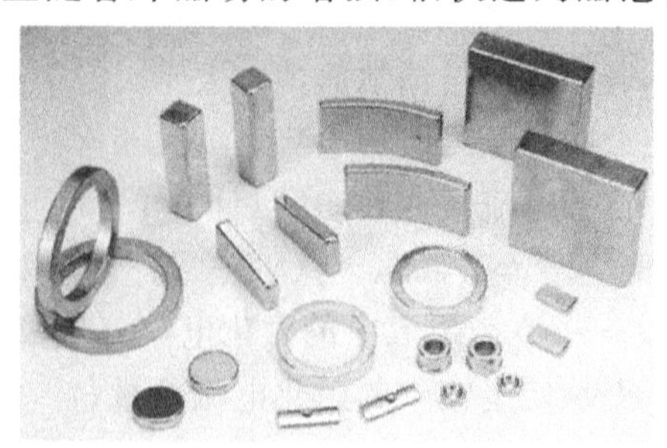

(b) 硬磁材料

图 2-18 软磁材料和硬磁材料

当外磁场除去后，它的磁性基本消失。软磁材料具有磁导率高、剩磁弱等特点。硬磁材料磁化后不易退磁而能长期保留磁性，因而也被称为永磁材料或恒磁材料，目前应用最为广泛的硬磁材料有钕铁硼和铁氧体等。

一、软磁材料

（一）软磁材料的发展

软磁材料在工业中的应用始于19世纪末。19世纪末，随着电力工业及电信技术的兴起，开始使用由低碳钢制造的电机和变压器，在电话线路中的电感线圈的磁芯中使用了细小的铁粉、氧化铁、细铁丝等。到20世纪初，研制出了代替低碳钢的硅钢片，提高了变压器的效率，降低了损耗。直至现在，硅钢片在电力工业用软磁材料中仍居首位。到20世纪20年代，无线电技术的兴起，促进了高导磁材料的发展，出现了坡莫合金及坡莫合金磁粉芯等。进入20世纪70年代，随着电信、自动控制、计算机等行业的发展，研制出了磁头用软磁合金，除了传统的晶态软磁合金外，又兴起了另一类材料——非晶态软磁合金。

（二）常用软磁磁芯的种类

铁、钴、镍三种磁性元素是构成磁性材料的基本元素。按制品形态，常用软磁磁芯分为以下两类。

（1）磁粉芯：铁粉芯、铁硅铝粉芯、高磁通量粉芯、坡莫合金粉芯（MPP）和铁氧体磁芯等。

（2）带绕铁芯：硅钢片、电工纯铁、坡莫合金、非晶及纳米晶软磁合金等。

（三）对软磁材料的要求

由于软磁材料应用范围广，所以可根据不同的工作条件对软磁材料提出不同的要求，但软磁材料也有其共同的要求，这些共同要求可以概括为以下四点。

1. 磁导率要高

由于磁感应强度 $B=\mu H$，因此在一定的磁场强度 H 下，B 值取决于材料的 μ 值。对要求一定磁通量（$\Phi \propto BS$）的磁器件，选用 μ 值高的材料，就可以降低外磁场的励磁电流值，从而降低磁器件的体积。

在弱磁场中工作的磁性材料，激磁电流很小，要使灵敏度高，应选用起始磁导率 μ_i 值高的材料。而在强磁场中工作的磁性材料，为了得到大的磁通，要求材料的 μ_{max} 值要大。

2. 要求具有很小的矫顽力 Hc 和狭窄的磁滞回线

材料的矫顽力越小，就表示磁化和退磁越容易；磁滞回线越狭窄，在交变磁场中磁滞损耗就越小。

3. 高电阻率

在交变磁场中工作的磁芯具有涡流损耗，电阻率高，涡流损耗小。

4. 具有较高的饱和磁感应强度 B_s

软磁材料的饱和磁感应强度高，相同的磁通需要的磁芯截面积较小，磁性元件体积小。在低频时，最大工作磁通密度受到饱和磁通密度的限制；但在高频时，主要是损耗限制了磁通密度的选取，饱和磁通密度大小并不重要。

(四)电机中常用的软磁材料

电机中常用软磁材料有硅钢片、电工纯铁、坡莫合金、非晶合金等。

1. 硅钢片

硅钢片(见图 2-19)是一种碳含量极小的硅铁软磁合金,一般含硅量为 0.5%~4.5%,主要用来制作各种变压器、电动机和发电机的铁芯。硅钢片按制造工艺的不同分为热轧硅钢片和冷轧硅钢片两大类。冷轧又有各向同性(无取向)硅钢片和各向异性(有取向)硅钢片两种。

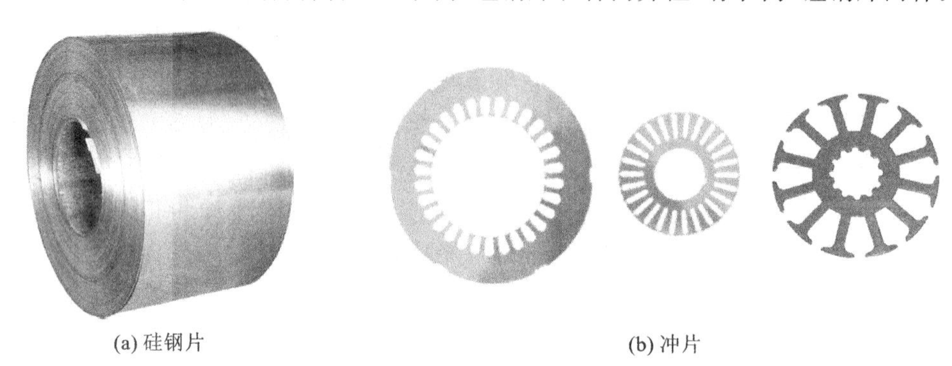

(a) 硅钢片　　(b) 冲片

图 2-19　硅钢片及其冲片

含硅量影响硅钢片的性能。一般含杂质的铁加入硅后可使电阻率、磁导率增加,矫顽力减小,铁耗与导电性降低,可减少涡流损耗及磁时效,还可减小磁滞损耗等。但含硅量增加又会使材料变硬变脆,导热性与韧性下降,对散热和机械加工不利,所以一般硅钢片的含硅量不超过 4.5%,硅钢片中碳的含量在 0.06%以内。为减小涡流损耗,这种材料常热扎成 0.35 mm 或 0.5 mm 等厚度的片材,冲成一定形状后叠片使用。

硅钢片的优点是:矫顽力小、磁导率高、剩余磁感应强度低;易磁化、易去磁;磁滞回线狭长,磁滞回线所围面积小;磁滞性弱,磁滞损耗(铁耗的一部分)小;含硅量越高越脆,磁滞损耗越小。所以,使用它可以减少涡电流,降低能耗。电机、变压器的铁芯常用硅钢片而不用铁片、钢片等。为有效减少铁芯的磁滞损耗和涡流损耗,铁芯都是由涂上了绝缘漆的硅钢片一层层叠压而成的。

电机中常用的有冷轧硅钢薄板 DG3、冷轧无取向电工钢带 DW、冷轧取向电工钢带 DQ,这类合金韧性好,可以进行冲片、切割等加工,铁芯有叠片式铁芯和卷绕式铁芯两种。但高频下,损耗急剧增加,一般使用频率不超过 400 Hz。从应用角度看,对硅钢片的选择要考虑磁性和成本两个方面的因素。对小型电机、电抗器和继电器,可选纯铁或低硅钢片;对大型电机,可选高硅热轧硅钢片、单取向冷轧硅钢片或无取向冷轧硅钢片;对变压器,常选用单取向冷轧硅钢片。

2. 电工纯铁

电工纯铁(见图 2-20)是一种含铁量在 99.5%以上的优质钢,它是一种理想的软磁材料,包括原料纯铁和电磁纯铁两类。电工纯铁具有矫顽力 H_c 小、磁导率高、饱和磁感应强度 B_s 高、磁性稳定又无磁时效等优点。另外,其冷、热加工性能好,如进行车、镦、冲、弯、拉等冷加工都无问题;热加工时,如再锻、再轧过程中,电工纯铁红脆敏感性小,其不少牌号无红脆区,可保证在较大的温度范围内进行加工。电工纯铁还具有良好的焊接性能和电镀性能。

3. 坡莫合金

坡莫合金常指铁镍合金,镍含量在 30%~90%范围内,是应用非常广泛的软磁材料。通常

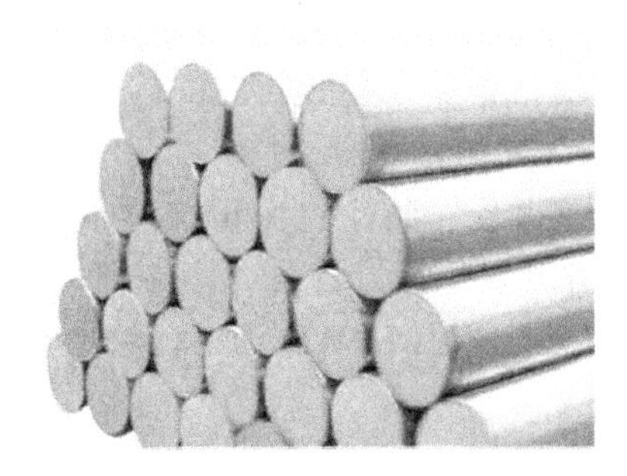

图 2-20　电工纯铁

用的坡莫合金有 1J50、1J79 等。1J50 的饱和磁感应强度比硅钢片的饱和磁感应强度稍低，但磁导率比硅钢片的磁导率高几十倍，铁耗也比硅钢的铁耗低 2～3 倍。使用它做成的较高频率(400～8 000 Hz)的变压器铁芯，空载电流小，它适合制作 100 W 以下小型较高频率变压器铁芯。1J79 具有好的综合性能，适用于旋转变压器、自整角机和测速发电机等控制电机的铁芯。表 2-1 列出了几种常用的坡莫合金的磁性能。

表 2-1　几种常用的坡莫合金的磁性能

牌号	供应状态	厚度/mm	磁性能				
			μ_i/(H/m)	μ_{max}/(H/m)	H_c/Oe	B_s/T	B_r/T
1J46	冷轧带	0.02～0.04	2 000	18 000	0.40	1.5	—
		0.05～0.09	2 300	22 000	0.30	1.5	
		0.1～0.19	2 800	25 000	0.25	1.5	
1J50	冷轧带	0.01	—	25 000	0.30	1.5	0.90
		0.02～0.04		35 000	0.25	1.5	0.90
		0.05～0.09		50 000	0.20	1.5	0.90
		0.10		60 000	0.18	1.5	0.90
1J79	冷轧带	0.01	12 000	70 000	0.06	0.75	—
		0.02～0.04	15 000	90 000	0.05	0.75	
		0.05～0.09	18 000	110 000	0.035	0.75	
		0.1	20 000	150 000	0.025	0.75	
1J86	冷轧带	0.01	10 000	80 000	0.050	0.60	—
		0.02～0.04	30 000	110 000	0.030	0.60	
		0.05～0.09	40 000	150 000	0.018	0.60	
		0.1～0.19	50 000	180 000	0.015	0.60	

虽然坡莫合金具有优良的磁性能，但是由于其电阻率比较低，而磁导率又特别高，很难在很高频率场合应用。同时，坡莫合金比较昂贵，一般机械应力对磁性能影响显著，通常需要保护壳。坡莫合金在工作环境温度高、体积要求严格的军工产品中获得广泛应用。

4. 非晶合金

非晶合金是 20 世纪 70 年代问世的一个新型材料。它的制备技术完全不同于传统的方法，而是采用了冷却速度大约为每秒一百万摄氏度的超急冷凝固技术，从钢液到薄带成品一次成形，与一般冷轧金属薄带制造工艺相比减少了许多中间工序，这种新工艺被人们称为对传统冶金工艺的一项革命。由于超急冷凝固，合金凝固时原子来不及有序排列结晶，得到的固态合金没有晶态合金的晶粒、晶界存在，因此被称为非晶合金。非晶合金的问世被认为是冶金材料学的一项革命。这种非晶合金具有许多独特的性能，如优异的磁性能、耐蚀性、耐磨性，高的强度、硬度，韧性好，高的电阻率和良好的机电耦合性能等。由于它的性能优异、工艺简单，非晶合金从 20 世纪 80 年代开始成为国内外材料科学界的研究开发重点。目前，美国、日本、德国已具有完善的非晶合金生产规模，并且大量的非晶合金产品逐渐取代硅钢片、坡莫合金和铁氧体涌向市场。

二、硬磁材料

由于硬磁材料磁化后不易退磁而能长期保留磁性，因而也被称为永磁材料、恒磁材料。目前，应用最为广泛的硬磁材料有钕铁硼和铁氧体等。

从永磁材料的发展历史来看，19 世纪末使用的碳钢，其磁能积 B_H（衡量永磁体储存磁能密度的物理量）最大值不足 1 MGOe（兆高奥），而目前国外批量生产的钕铁硼永磁材料的磁能积已达 50 MGOe 以上。20 世纪初，人们主要将碳钢、钨钢、铬钢和钴钢用作永磁材料。20 世纪 30 年代末，铝镍钴永磁材料开发成功，才使永磁材料的大规模应用成为可能。20 世纪 50 年代，钡铁氧体出现，钡铁氧体的应用既降低了永磁体的成本，又将永磁材料的应用范围拓宽到高频领域。到 20 世纪 60 年代，稀土钴永磁的出现，为永磁体的应用开辟了一个新时代。1967 年，美国 Dayton 大学的 Strnat 等人，用粉末黏结法成功地制成 $SmCo_5$ 永磁体，标志着稀土永磁时代的到来。目前，稀土永磁体已发展到第三代钕铁硼永磁材料。并且，当前稀土类永磁材料的产值已超过铁氧体永磁材料的产值，稀土永磁材料的生产已发展成一大产业。

（一）常用硬磁材料的种类

第一大类是合金永磁材料，包括稀土永磁材料（钕铁硼 $Nd_2Fe_{14}B$）、钐钴（SmCo）、铝镍钴。

第二大类是铁氧体永磁材料。

按生产工艺的不同，常用硬磁材料分为烧结铁氧体、黏结铁氧体、注塑铁氧体三种。这三种硬磁材料按磁晶的取向的不同又各分为等方性磁体和异方性磁体两种。

（二）电机中常用的硬磁材料

1. 铝镍钴合金

铝镍钴合金是由铝镍铁合金发展来的，目前我国能制造的铝镍钴合金主要有 LNG34、LNG52、LNGJ32、LNGJ56 等。由于铝镍钴合金是具有低矫顽力的永磁材料，其相对磁导率在 3 以上，所以在具体应用时，其磁极须做成长柱体或长棒体，以尽量减少退磁作用。

铝镍钴磁体本身矫顽力小，所以在使用过程中应严格禁止任何铁器接触铝镍钴磁体，以避免造成磁体局部退磁而使磁路中磁通分布发生畸变。铝镍钴永磁电机一旦拆卸、维修之后再重新组装，还必须进行再次整体饱和冲磁和稳磁处理，否则其永磁体工作点将下降，磁性能将降低。为此，铝镍钴永磁电机的磁极上通常都有极靴且备有再充磁绕组。

铝镍钴合金的优点是温度系数小，而且因温度变化而发生的永磁特性的退化也较小，但该材料硬而脆，加工困难。铝镍钴合金分为铸造合金和粉末烧结合金两种，在 20 世纪 30 至 60 年代应用较多，现多用于仪器仪表类要求温度稳定性高的永磁电机中。

2. 铁氧体永磁材料

铁氧体永磁材料属于非金属永磁材料（见图 2-21），是目前应用非常广泛的永磁材料之一。

铁氧体永磁材料不含贵金属镍、钴等，原材料来源丰富，工艺简单，成本低，特别适于制作小型发电机和电动机的永磁体。其具有以下特点。

(1)矫顽力大：铁氧体永磁材料的矫顽力介于铝镍钴合金材料的矫顽力和稀土钴永磁材料的矫顽力之间。由于其剩磁较低，故一般适合设计成扁平状。

(2)密度为$(4.6\sim5.1)\times10^3$ kg/m^3，质量轻。

(3)原材料来源丰富，价格便宜，耐氧化，耐腐蚀。

(4)磁晶体的各向异性常数大。

(5)退磁曲线近似为直线。

(6)最大磁能积较小，温度稳定性差，质地较脆、易碎，不耐冲击、振动，不宜制作测量仪表及有精密要求的磁性器件。

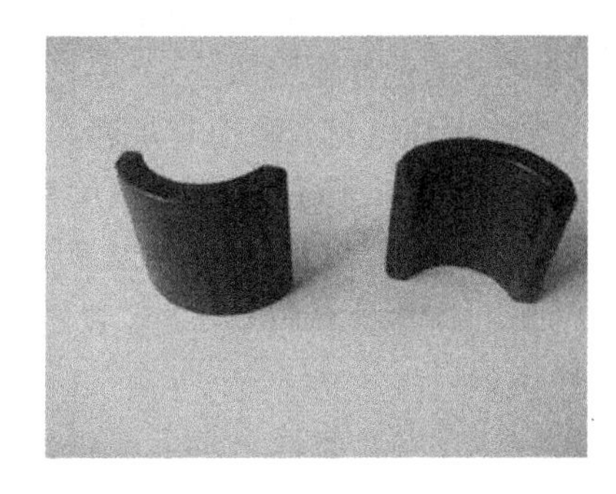

图 2-21　铁氧体永磁材料

3. 稀土永磁材料

稀土永磁材料是将钐、钕混合稀土金属与过渡金属(如钴、铁等)组成的合金，用粉末冶金方法压型烧结，经磁场充磁后制得的一种磁性材料，如图 2-22 所示。稀土永磁体分为钐钴(SmCo)永磁体和钕铁硼(NdFeB)系永磁体两大类、稀土永磁材料是现在已知的综合性能最高的一种永磁材料，比铁氧体、铝镍钴的性能优越得多，具有剩磁感应强度高、矫顽力大、最大磁能积大等优点。但其不足之处是居里温度较低，温度系数较大，高温使用时磁损失较大。另外，由于稀土永磁材料含有大量的钕和铁，也容易锈蚀，必须对其表面进行涂层处理。按生产工艺的不同，稀土永磁材料分为以下三种。

图 2-22　稀土永磁材料

(1)烧结钕铁硼。烧结钕铁硼永磁体经过气流磨制粉后冶炼而成，矫顽力很大，且拥有极好的磁性能，其最大磁能积大过铁氧体(Ferrite)的最大磁能积 10 倍以上。烧结钕铁硼本身的机械性能也相当好，可以切割加工成不同的形状，高性能产品的最高工作温度可达 200 ℃。由于它容易锈蚀，所以根据不同要求必须对其表面进行不同的涂层处理（如镀锌、镍、环保锌、环保镍、镍铜镍、环保镍铜镍等）。

（2）黏结钕铁硼。黏结钕铁硼永磁体是将钕铁硼粉末与树脂、塑胶或低熔点金属等黏结剂均匀混合，然后用压缩、挤压或注射成形等方法制成的复合型钕铁硼永磁体。它一次成形，无须二次加工，可直接做成各种复杂的形状。黏结钕铁硼的各个方向都有磁性，可以加工成钕铁硼压缩模具和注塑模具。黏结钕铁硼精密度高、磁性能极佳、耐腐蚀性好、温度稳定性好。

（3）注塑钕铁硼。注塑钕铁硼有极高的精确度，容易制成各向异性形状复杂的薄壁环或薄磁体。

（三）永磁材料的选用

永磁材料多种多样，性能相差很大，因此在设计永磁电机时，首先要选择好永磁材料。

永磁材料的选择原则如下。

（1）应能保证电机气隙中有足够大的气隙磁通密度，使电机能够达到规定的电机性能指标。

（2）在规定的环境条件、工作温度和使用条件下，应能保证磁性能的稳定性。

（3）有良好的力学性能，以方便加工和装配。

（4）经济性好，价格适宜。

小　　结

（1）一般来说，各类旋转电机的磁路可分为如下各段：气隙、定子齿（或磁极）、转子齿（或磁极）、定子轭及转子轭。

（2）磁路计算的目的就在于确定电机中感应一定电势所对应的主磁场所必需的磁化力或励磁磁动势，进而计算励磁电流及电机的空载特性，校核电机各部分磁密选择得是否合适，并确定有关尺寸。

（3）由于空气的磁阻比硅钢片的磁阻大很多，在电机的各段磁路里，气隙磁压降通常占总磁压降的 60%～85%或以上。

（4）计算极弧系数：假想每极计算磁通集中在极弧计算长度 b'_p 范围内，并认为在这个范围内气隙均匀分布，其磁密大小等于气隙最大磁密 B_δ，计算极弧系数即为极弧计算长度 b'_p 与极距 τ 之比，即 $\alpha'_p=\dfrac{b'_p}{\tau}$。

（5）气隙系数：若先假定转子表面有齿槽，而定子内圆表面光滑，则槽口的存在将使气隙磁阻增加和槽口处的磁通量减少，因而气隙磁通减小。为维持主磁通为既定值，则齿顶处最大磁密必须由无槽时的 B_δ 增加到 $B_{\delta\max}$，气隙系数 $k_\delta=\dfrac{B_{\delta\max}}{B_\delta}$。

（6）齿部磁密 B_t 的计算与钢片的饱和程度有很大的关系，下面分两种情况来进行分析。

$B_t \leqslant 1.8$ T：钢片的饱和程度不高，磁导率大，可认为一个齿距范围内主磁通从气隙进入铁芯表面后，几乎全部从齿内通过；

$B_t > 1.8$ T：齿部磁路比较饱和，磁导率小，主磁通大部分由齿通过，但有小部分则经过槽进入轭部。

（7）按所衔接的是磁极还是齿，可将轭分为极联轭和齿联轭两种。直流电机的定子轭和凸极同步电机转子轭都属于极联轭，也叫作磁轭；异步电机的定子轭、转子轭及同步电机或直流电机的电枢轭都为齿联轭，也称为芯轭。对这两种情况，需要按不同的方法计算磁压降。

(8)电机中常用的软磁材料有硅钢片、电工纯铁和非晶合金等,冲片常选用硅钢片,磁极、极轭可采用低碳钢、结构钢等;永磁材料常选用钕铁硼和铁氧体。

复习思考题

1. 为什么可以将电机内部比较复杂的磁场当成比较简单的磁路来进行计算?

2. 磁路计算时为什么要选择通过磁极中心的一条磁力线路径来计算,选用其他路径是否也可得到同样的结果?

3. 磁路计算的一般步骤是怎样的?

4. 气隙系数 k_δ 的引入是考虑了什么问题? 假定其他条件相同,而把电枢槽由半闭口槽改为开口槽,则 k_δ 是增大还是减少?

5. 空气隙在整个磁路中所占的长度很小,但它在整个磁路计算中却占有十分重要的地位,这是为什么?

6. 当齿部磁密超过 1.8 T 时,对计算齿部磁位降的方法为什么要进行校正?

7. 若将一台感应电动机的额定频率由 50 Hz 改为 60 Hz,并要求维持原设计的冲片及励磁磁动势不变,有关设计数据应如何变化? 不考虑饱和的影响时,这些数值的变化值为多少?

第3章 参数计算

本章导读

电阻和电抗是电机的重要参数。绕组电阻的大小不仅影响电机的经济性,并且与电机的运行性能也有极密切的关系。同时,绕组电抗的大小,对所设计电机的经济性及运行性能也有很大的影响。一方面,漏抗不能过小,否则同步发电机短路时或感应电动机启动时将产生不被允许的电流;另一方面,漏抗又不宜过大,否则会引起同步发电机的电压变化率增大,感应电动机的功率因数、最大转矩和启动转矩减小,直流电机的换向条件恶化等。因此,正确选定及计算这些参数具有重要的意义。本章主要介绍电机绕组电阻的计算方法,重点对主电抗和漏电抗的产生及计算方法进行介绍。

学习目标

(1)掌握直流电机绕组电阻及交流电机绕组电阻的计算原理及方法。

(2)理解交流电机主电抗的分析原理及计算方法。

(3)理解漏电抗的定义、产生原因及计算方法。

(4)理解漏电抗标幺值的表示方法。

电阻和电抗是电机的重要参数。绕组电阻的大小不仅影响电机的经济性,并且与电机的运行性能有极密切的关系。例如,在设计绕组时,若选择较小的导体电流密度,则选用的导体截面积比较小,所消耗铜量也就较少,但导体截面积小导致绕组电阻较大,电机运行时绕组的电损耗也就较大。同时,绕组电抗的大小,对所设计电机的经济性及运行性能也有很大的影响。一方面,漏抗不能过小,否则同步发电机短路时或感应电动机启动时将产生不被允许的电流;另一方面,漏抗又不宜过大,否则会引起同步发电机的电压变化率增大,感应电动机的功率因数、最大转矩和启动转矩减小,直流电机的换向条件恶化等。因此,正确选择及计算这些参数具有重要的意义。

3.1 绕组电阻的计算

一般来说,绕组中通以直流电流时,其电阻称为直流电阻,绕组中通以交流电流时,其电阻称为交流电阻或有效电阻。

若已知构成绕组的导体长度 l、导体截面积 A_c、导体材料的电阻率 ρ,则绕组的直流电阻可按下式计算:

$$R=\rho\frac{l}{A_c} \tag{3-1}$$

式中 l——绕组的导体长度;

A_c——导体截面积;

ρ——导体材料的电阻率。

当温度为 15 ℃时，铜的电阻率 $\rho_{15}=0.0175\times10^{-6}\ \Omega\cdot m$。电阻率与温度有关，在电机的正常运行温度范围内，温度为 t 时的电阻率 ρ_t 可按下式进行换算：

$$\rho_t=\rho_{15}[1+\alpha_t(t-t_{15})] \tag{3-2}$$

式中　α_t——导体电阻的温度系数，$\alpha_{t铜}\approx0.004\ ℃^{-1}$。

用间接法测定效率时，电机各绕组的电损耗计算要换算到相应绝缘等级的标准工作温度下。对 A 级、E 级及 B 级绝缘，此温度定为 75 ℃；对 F 级和 H 级绝缘，此温度定为 115 ℃。

中小型感应电机笼型转子绕组常用铸铝绕组。某些感应电机的转子笼及同步电机的阻尼笼出于电机性能的需要，也可采用其他金属材料来制作。

由于集肤效应的作用，绕组中通以交流时的电阻较之通直流时的大。如果用 K'_F 表示电阻增加系数，则交流电阻

$$R_e=K'_F R \tag{3-3}$$

式中　K'_F——电阻增加系数，K'_F 大于 1，其计算方法与电机类型有关；

R——直流电阻。

一、直流电机

由式(3-1)，并考虑到具体的并联支路数，直流电机电枢绕组的电阻可按下式计算：

$$R_a=\rho_w\frac{N_a l_c}{A_c(2a)^2} \tag{3-4}$$

式中　N_a——导体总数；

l_c——线圈或元件平均半匝长；

A_c——导体截面积；

ρ_w——导体电阻率；

$2a$——并联支路数。

对励磁绕组、换向极绕组、补偿绕组，可根据具体数据用类似方法进行计算。

二、交流绕组

(1)感应电机定子绕组每相电阻为

$$R_1=K'_F\cdot\rho_w\frac{2N_1 l_c}{A_{c1}a_1} \tag{3-5}$$

式中　N_1——定子每相的串联匝数；

a_1——相绕组的并联支路数；

A_{c1}——定子绕组的导体截面积。

感应电机转子绕组的每相电阻 R_2，可按类似于式(3-5)的关系式来计算。但此时的 K'_F 取 1，因为在正常运行时，转子绕组里电流的频率是很低的，集肤效应的影响可忽略不计。

转子电阻折算到定子电阻时，按电机学原理，应乘以折算系数 K，即

$$K=\frac{m_1}{m_2}\left(\frac{N_1K_{dp1}}{N_2K_{dp2}}\right)^2 \tag{3-6}$$

式中　m_1、m_2——定子、转子相数；

N_1、N_2——定子、转子每相串联匝数；

K_{dp1}、K_{dp2}——定子、转子基波绕组系数。

（2）对笼型转子绕组（见图 3-1）的电阻，可按照下述方法计算。

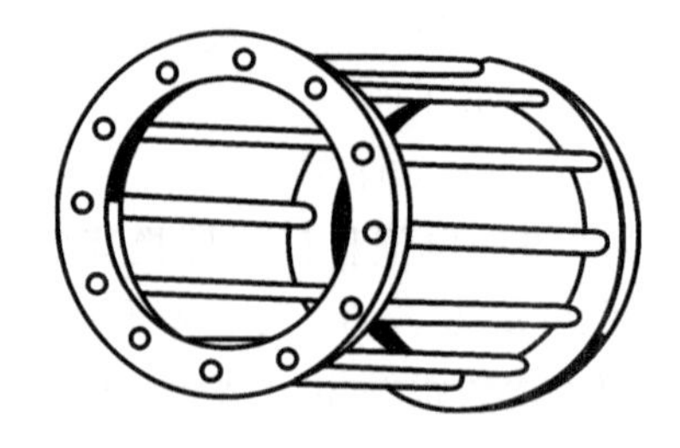

图 3-1　笼形转子绕组

如图 3-2 所示，可将笼型转子绕组看作一个对称多相绕组，其相数等于槽数，每相导体数等于 1。

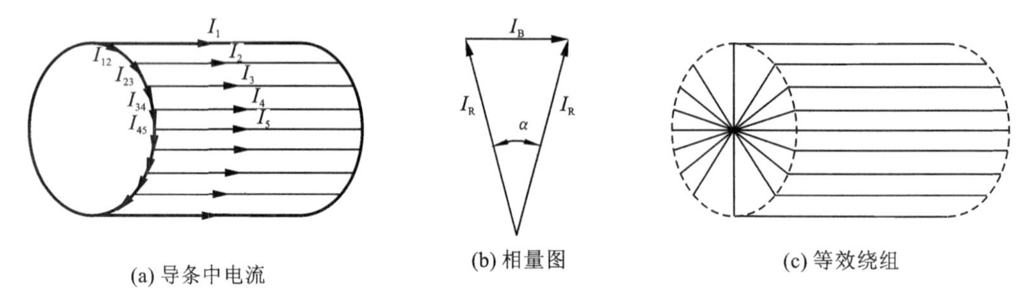

(a) 导条中电流　(b) 相量图　(c) 等效绕组

图 3-2　笼形转子的等效绕组及电流相量图

由于对称关系，各导体中电流的有效值是相等的，但其相位不同，其相位差就等于相邻两槽的电角度 α，且

$$\alpha = \frac{2\pi p}{Z_2} \tag{3-7}$$

式中　Z_2——转子槽数。

同理，转子笼端环各段中电流的有效值也应相等，相邻两段中的电流相位差也等于 α。如令各导条中电流有效值均等于 I_B，端环各段中的电流有效值均等于 I_R。由图 3-2(a)可知，导条中电流等于相邻两段端环电流之差，它们的相量图如图 3-2(b)所示，可得

$$I_R = \frac{I_B}{2\sin\dfrac{\alpha}{2}} \tag{3-8}$$

在计算每相电阻时，可用接成星形的电阻来代替接成多边形的端环电阻。这样便可获得如图 1-3(c)所示的等效绕组。此等效绕组的相电阻为笼型转子绕组的相电阻 R_2，等效绕组的电损耗应等于原来笼型转子绕组的电损耗，即

$$Z_2 I_B^2 R_2 = Z_2 I_B^2 R_B + 2Z_2 I_R^2 R_R \tag{3-9}$$

式中　R_B——导条电阻；

R_R——相邻导条间的端环电阻。

即

$$R_2 = R_B + \frac{2R_R}{\Delta^2} \tag{3-10}$$

式中，$\Delta = \dfrac{I_B}{I_R}$，且由式(3-7)及式(3-8)可得

$$\Delta = \frac{I_B}{I_R} = 2\sin\frac{\alpha}{2} = 2\sin\frac{\pi p}{Z_2} \approx 2\frac{\pi p}{Z_2} \tag{3-11}$$

将式(3-11)代入式(3-10)得 $R_2 \approx R_B + \frac{Z_2^2 R_R}{2\pi^2 p^2}$。如果端环与导条采用相同的材料，则

$$R_2 \approx \rho_w\left(\frac{l_B}{A_B} + \frac{Z_2 D_R}{2\pi p^2 A_R}\right) \tag{3-12}$$

式中　l_B、A_B——导条的长度、截面积；

D_R、A_R——端环的平均直径、截面积。

对笼型转子绕组，相数 m_2 等于槽数 Z_2，每相串联匝数 $N_2 = \frac{1}{2}$，绕组系数 $K_{dp2} = 1$。因此电阻的折算系数为

$$K = \frac{m_1}{m_2}\left(\frac{N_1 K_{dp1}}{N_2 K_{dp2}}\right)^2 = \frac{4m_1 (N_1 K_{dp})^2}{Z_2} \tag{3-13}$$

与绕线转子一样，笼型转子绕组的电阻增加系数 K_F' 在电机正常运行时可取 1；但在启动时，转子电流的频率比较高，K_F' 显著增大。

三、同步电机

同步电机电枢(定子)绕组每相电阻的计算与感应电机定子绕组每相电阻的相同，励磁绕组电阻的计算仍用式(3-1)。

3.2　绕组电抗的一般计算方法

在分析交流电机的运行原理时，常用等效电路来计算其运行性能。等效电路中除包含电阻参数外，还包含电抗参数。绕组电抗大体可分为主电抗和漏电抗(简称漏抗)两大类。通常把它们表示成标幺值的形式，这样既可较清晰、方便地表达电机的某些性能，又便于对功率、电压、转速等额定值不同的电机进行参数和有关性能的比较。

以标幺值表示的绕组漏抗为

$$X_\sigma^* = \frac{I_N X_\sigma}{U_{\Phi N}} \tag{3-14}$$

式中　$U_{\Phi N}$、I_N——电机的额定相电压、相电流，并作为电压和电流的基值。

以标幺值表示的主电抗为

$$X_m^* = \frac{I_N X_m}{U_{\Phi N}} \tag{3-15}$$

电抗一般可以采用两种方法计算，即磁链法和能量法，且以磁链法用得最多。

任何一个电路的电抗都可以写成

$$X = \omega L \tag{3-16}$$

式中　ω——交流电流的角频率，$\omega = 2\pi f$；

L——电路的电感。

由式(3-16)可知，在一定的频率下，计算电抗的问题可归结为如何计算电路的电感 L 问题。任何电路的电感都等于交链该电路的磁链增量与电路里相应电流增量之比，即

$$L = \frac{\Delta\psi}{\Delta i} \tag{3-17}$$

如果电路所处媒介的磁导率与磁场强度大小无关，则磁链随电流正比变化，电感可以表示为

$$L=\frac{\psi}{i} \tag{3-18}$$

式中 ψ——电路中电流 i 产生的与该电路交链的磁通链。

电感的计算又归结为磁通链的计算。如果电路所处媒介的磁导率随磁场强度的变化而改变，则磁链不再随电流正比变化，L 不再是常值，此时应是求电流变化的一个周期内电感的平均值。

3.3 主电抗计算

电抗分为主电抗和漏电抗两种。多相交流电机电枢电流产生的气隙磁场有基波磁场和谐波磁场两种。相应于基波磁场的电抗，属于主电抗；相应于谐波磁场的电抗，是整个电机的漏抗的一部分，称为谐波漏抗或差别漏抗。

在感应电机中，习惯上称主电抗为励磁电抗。在同步电机里，则称主电抗为电枢反应电抗。

1. 感应电机主电抗的计算

下面讨论感应电机主电抗的计算方法。计算时假定如下。

(1)电枢槽部导体中电流集中在槽中心线上。

(2)铁磁物质磁导率 $\mu=\infty$。

(3)槽开口的影响以气隙系数计及。

在上述假定的条件下，多相电枢绕组中通以多相对称电流后，由电枢电流所建立的气隙基波径向磁密的幅值为

$$B_{\delta 1}=\mu_0 F_1 \frac{1}{\delta_{ef}} \tag{3-19}$$

式中 δ_{ef}——有效气隙；

F_1——每极电枢基波磁动势幅值，且

$$F_1=\frac{\sqrt{2}m}{\pi p}NK_{dp1}I \tag{3-20}$$

式中 I——电枢相电流的有效值。

每极基波磁通为

$$\Phi_1=\frac{2}{\pi}l_{ef}\tau B_{\delta 1} \tag{3-21}$$

由基波磁场产生的磁链

$$\psi_{m1}=\Phi_1 K_{dp1} N \tag{3-22}$$

将式(3-19)～式(3-21)代入式(3-22)，得

$$\psi_{m1}=\mu_0\frac{\sqrt{2}m}{\pi p}(NK_{dp1})^2 I\frac{2}{\pi}l_{ef}\frac{\tau}{\delta_{ef}} \tag{3-23}$$

由式(3-16)、式(3-18)及式(3-22)，可知绕组每相的主电抗(单位为 Ω)为

$$X_m=\frac{2\pi f\psi_{m1}}{\sqrt{2}I}=4f\mu_0\frac{m}{\pi}\frac{(NK_{dp1})^2}{p}l_{ef}\frac{\tau}{\delta_{ef}} \tag{3-24}$$

式中 μ_0——空气磁导率，$\mu_0=0.4\pi\times10^{-6}$ H/m。

由式(3-24)可知，在频率 f、相数 m 和极数 $2p$ 一定时，感应电机的主电抗主要与绕组每相匝数 N、基波绕组 K_{dp1}、电枢的轴向计算长度 l_{ef} 及极距与气隙之比$\frac{\tau}{\delta_{ef}}$有关。

式(3-24)也可写成

$$X_m = 4\pi f\mu_0 \frac{N^2}{pq} l_{ef}\lambda_m \tag{3-25}$$

式中 q——每极每相槽数；

λ_m——主磁路的比磁导。

λ_m 可通过下式进行计算：

$$\lambda_m = \frac{m}{\pi^2}K_{dp1}^2 \frac{q\tau}{\delta_{ef}} \tag{3-26}$$

感应电机的主电抗用标幺值表示时为

$$X_m^* = \frac{I_{N1}X_m}{U_{\Phi N}} = \frac{E_{N1}}{U_{\Phi N}} = \frac{\Phi_{N1}}{\Phi_N} = \frac{F_{N1}}{F_N} \tag{3-27}$$

式中 F_{N1}、Φ_{N1} 和 E_{N1}——定子额定相电流 I_{N1} 产生的基波磁动势、基波磁通和感应的电势；

Φ_N 和 F_N——定子绕组中感生电势 $E=U_{\Phi N}$ 所需的基波磁通和气隙磁动势。

其中，

$$F_{N1} = \frac{\sqrt{2}m}{\pi p}I_{N1}NK_{dp1} = \frac{\sqrt{2}}{\pi}\left(\frac{2mNI_{N1}}{\pi D}\right)\frac{\pi D}{2p}K_{dp1} = \frac{\sqrt{2}}{\pi}A\tau K_{dp1} \tag{3-28}$$

$$F_N = \frac{B_{\delta 1}\delta_{ef}}{\mu_0} \tag{3-29}$$

将式(3-28)及式(3-29)代入式(3-27)，得

$$X_m^* = \frac{\mu_0\sqrt{2}A\tau K_{dp1}}{\pi B_{\delta 1}\delta_{ef}} = k_m\frac{A}{B_{\delta 1}} \tag{3-30}$$

式中 A——线负荷；

$B_{\delta 1}$——感应电势等于额定电压时的气隙基波径向磁密幅值；

k_m——系数。

k_m 可按下式进行计算：

$$k_m = \frac{\mu_0\sqrt{2}\tau K_{dp1}}{\pi\delta_{ef}} \tag{3-31}$$

由式(3-30)可见，当 τ/δ_{ef} 一定的情况下，主电抗标幺值与 $A/B_{\delta 1}$ 成正比。因为 $A=\frac{2mNI_{N1}}{\pi D}\propto\frac{N}{D}$，$B_{\delta 1}=\frac{\Phi_N}{\frac{2}{\pi}\tau l_{ef}}$；在电势及极数一定的情况下，$B_{\delta 1}\propto\frac{1}{NDl_{ef}}$，因此，$\frac{A}{B_{\delta 1}}\propto N^2 l_{ef}$。可见，$A$ 选得较大，说明绕组匝数较多；$B_{\delta 1}$ 选得较小，产生一定的感应电势所需的匝数也较多(或电机的尺寸较大)。因而选用较大的 A 及较小的 $B_{\delta 1}$(或 $A/B_{\delta 1}$ 较大)将使电机的主电抗较大。因此当设计电机时，电磁负荷的比值应选择适当，以避免得出不合理的或不符合技术要求的与主电抗有关的某些参数。

2. 凸极同步电机主电抗的计算

在计算凸极同步电机主电抗时，可采用双反应理论，将主电抗分为直轴电枢反应电抗 X_{ad} 和交轴电枢反应电抗 X_{aq}，且

$$X_{ad} = k_d X_m \tag{3-32}$$

$$X_{aq} = k_q X_m \tag{3-33}$$

式中 k_d——电枢直轴磁场的基波振幅与其最大值之比，$k_d = \dfrac{B_{ad1}}{B_{ad}}$；

k_q——电枢交轴磁场的基波振幅与其最大值之比，$k_q = \dfrac{B_{aq1}}{B_{aq}}$。

系数 k_d 和 k_q 由图 3-3 确定，图中 α_p 为极弧系数，该图是根据大量磁场作图法得出的。

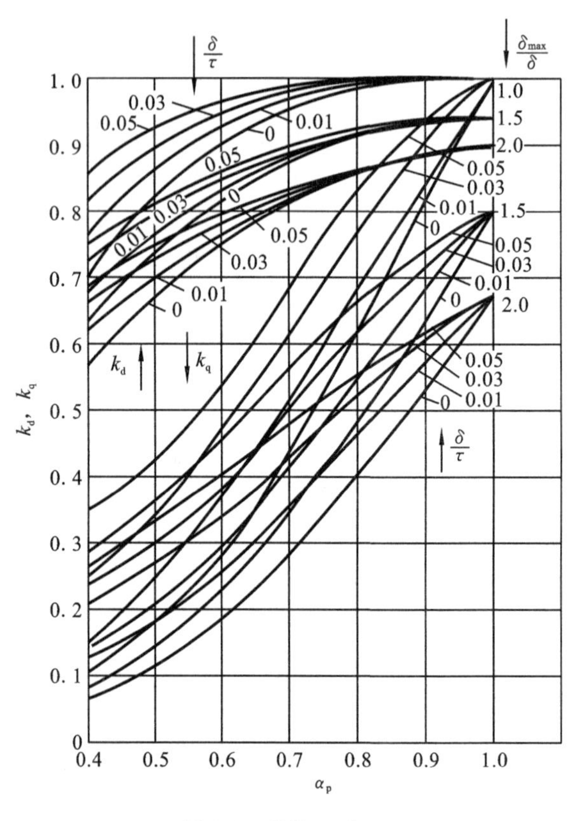

图 3-3 系数 k_d 和 k_q

直轴电枢反应电抗的标幺值为

$$X_{ad}^{*} = \frac{I_N X_{ad}}{U_{\Phi N}} = \frac{I_d X_{ad}}{U_{\Phi N}\sin\psi_n} = \frac{E_{ad}}{U_{\Phi N}\sin\psi_n} = \frac{F_{ad}}{k_f F_N \sin\psi_n} = \frac{k_d F_a}{k_f F_N} = k_{ad}\,\frac{F_a}{F_N} \tag{3-34}$$

式中 ψ_n——内功率因数角；

E_{ad}——直轴电枢反应电势；

F_a——电枢反应基波磁动势；

F_N——产生空载电势等于额定电压所需的气隙磁动势；

k_{ad}——直轴电枢反应系数，$k_{ad} = \dfrac{k_d}{k_f}$；

k_f——转子磁场的基波幅值与其最大值之比；

F_{ad}——直轴电枢反应磁动势。

或写成

$$X_{ad}^{*} = k_d k_m \frac{A}{B_{\delta 1}} \tag{3-35}$$

同理，交轴电枢反应电抗的标幺值为

$$X_{aq}^{*}=\frac{k_{q}F_{a}}{k_{f}F_{N}}=k_{aq}\frac{F_{a}}{F_{N}}=k_{q}k_{m}\frac{A}{B_{\delta1}} \tag{3-36}$$

式中　k_{aq}——交轴电枢反应系数，$k_{aq}=\frac{k_q}{k_f}$。

3. 隐极同步机主电抗的计算

由于直轴交轴磁阻基本相等，故电枢反应电抗 X_a 不分直轴的、交轴的，均等于主电抗 X_m，此时，$k_{ad}=k_{aq}\approx1$。

3.4　漏电抗计算

绕组电抗在电机中的位置不同，所建立的漏磁场不同，绕组的漏抗也就不同，通常分为槽漏抗、谐波漏抗、齿顶漏抗、端部漏抗等四部分进行计算，然后相加得到总漏抗值。

与式(3-25)相仿，漏抗的计算可以用下式表示：

$$X_{\sigma}=4\pi f\mu_{0}\frac{N^{2}}{pq}l_{ef}\sum\lambda \tag{3-37}$$

式中　l_{ef}——铁芯有效长度；

$\sum\lambda$——比漏磁导之和，即

$$\sum\lambda=\lambda_{s}+\lambda_{\delta}+\lambda_{t}+\lambda_{E} \tag{3-38}$$

式中　λ_s——槽比漏磁导；

λ_δ——谐波比漏磁导；

λ_t——齿顶比漏磁导；

λ_E——端部比漏磁导。

由此可见，漏抗的计算可以归结为相应的比漏磁导的计算。

一、槽漏抗计算

1. 单层整距绕组的槽漏抗

单层绕组及其槽形设计尺寸如图 3-4 所示，设槽内有 N_s 根串联导体，导体中通以随时间按正弦变化的电流，其有效值为 I。槽漏磁通可以分为两个部分计算：通过 h_0 高度上的漏磁通和通过 h_1 高度上的漏磁通。

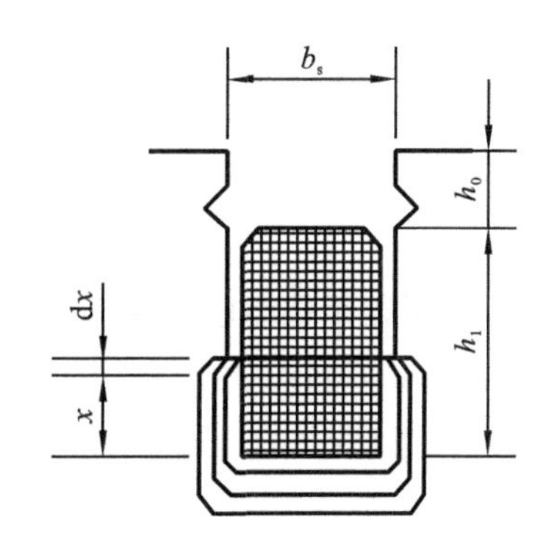

图 3-4　单层绕组及其槽形设计尺寸

计算时假定：

①电流在导体截面上均匀分布；

②忽略铁芯磁阻；

③槽内漏磁力线与槽底平行。

高度 h_0 范围内由全部槽中电流产生的漏磁链幅值为

$$\psi_{s1}=N_{s}(N_{s}\sqrt{2}I)\frac{\mu_{0}h_{0}l_{ef}}{b_{s}}=N_{s}^{2}\sqrt{2}I\frac{\mu_{0}h_{0}l_{ef}}{b_{s}} \tag{3-39}$$

对 h_1 高度上的漏磁通，先取离开线圈底部 x 距离处的一个高度为 $\mathrm{d}x$ 的磁力管来分析，其中的磁通为

$$\mathrm{d}\Phi_x = \left(N_s \frac{x}{h_1}\sqrt{2}I\right)\frac{\mu_0 l_{ef}\mathrm{d}x}{b_s} \tag{3-40}$$

式中，括号内数值为产生漏磁通的磁动势，这些磁通与 $N_s \frac{x}{h_1}$ 根导体匝链，因此，

$$\mathrm{d}\psi_x = \left(N_s \frac{x}{h_1}\right)\mathrm{d}\Phi_x = \left(N_s \frac{x}{h_1}\right)^2 \sqrt{2}I\mu_0 \frac{l_{ef}\mathrm{d}x}{b_s} \tag{3-41}$$

则高度 h_1 范围内由槽中电流产生的漏磁链为

$$\psi_{s2} = \int_0^{h_1}\mathrm{d}\psi_x = \frac{N_s^2\mu_0 l_{ef}}{h_1^2 b_s}\sqrt{2}I\int_0^{h_1}x^2\mathrm{d}x = \frac{1}{3}N_s^2\sqrt{2}I\mu_0\frac{h_1 l_{ef}}{b_s} \tag{3-42}$$

因此，槽漏磁链总和为

$$\psi_s = \psi_{s1} + \psi_{s2} = N_s^2\sqrt{2}I\mu_0 l_{ef}\left(\frac{h_0}{b_s} + \frac{h_1}{3b_s}\right) \tag{3-43}$$

每槽漏感为

$$L'_s = \frac{\psi_s}{\sqrt{2}I} = N_s^2\mu_0 l_{ef}\left(\frac{h_0}{b_s} + \frac{h_1}{3b_s}\right) \tag{3-44}$$

每槽漏抗为

$$X'_s = 2\pi f L'_s = 2\pi f N_s^2\mu_0 l_{ef}\left(\frac{h_0}{b_s} + \frac{h_1}{3b_s}\right) \tag{3-45}$$

如果每相并联支路数为 a，则每一支路中有 $\frac{2pq}{a}$ 个槽中的导体相互串联，故每一支路槽漏抗 $\frac{2pq}{a}X'_s$。由于每相有 a 条支路并联，故每相槽漏抗为

$$X_s = \frac{2pq}{a^2}X'_s \tag{3-46}$$

将式(3-45)代入式(3-46)，并考虑 $N=\frac{pq}{a}N_s$，得每相漏抗为

$$X_s = 4\pi f\mu_0 \frac{N^2}{pq}l_{ef}\lambda_s \tag{3-47}$$

式中　λ_s——矩形开口槽的槽比漏磁导，它与槽形尺寸有关，且

$$\lambda_s = \frac{h_1}{3b_s} + \frac{h_0}{b_s} \tag{3-48}$$

当极对数 $2p$ 和频率 f 一定时，每相槽漏抗与铁芯有效长度 l_{ef}、每极每相槽数 q 和每相匝数 N 有关，并与每相匝数 N 的平方成正比关系，因此每相匝数的多少对每相槽漏抗的影响最为显著。

2. 双层整距绕组的槽漏抗

以矩形开口槽为例，槽中安放有上、下层两个线圈。令上、下层线圈边中串联导体数各为 $N_s/2$，则上层线圈的自感 L_a，下层线圈的自感 L_b，上、下层线圈边的互感 $M_{ab}(=M_{ba})$ 分别为

$$\left.\begin{aligned} L_a &= \left(\frac{N_s}{2}\right)^2\mu_0 l_{ef}\lambda_a \\ L_b &= \left(\frac{N_s}{2}\right)^2\mu_0 l_{ef}\lambda_b \\ M_{ab} = M_{ba} &= \left(\frac{N_s}{2}\right)^2\mu_0 l_{ef}\lambda_{ab} \end{aligned}\right\} \tag{3-49}$$

式中　λ_a、λ_b——上层、下层线圈边自感比漏磁导；

λ_{ab}——上层、下层线圈边互感比漏磁导。

由于上层、下层线圈在同一槽，属于同一相，通过的电流也是同一相，不会存在相位差，所以每槽漏抗感为

$$L'_s = L_a + L_b + 2M_{ab} = \left(\frac{N_s}{2}\right)^2 \mu_0 l_{ef}(\lambda_a + \lambda_b + 2\lambda_{ab}) \tag{3-50}$$

按式(3-46)，每相槽漏抗为

$$X'_s = 2\pi f L'_s = 2\pi f \left(\frac{N_s}{2}\right)^2 \mu_0 l_{ef}(\lambda_a + \lambda_b + 2\lambda_{ab}) \tag{3-51}$$

当考虑 $N_s = \dfrac{Na}{pq}$时，有

$$X_s = 4\pi f \mu_0 \frac{N^2}{pq} l_{ef} \cdot \frac{1}{4}(\lambda_a + \lambda_b + 2\lambda_{ab}) = 4\pi f \mu_0 \frac{N^2}{pq} l_{ef} \lambda_s \tag{3-52}$$

其中，

$$\lambda_s = \frac{1}{4}(\lambda_a + \lambda_b + 2\lambda_{ab}) \tag{3-53}$$

对图3-5所示开口槽，对比前面推导可看出：在槽口h_0高度的漏磁通是上层导体中电流产生的漏磁通，且与上层的全部导体相链，这部分比漏磁导为$\dfrac{h_0}{b_s}$；上层导体h_1高度的漏磁通是由上层导体中一部分电流产生的漏磁通，且只与上层一部分导体相交链，这部分比漏磁导为$\dfrac{h_1}{3b_s}$，所以

$$\lambda_a = \frac{h_1}{3b_s} + \frac{h_0}{b_s} \tag{3-54}$$

同理，有

$$\lambda_b = \frac{h_3}{3b_s} + \frac{h_0 + h_1 + h_2}{b_s} \tag{3-55}$$

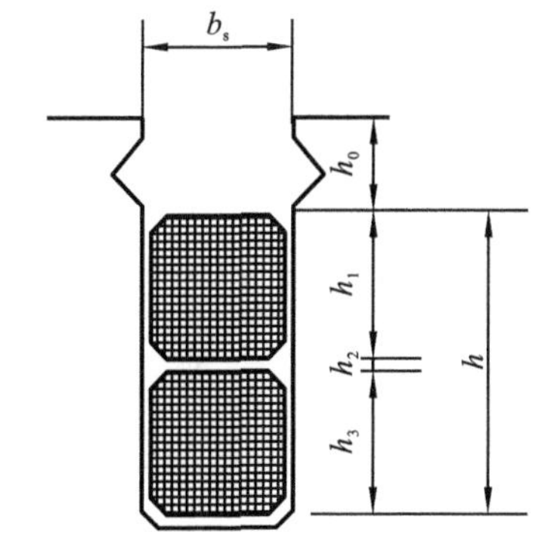

图3-5　双层绕组及其槽形尺寸

至于λ_{ab}，可通过如下推导得出。

(1)在距上层线圈底部x距离处，由下层电流I在上层dx处产生的磁通为

$$d\Phi_x = \frac{N_s}{2} \cdot \sqrt{2} I \frac{\mu_0 l_{ef} dx}{b_s} \tag{3-56}$$

$d\Phi_x$磁通与上层线圈边交链的导体数为$\dfrac{N_s}{2} \cdot \dfrac{x}{h_1}$，故

$$d\psi_x = d\Phi_x \cdot \frac{N_s}{2} \cdot \frac{x}{h_1} \tag{3-57}$$

因此，在h_1范围内所有磁通对上层边的磁链为

$$\psi'_{ab} = \int_0^{h_1} d\psi_x = \int_0^{h_1} \frac{N_s}{2} \cdot \frac{x}{h_1} \cdot \frac{N_s}{2} \sqrt{2} I \frac{\mu_0 l_{ef} dx}{b_s} = \left(\frac{N_s}{2}\right)^2 \sqrt{2} I \mu_0 l_{ef} \frac{h_1}{2b_s} \tag{3-58}$$

(2)下层线圈边的电流I在h_0范围内产生的磁通对上层边的磁链为

$$\psi''_{ab} = \frac{N_s}{2} \sqrt{2} I \frac{\mu_0 l_{ef} h_0}{b_s} \cdot \frac{N_s}{2} = \left(\frac{N_s}{2}\right)^2 \sqrt{2} I \mu_0 l_{ef} \frac{h_0}{b_s} \tag{3-59}$$

因此，总的互感磁链为

$$\psi_{ab} = \psi'_{ab} + \psi''_{ab} = \left(\frac{N_s}{2}\right)^2 \sqrt{2} I \mu_0 l_{ef} \left(\frac{h_1}{2b_s} + \frac{h_0}{b_s}\right) \tag{3-60}$$

由此得出相应于上层、下层线圈边间互感的比漏磁导为

$$\lambda_{ab}=\frac{h_1}{2b_s}+\frac{h_0}{b_s} \tag{3-61}$$

将式(3-54)、式(3-55)和式(3-61)代入式(3-53),得

$$\lambda_s=\frac{1}{4}(\lambda_a+\lambda_b+2\lambda_{ab})=\frac{1}{4}\left[\left(\frac{h_1}{3b_s}+\frac{h_0}{b_s}\right)+\left(\frac{h_3}{3b_s}+\frac{h_0+h_1+h_2}{b_s}\right)+2\left(\frac{h_1}{2b_s}+\frac{h_0}{b_s}\right)\right] \tag{3-62}$$

一般有 $h_1=h_3$,得

$$\lambda_s=\frac{2h_1}{3b_s}+\frac{h_2}{b_s}+\frac{h_0}{b_s}\approx\frac{h}{3b_s}+\frac{h_0}{b_s} \tag{3-63}$$

式中 h——$h=h_1+h_2+h_3$。

由此可知,对双层整距绕组,由于其各槽上层、下层线圈中的电流属于同一相,槽比漏磁导仍可用单层绕组的算式,只要将 $\lambda_s=\frac{h_1}{3b_s}+\frac{h_0}{b_s}$ 中的 h_1 用上、下层线圈(包括层间绝缘)在槽中总高度 h 代替即可。

3. 双层短距绕组的槽漏抗

在交流电机中,常采用双层短距绕组,此时在有些槽中,上、下层边的电流不属于同一相,导致总磁链减小,进而使每相槽漏抗比双层整距绕组减小,如果用 β 表示绕组节距比,则

$$X_s=4\pi f\mu_0\frac{N^2}{pq}l_{ef}\cdot\frac{1}{4}[\lambda_a+\lambda_b+\lambda_{ab}(3\beta-1)]=4\pi f\mu_0\frac{N^2}{pq}l_{ef}\lambda_s \tag{3-64}$$

根据前面推导的 λ_a、λ_b 和 λ_{ab},假设 $h_2\approx0$,$h_1=h_3=\frac{h}{2}$,则

$$\lambda_s=\frac{h_0}{b_s}\left(\frac{3\beta+1}{4}\right)+\frac{h}{3b_s}\left(\frac{9\beta+7}{16}\right)=K_U\lambda_U+K_L\lambda_L \tag{3-65}$$

式中 λ_U——槽口比漏磁导,$\lambda_U=\frac{h_0}{b_s}$;

λ_L——安放导体的槽下部的比漏磁导,$\lambda_L=\frac{h}{3b_s}$;

K_U——由于短路对槽口比漏磁导引入的节距漏抗系数,$K_U=\frac{3\beta+1}{4}$;

K_L——由于短路对槽下部比漏磁导引入的节距漏磁抗系数,$K_L=\frac{9\beta+7}{16}$。

(1)当 $\frac{2}{3}<\beta\leqslant1$ 时,$K_U=\frac{3\beta+1}{4}$,$K_L=\frac{9\beta+7}{16}$。

(2)当 $\frac{1}{3}<\beta\leqslant\frac{2}{3}$ 时,$K_U=\frac{6\beta-1}{4}$,$K_L=\frac{18\beta+1}{16}$。

(3)当 $0<\beta\leqslant\frac{1}{3}$ 时,$K_U=\frac{3}{4}\beta$,$K_L=\frac{9\beta+4}{16}$。

二、谐波漏抗计算

当多相对称交流电机绕组中通以多相对称交流电流时,在气隙中产生的旋转磁场,除基波磁场外,还有各次谐波磁场,其极对数为 $p_\gamma=\gamma p$(γ 为谐波次数)。与其相对应的定子转速为 $n_\gamma=\frac{n_1}{\gamma}$($n_1$ 为基波磁场转速)。

因此,各次谐波磁场在定子绕组中感应电势的频率为

$$f_\gamma = p_\gamma n_\gamma = pn_1 = f_1 \tag{3-66}$$

即其等于基波电势频率。因此，其应反映在定子回路的电势平衡方程式中。对于感应电机转子而言，这些定子谐波磁场，虽然大部分也与转子绕组匝链，但产生的不是有用转矩。故一般把由各次谐波磁场所感生的基频电势看作漏抗压降，相应的电抗称为谐波漏抗。由于这些谐波磁场等于电枢电流产生的气隙总磁场与基波磁场之差，故有时把相应于这些谐波磁场的电抗称为差别漏抗。

计算谐波漏抗时假定：

①各槽线圈边中电流集中在槽中心线上；

②铁磁物质的磁导率 $\mu=\infty$；

③气隙是均匀的，并且比较小，气隙谐波磁场只有径向分量，槽开口对各次谐波磁场的影响均近似以气隙系数计及；

④忽略各次谐波磁场在对方绕组中所感生的电流对它本身的削弱作用。

谐波磁场的磁通密度幅值 B_γ、磁动势 F_γ、每极磁通 Φ_γ 分别等于

$$\left.\begin{aligned} B_\gamma &= \mu_0 F_\gamma \frac{1}{k_\delta \delta} = \mu_0 F_\gamma \frac{1}{\delta_{ef}} \\ F_\gamma &= \frac{\sqrt{2} mNK_{dp\gamma} I}{\pi p \gamma} \\ \Phi_\gamma &= \frac{2}{\pi} l_{ef} \frac{\tau}{\gamma} B_\gamma \end{aligned}\right\} \tag{3-67}$$

式中　I——电枢电流有效值；

$K_{dp\gamma}$——γ 次谐波的绕组系数。

谐波磁场与绕组本身的磁链为

$$\psi_\gamma = \Phi_\gamma NK_{dp\gamma} \tag{3-68}$$

将式(3-67)代入式(3-68)，得

$$\psi_\gamma = \mu_0 \frac{\sqrt{2}m}{\pi p}\left(\frac{NK_{dp\gamma}}{\gamma}\right)^2 I \frac{2}{\pi} l_{ef} \frac{\tau}{\delta_{ef}} \tag{3-69}$$

相应于 γ 次谐波的谐波漏抗

$$X_\gamma = \frac{2\pi f \psi_\gamma}{\sqrt{2} I} = 2\pi f \mu_0 \frac{m}{\pi p}\left(\frac{NK_{dp\gamma}}{\gamma}\right)^2 \frac{2}{\pi} l_{ef} \frac{\tau}{\delta_{ef}} \tag{3-70}$$

故对应于所有各谐波磁场的总漏抗为

$$X_\delta = 4\pi f \mu_0 \frac{m}{\pi^2} \frac{N^2}{p} l_{ef} \frac{\tau}{\delta_{ef}} \sum \left(\frac{K_{dp\gamma}}{\gamma}\right)^2 = 4\pi f \mu_0 \frac{N^2}{pq} l_{ef} \lambda_\delta \tag{3-71}$$

式中　λ_δ——谐波比漏磁导，

$$\lambda_\delta = \frac{m}{\pi^2} \cdot \frac{q\tau}{\delta_{ef}} \sum S \tag{3-72}$$

其中，$\sum S = \sum \left(\frac{K_{dp\gamma}}{\gamma}\right)^2$。对 60°相带三相绕组、不同的 q 及 β 值的 $\sum S$ 已计算并绘制，如图 3-6所示。由图可见：在常见的 $2/3 \leqslant \beta \leqslant 1$ 范围内，$\beta \approx 0.8$ 时，$\sum S$ 最小，说明 5 次、7 次谐波被大大削弱(因为没有 3 次及 3 的倍数次谐波)；另外，一般来说，由于分数 q 绕组所建立的气隙磁场中常含有许多分数次谐波，所以其 $\sum S$ 较大。

此外，如果不忽略齿部分磁阻时，式(3-72)中分母还应乘以齿部饱和系数 K_s。

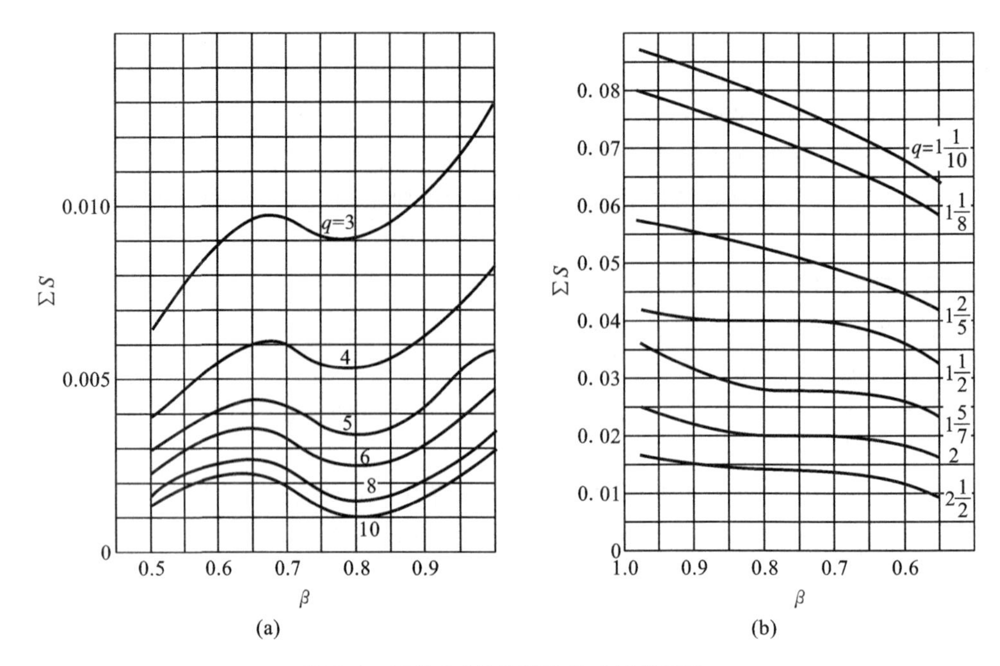

图 3-6 三相 60°相带谐波比磁导的系数

式(3-71)的谐波总漏抗 X_δ 的表达式为一般表达式，适用于感应电机及隐极同步电机的定子绕组和绕线式异步电动机的转子绕组。

对凸极同步电动机的定子绕组，由于气隙不均匀，则应乘以系数 k_d，即

$$X_{\delta 1} = k_d 4\pi f \mu_0 \frac{N^2}{pq} l_{ef} \lambda_{\delta 1} \tag{3-73}$$

感应电机的笼型绕组产生的谐波磁场的系数 $\mu = k_2 \frac{Z_2}{p} \pm 1 (k_2 = 1, 2, 3, \cdots)$，其绕组系数 $K_{dp\mu} = 1$，且 $N_2 = 1/2$，$pq = 1/2$，由式(3-71)得

$$X_{\delta 2} = 2\pi f \mu_0 l_{ef} \lambda_{\delta 2} \tag{3-74}$$

式中

$$\lambda_{\delta 2} = \frac{m_2 q_2 \tau}{\pi^2 \delta_{ef}} \sum \left(\frac{1}{k_2 \frac{Z_2}{p} \pm 1} \right)^2 = \frac{Z_2}{2p\pi^2} \cdot \frac{\tau}{\delta_{ef}} \cdot \sum R \tag{3-75}$$

其中，

$$\sum R = \sum \left(\frac{1}{k_2 \frac{Z_2}{p} \pm 1} \right)^2 \tag{3-76}$$

一般 $\frac{Z_2}{p} \gg 1$，可取 $\frac{Z_2}{p} \pm 1 \approx \frac{Z_2}{p}$，而

$$\sum \left[\frac{1}{k_2 \frac{Z_2}{p} \pm 1} \right]^2 = \frac{1}{4} \left(\frac{2p}{Z_2} \right)^2 \left(1 + \frac{1}{2^2} + \frac{1}{3^2} + \cdots \right) = \frac{\pi^2}{24} \left(\frac{2p}{Z_2} \right)^2 \approx \frac{5}{12} \left(\frac{2p}{Z_2} \right)^2 \tag{3-77}$$

此时，

$$\lambda_{\delta 2} = \frac{t_2}{12 \delta_{ef}} \tag{3-78}$$

三、齿顶漏抗计算

在同步电机中，由于气隙一般比较大，气隙磁场不完全沿径向方向穿过气隙，其一部分磁力线由一个齿顶进入另一个齿顶形成回路，如图 3-7 所示。这些磁通称为齿顶漏磁通，对应的漏抗称为齿顶漏抗。此外，沿槽口的磁力线实际上不与槽底平行，与前面的假设有矛盾，会使计算的结果有一定的偏差，应在齿顶漏抗的计算中予以修正。

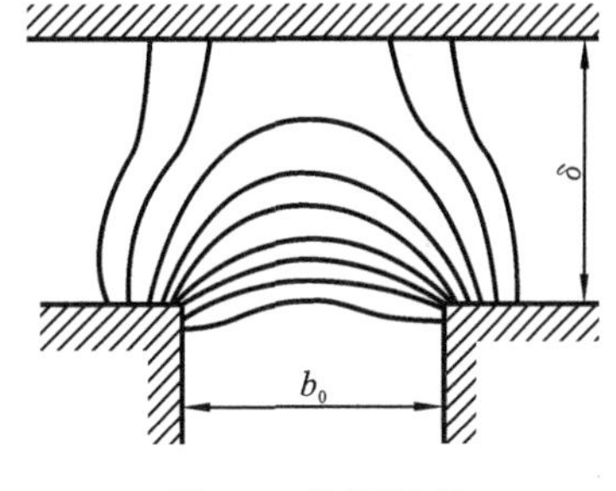

图 3-7 齿顶漏磁

当槽口面对极靴时，齿顶漏磁场的比漏磁导为

$$\lambda_{td} = 0.2284 + 0.0796\frac{\delta}{b_0} - 0.25\frac{b_0}{\delta}(1-\sigma) \tag{3-79}$$

式中

$$\sigma = \frac{2}{\pi}\left[\arctan\frac{b_0}{2\delta} - \frac{\delta}{b_0}\ln\left(1+\frac{b_0{}^2}{4\delta^2}\right)\right] \tag{3-80}$$

当槽口面对极间区域时，齿顶比漏磁导计算式为

$$\lambda_{tq} = 0.2164 + 0.3184\left(\frac{b'_t}{b_0}\right)^{0.5} \tag{3-81}$$

式中 b'_t——齿顶宽度。

因此，齿顶总比漏磁导 λ_t 为

$$\lambda_t = \alpha_p\lambda_{td} + (1-\alpha_p)\lambda_{tq} \tag{3-82}$$

注意：①对隐极同步电机，由于气隙是均匀的，可以用式(3-79)计算；

②当使用短距绕组时，上述的齿顶比漏磁导计算公式中还须乘以系数 K_U；

③对于气隙较小的感应电机，可以不计算齿顶漏抗。

四、端部漏抗计算

绕组端部漏抗是相应于绕组端部匝链的漏磁场的电抗。电机绕组端部形状十分复杂，并且随着绕组类型的不同而有较大的差异，其邻近金属构件又对漏磁场的分布影响颇大，但构件本身则随电机类型的不同而不同，因此欲准确计算电机端部漏抗的比漏磁导是比较困难的。已有不少学者对此做了解论分析和实验研究，得出了含有经验校正系数的一些表达式。

(1)对不分组的单层同心绕组，端部漏电感为

$$L_E = (N_s q)^2\mu_0(0.67l_E - 0.43\tau) \tag{3-83}$$

式中 l_E——半匝线圈的端部长度。

设每相所有线圈互相串联，则端部漏抗为

$$X_E = 2\pi f\cdot 2pL_E = 4\pi f\mu_0(N_s q)^2 p\times 0.67(l_E - 0.64\tau) \tag{3-84}$$

为便于计算，化成与槽漏抗相同的形式，即

$$X_E = 4\pi f\mu_0\frac{N^2}{pq}l_{ef}\lambda_E \tag{3-85}$$

式中 λ_E——端部比漏磁导。

①对不分组的单层同心绕组：

$$\lambda_E = 0.67\frac{q}{l_{ef}}(l_E - 0.64\tau) \tag{3-86}$$

②对分组的单层同心绕组：

$$\lambda_E = 0.47\frac{q}{l_{ef}}(l_E - 0.64\tau) \tag{3-87}$$

(2)对单层链式绕组：

$$\lambda_E = 0.2\frac{q}{l_{ef}}l_E \tag{3-88}$$

(3)对双层迭绕组：

$$\lambda_E = 0.57q\frac{\tau}{l_{ef}}\left(\frac{3\beta-1}{2}\right) \tag{3-89}$$

(4)对双层波绕组：

$$\lambda_E = 0.57q\frac{\tau}{l_{ef}} \tag{3-90}$$

(5)对笼型绕组,其端环的比漏磁导为

$$\lambda_E = \frac{0.2523Z_2p}{l_{ef}}\left(\frac{D_E}{2p}+\frac{l'}{1.13}\right) \tag{3-91}$$

若将比漏磁导归算到定子边,对三相感应电机，

$$\lambda'_E = \frac{0.757q_1k_{dp1}{}^2}{l_{ef}}\left(\frac{D_E}{2p}+\frac{l'}{1.13}\right) \tag{3-92}$$

3.5 漏抗标幺值

漏抗标幺值计算公式为

$$X_\sigma^* = \frac{I_{N1}X_\sigma}{U_{\Phi N}} = \frac{X_\sigma}{Z_N} \tag{3-93}$$

式中

$$Z_N = \frac{U_{\Phi N}}{I_{N1}} = \frac{\sqrt{2}\pi f\Phi_N NK_{dp1}}{I_{N1}} \tag{3-94}$$

$$I_{N1} = F_{N1}\frac{\pi}{\sqrt{2}}\cdot\frac{p}{mNK_{dp1}} \tag{3-95}$$

将式(3-37)、式(3-94)代入式(3-93),得

$$X_\sigma^* = \frac{2\pi\mu_0F_{N1}l_{ef}}{\Phi_NK_{dp1}^2}\cdot\frac{\sum\lambda}{mq} \tag{3-96}$$

考虑到 $F_{N1}=\frac{\sqrt{2}}{\pi}A\tau K_{dp1}$ 及 $\Phi_N=\frac{2}{\pi}B_{\delta1}\tau l_{ef}$,则上式可写为

$$X_\sigma^* = \frac{\sqrt{2}\pi\mu_0\sum\lambda}{K_{dp1}mq}\cdot\frac{A}{B_{\delta1}} = K_\sigma\frac{A}{B_{\delta1}} \tag{3-97}$$

式中 A——电枢电流 $I=I_{N1}$ 时的线负荷；

$B_{\delta1}$——相应于感应电势 $E=U_{\Phi N}$ 的气隙基波径向磁密幅值；

K_σ——系数，

$$K_\sigma = \frac{\sqrt{2}\pi\mu_0\sum\lambda}{K_{dp1}mq} \tag{3-98}$$

可见，漏抗标幺值主要与 $\frac{\sum\lambda}{q}\cdot\frac{A}{B_{\delta1}}$ 有关。当 $\frac{\sum\lambda}{q}$ 一定时，它与主电抗一样，与 $\frac{A}{B_{\delta1}}$ 成正比；当漏抗设计值与预选值不符但相差较小时，可通过改变 $\sum\lambda$ 或 q 来改变某些设计数据。如果漏抗设计值与预选值不符且相差较大，则应重新选取 A 和 $B_{\delta1}$，甚至改变主要尺寸，重新进行设计。

小　结

(1)电阻和电抗是电机的重要参数。绕组电阻的大小不仅影响电机的经济性，并且与电机的运行性能有极密切的关系。同时，绕组电抗的大小，对所设计电机的经济性及运行性能有很大的影响。一方面，漏抗不能过小，否则同步发电机短路时或感应电动机启动时将产生不被允许的电流；另一方面，漏抗又不宜过大，否则会引起同步发电机的电压变化率增大，感应电机的功率因数、最大转矩和启动转矩降低，直流电机的换向条件恶化等。

(2)电阻率与温度有关，在电机的通常运行温度范围内，温度为 t 时的电阻率 ρ_t 可按下式进行换算：$\rho_t=\rho_{15}[1+\alpha_t(t-t_{15})]$。

(3)对笼型转子绕组的电阻，可将笼型转子绕组看作一个对称多相绕组，其相数等于槽数，每相导体数等于1。

(4)交流电机等效电路中除包含电阻参数外，还包含电抗参数。绕组电抗大体可分为两大类，即主电抗和漏电抗(简称漏抗)，通常把它们表示成标幺值的形式。

(5)在频率 f、相数 m 和极数 $2p$ 一定时，感应电机的主电抗主要与绕组每相匝数 N、基波绕组系数 K_{dp1}、电枢的铁芯计算长度 l_{ef} 及极距与气隙之比 $\frac{\tau}{\delta_{ef}}$ 有关。

(6)绕组电抗在电机中的位置不同，所建立的漏磁场不同，绕组的漏抗也就不同，通常分为槽漏抗、谐波漏抗、齿顶漏抗、端部漏抗等四部分进行计算，然后相加得到总漏抗值。

复习思考题

1. 漏抗的大小对交流电机的性能有何影响？
2. 为什么槽数越多每相漏抗越小？试从物理概念上进行说明。
3. 槽漏抗与谐波漏抗的大小主要与哪些因素有关？
4. 感应电机励磁电抗的大小主要与哪些因素有关？它对电机的性能有何影响？
5. 如果设计的电机漏抗太大，欲使之下降，改变哪些设计数据最为有效？

第4章

损耗与效率

本章导读

效率是电机的一个重要性能指标，它的高低取决于运行时电机所产生的损耗。损耗越大，效率就越低。损耗的大小与电磁负荷有很大的关系。为了降低损耗，应选取较小的电磁负荷、较小的导体电流密度等，但这样会增加电机的尺寸及材料的耗用量。此外，损耗的大小还与材料性能、绕组类型和电机结构等有密切的关系。因此，要设计一台性能良好而又经济的电机，必须熟悉电机损耗与这些因素的关系。

本章主要介绍电机的基本铁耗、空载时铁芯中的附加损耗、电气损耗、负载时的附加损耗及机械损耗产生的原理及计算方法。

学习目标

(1)掌握电机损耗的种类，理解何为空载损耗、何为负载损耗。

(2)理解磁滞损耗、涡流损耗产生的原因及计算方法。

(3)理解电气损耗、机械损耗产生原因及计算方法。

(4)理解空载附加损耗及负载附加损耗。

4.1 概　　述

效率是电机的一个重要性能指标，它的高低取决于运行时电机所产生的损耗。损耗越大，效率就越低。如前所述，损耗的大小与电磁负荷有很大的关系。为了降低损耗，应选取较小的电磁负荷、较小的导体电流密度等，但这样会增加电机的尺寸及材料的耗用量。此外，损耗的大小还与材料性能、绕组类型和电机结构等因素有密切的关系。因此，要设计一台性能良好且又经济的电机，必须熟悉电机损耗与这些因素的关系。

电机的损耗一般可分为下列几类。

(1)定子和转子铁芯中的基本损耗。它主要是主磁场在铁芯内发生变化时产生的。

(2)空载时铁芯中的附加损耗。它主要是由定子和转子开槽而引起的气隙磁导谐波磁场在对方铁芯表面产生的表面损耗和因开槽而使对方齿中磁通因电机旋转而变化所产生的脉振损耗。

(3)电气损耗。它指由工作电流在绕组铜(或铝)中产生的损耗，也包括电刷在换向器或集电环上的接触损耗。

(4)负载时的附加损耗。这是由于定子或转子的工作电流所产生的漏磁场(包括谐波磁场)在定子绕组、转子绕组中和铁芯及结构件中引起的各种损耗。

(5)机械损耗。它包括通风损耗、轴承摩擦损耗和电刷与换向器或集电环间的摩擦损耗。

以上(1)、(2)、(5)项为空载损耗，因为它们可在空载试验中测得。对大多数运行时电枢电压固定或转速变化率不大的电机，这些损耗从空载到额定负载的变化很小。其余两项是在负载情况下产生的，所以称为负载损耗。

4.2　基本铁耗

基本铁耗是由主磁场在铁芯内产生变化而引起的，这种变化可以是交变磁化性质的，如变压器的铁芯中及电机的定子或转子齿中所发生的，也可以是旋转磁化性质的，如电机的定子或转子铁轭中所发生的。

这两种变化均会产生磁滞损耗和涡流损耗。

一、磁滞损耗

构成电机的铁磁材料均存在磁滞现象，进而会产生磁滞损耗。根据实验，单位重量铁磁物质内由交变磁化引起的磁滞损耗 p_h 称为磁滞损耗系数，它与交变磁化频率 f 和磁通密度振幅 B 有关，即

$$p_h = (aB + bB^2)f \tag{4-1}$$

式中　a、b——比例常数，其大小与材料导磁性有关。

当电机铁芯磁通密度在 1.0 T$\leqslant B \leqslant$1.6 T 时，$a \approx 0$，则

$$p_h = bB^2 f = \sigma_h f B^2 \tag{4-2}$$

由旋转磁化引起的磁滞损耗的大小不同于由交变磁化引起的磁滞损耗。图 4-1 表示由试验得出的中含硅量钢片在两种性质磁化下磁滞损耗与磁通密度的关系。由图可见，磁通密度在 1.7 T 以下时，旋转磁化的磁滞损耗较之交变磁化的为大；当磁通密度高于 1.7 T 时，则相反。电机轭部磁通密度一般在 1.0～1.5 T 范围内，相应的旋转磁化磁滞损耗较之交变磁化磁滞损耗大 45%～65%。

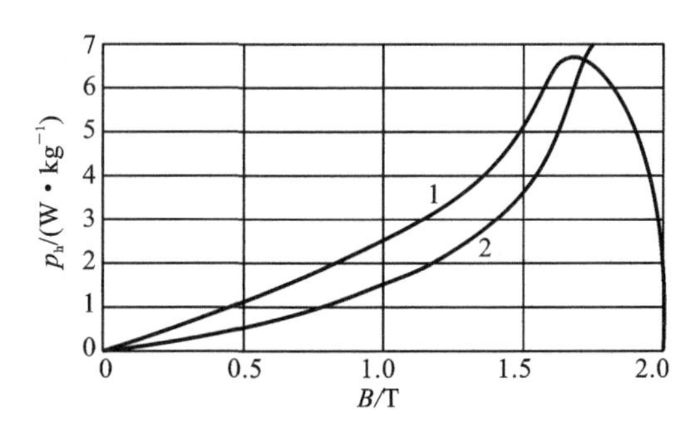

图 4-1　中含硅量钢片(Si1.9%)的磁滞损耗

1—由旋转磁化引起的；2—由交变磁化引起的

二、涡流损耗

当铁芯中的磁场发生变化时，在铁芯中会产生感应电势，相应的感生电流称为涡流，由它引起的损耗称为涡流损耗。为了减小涡流损耗，电机铁芯通常不能做成整块的，而由彼此绝缘的钢片沿轴向叠压起来，以阻碍涡流的流通，如图 4-2 所示。

通常采用厚为 0.5 mm 或 0.35 mm 的电工钢片作为铁芯的材料。对一般电机中遇到的频

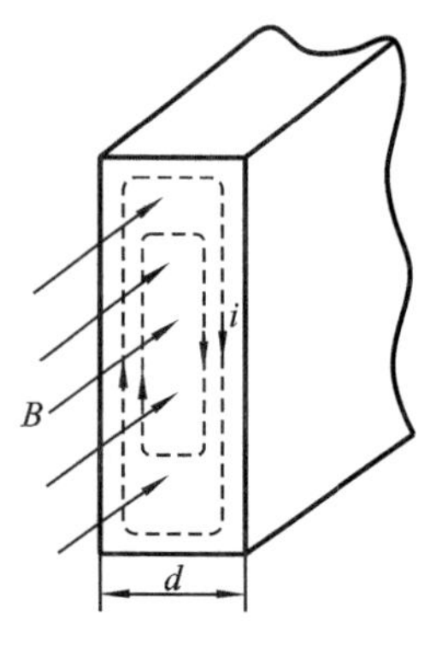

图 4-2　硅钢片中的涡流

率范围，磁场在钢片截面上可以认为是均匀分布的，理论上推导出单位重量钢片内的涡流损耗 p_e 为

$$p_e = \frac{\pi^2}{6\rho\rho_{Fe}}(\Delta_{Fe}Bf)^2 \tag{4-3}$$

由上式可知，p_e 与磁通密度振幅 B、频率 f 及材料厚度 Δ_{Fe} 三者乘积的平方成正比，与电阻率 ρ 和钢片密度 ρ_{Fe} 成反比。在厚度一定的情况下，

$$p_e = \sigma_e(Bf)^2 \tag{4-4}$$

式中　σ_e——取决于材料规格及性能的常数，且

$$\sigma_e = \frac{\pi^2\Delta_{Fe}^2}{6\rho\rho_{Fe}} \tag{4-5}$$

式(4-3)为不考虑涡流对磁场的反作用时导出的结果。当交变磁场的频率较高或钢片较厚时，须考虑涡流反作用使磁场在钢片截面中不均匀分布，此时磁通的集肤效应增加了磁滞损耗，而同时又减小了涡流损耗。在工作频率(f=50 Hz)下，这些影响一般可忽略不计。

三、轭部(齿联轭)及齿部的基本铁耗

将式(4-2)及式(4-4)相加，可得到钢的损耗系数(或称比耗，即单位质量的损耗)的计算公式：

$$p_{he} = \sigma_h fB^2 + \sigma_e(fB)^2 \tag{4-6}$$

式中　σ_h、σ_e——常数。

为了计算方便，钢的损耗系数(单位为 W·kg^{-1})通常按下式计算：

$$p_{he} \approx p_{10/50}B^2\left(\frac{f}{50}\right)^{1.3} \tag{4-7}$$

式中　$p_{10/50}$——当 B=1 T，f=50 Hz 时，单位质量的钢的损耗。

钢的基本铁耗的表达式为

$$p_{Fe} = K_a \cdot p_{he} \cdot G_{Fe} \tag{4-8}$$

式中　G_{Fe}——受交变磁化或磁化作用的钢的重量；

K_a——经验系数，将由于钢片加工(钢片冲压和车削后片间的短接)、磁通密度分布的不均匀、磁通密度随时间不按正弦规律变化及旋转磁场与交变磁化之间的损耗差异等引起的损耗增加等都估算在内。

利用式(4-8)可计算电机轭中及齿中的基本铁耗。

1)定子轭或转子轭中的基本铁耗

计算轭中的损耗系数时，B 选定定子轭或转子轭中的最大磁通密度值 B_{jmax}。仿照式(4-7)，有

$$p_{hej} = p_{10/50}B_{jmax}^2\left(\frac{f}{50}\right)^{1.3} \tag{4-9}$$

则轭中的基本铁耗(单位为 W)为

$$p_{Fej} = K_a \cdot p_{hej} \cdot G_j \tag{4-10}$$

式中　G_j——轭的重量；

K_a——取值见后续各类电机设计程序。

2)齿中基本铁耗

当计算齿中的损耗系数时,B 采用齿磁路长度上磁通密度平均值 B_t,即

$$p_{het} = p_{10/50} B_t^2 \left(\frac{f}{50}\right)^{1.3} \tag{4-11}$$

则齿中的基本铁耗为

$$p_{Fet} = K_a p_{het} G_t \tag{4-12}$$

式中　G_t——齿的重量;

K_a——对直流电机,$K_a = 40$;对异步电机,$K_a = 1.8$;对同步电机,当容量 $P_N < 100$ kVA 时 $K_a = 2.0$,当容量 $P_N \geqslant 100$ kVA 时 $K_a = 1.7$。

由上述分析可知,铁芯中的基本铁芯在频率一定的情况下,主要与铁芯中的磁通密度、材料的厚度及性能有关。此外,铁芯重叠工艺水平及加工方法也往往对铁耗的大小有较大影响。

4.3　空载时铁芯中的附加损耗

空载时铁芯中的附加损耗主要是指铁芯表面损耗和齿中脉振损耗,它是由气隙中谐波磁场引起的。造成谐波磁场的原因有两个:一是电机铁芯开槽导致气隙磁导不均匀;二是空载励磁磁动势空间分布曲线中有谐波存在。

谐波磁通的路径与气隙沿圆周方向边界凹凸面的间距有关。

(1)如果凹凸面的间距(例如凸极机的极距 τ)比谐波波长 λ 大得多,则谐波磁通集中在极弧表面一薄层内,如图 4-3(a)所示。当谐波磁场相对磁极表面运动时,就会在极面感生涡流,产生涡流损耗。谐波磁场相对于极面运动,还会在其中引起磁滞损耗,但数值较小,一般不予计算。由于涡流集中在表面一薄层内,故称表面损耗。

(2)如果边界凹凸面的间距(例如齿距 t)比谐波波长 λ 小得多,谐波磁通将深入齿部并经由轭部形成闭合回路,如图 4-3(b)所示。当谐波磁场相对于齿运动时,就会导致在整个齿中产生涡流及磁滞损耗,称为脉振损耗。

(3)如果边界凹凸面的间距与谐波波长 λ 相比,介于前两种情况之间,则谐波磁通的一部分沿铁磁物质表面、另一部分深入齿部形成回路,如图 4-3(c)所示。这时将同时产生表面损耗和脉振损耗。

本节仅给出由铁芯开槽引起的表面损耗和脉振损耗的计算方法。

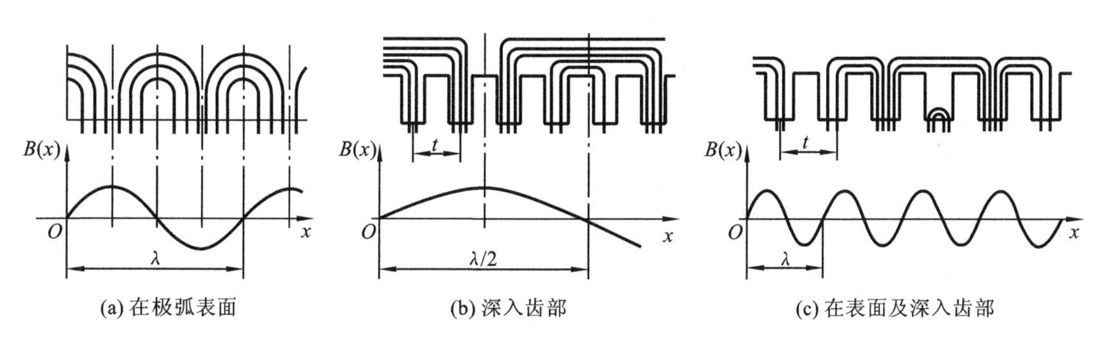

图 4-3　气隙谐波的磁通的路径

一、直流电机及同步电机整块(或实心)磁极的表面损耗

在直流电机及同步电机中，由于电枢开槽，使得气隙主磁场上叠加了一个气隙磁导齿谐波磁场。当电枢相对磁极运动时，此齿谐波磁场就与磁极表面有相对运动，在磁极表面引起涡流损耗。因为频率很高，引起的涡流损耗基本上集中在表面一薄层内，故又称为表面损耗。磁极表面涡流回路如图 4-4 所示。涡流的频率 f_Z(单位为 Hz)与电枢相对磁极的转速 n(单位为 r/min)的数值关系为

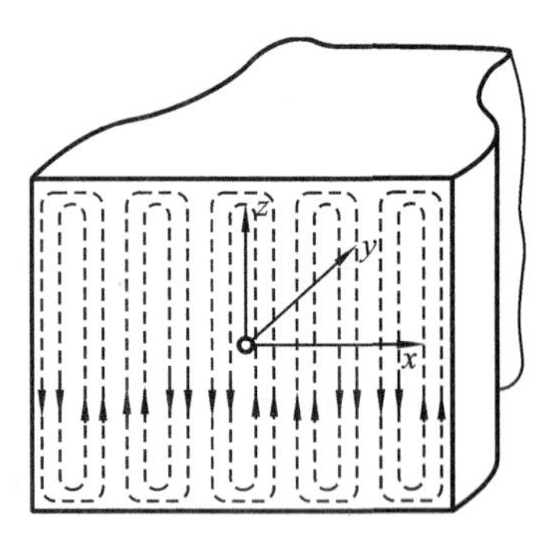

图 4-4　磁极表面涡流回路

$$f_Z = \frac{Zn}{60} \tag{4-13}$$

式中　Z——电枢槽数。

齿谐波磁通密度最大值 B_0 可通过下式进行计算：

$$B_0 = B_{\delta\max} - B_\delta = (k_\delta - 1)B_\delta \tag{4-14}$$

或

$$B_0 = \beta_0 B_{\delta\max} = \beta_0 k_\delta B_\delta \tag{4-15}$$

$$\beta_0 = \frac{B_0}{B_{\delta\max}} \tag{4-16}$$

由该谐波磁场在磁极单位表面上引起的涡流损耗为

$$p_A = K_0 (B_0 t)^2 (Zn)^{1.5} \tag{4-17}$$

其中，

$$K_0 = \frac{1}{4\sqrt{\pi\mu\rho}} \left(\frac{1}{60}\right)^{1.5} \tag{4-18}$$

式中，μ、ρ 的单位分别为 H/m、Ω · m。

由式(4-17)可见，表面损耗的大小与产生该损耗的磁通密度幅值 B_0 的平方成正比、与此磁通密度的波长 λ(即等于齿距 t)的平方成正比，与其频率的 1.5 次方成正比，并与整块磁极材料的导磁、导电性能有关。

需要注意的是，式(4-17)并未考虑磁滞引起的损耗。若气隙主磁场 B_δ 在极距范围内按正弦规律变化，则尚须在式(4-17)中乘以 0.5，将式(4-17)乘以电机所有磁极的表面积 A_p，即电机的表面损耗为

$$p_{Fep} = p_A \cdot A_p \tag{4-19}$$

二、叠片磁极及感应电机中的表面损耗

为了减小磁极表面的损耗及工艺上的方便，直流电机、凸极电机的磁极常做成叠片式的。这样可以利用冲片表面形成的天然氧化膜绝缘层来增加涡流回路的电阻，降低表面损耗。叠片式磁极表面损耗的计算公式与式(4-17)略有不同，但习惯上仍按式(4-17)来计算，只是采用相应的经验系数予以修正。

为了降低表面损耗，不应使 B_0 太大，即不应使 $\frac{b_0}{\delta}$ 太大，特别是采用整块磁极时。而采用叠片磁极时，最好不要在叠压后进行车削加工，以免降低表面电阻而形成较大的涡流。

在感应电机里，定、转子铁芯均由硅钢片叠压而成，且均有槽，定子开槽会在转子表面产生表面损耗，反之也是如此。转子表面损耗为

$$p_{02} = p_{A2} \pi D_2 l'_{t2} \frac{t_2 - b_{02}}{t_2} \tag{4-20}$$

式中 t_2、b_{02}——转子的齿距、槽口宽；

D_2、l'_{t2}——转子铁芯的外径、长度；

p_{A2}——由定子槽开口引起的齿谐波磁场在转子单位表面中产生的损耗。

仿式(4-17)并考虑齿谐波磁场沿空间按正弦规律变化，可得 p_{A2} 的数值公式为

$$p_{A2} = 0.5K_0 (Z_1 n)^{1.5} (B_{01} t_1)^2 \tag{4-21}$$

式中，0.5 为考虑定子齿谐波磁场的幅度值在空间按正弦规律变化而引入的系数。而 $B_{01} = \beta_{01} k_{\delta 1} B_\delta$ 为定子开槽引起的齿谐波磁密幅值，β_{01} 为 $\frac{b_0}{\delta}$ 的函数，由图 4-5 查取。

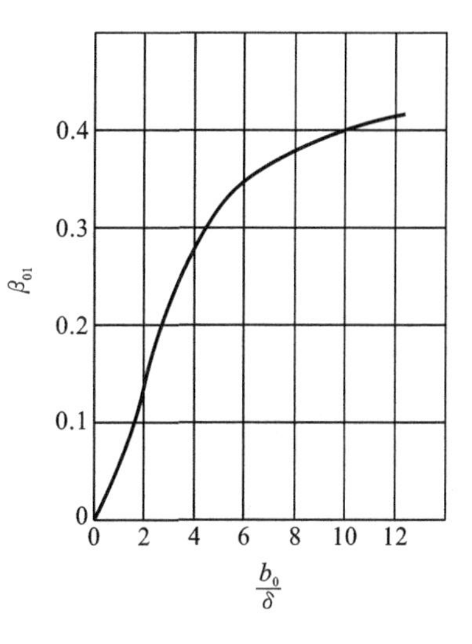

图 4-5 β_{01} 与 b_0/δ 的关系曲线

三、感应电机齿中的脉振损耗

对于感应电机来说，定子和转子都有槽，运行时定子齿、转子齿中将产生脉振损耗。

当转子旋转时，定、转子齿槽关系不断改变。图 4-6(a)、(b)示出的是定子齿、转子齿处于两个极端位置时的气隙磁场分布情况。图 4-6(a)中，转子齿中心线正好对准定子齿中心线，而图 4-6(b)中，转子槽中心线正好对准定子齿中心线。在这两个不同位置，进入定子齿中的磁通量是不同的，其差正比于图 4-6(b)中示出的阴影面积。可见，随着电机的旋转，定子齿中磁通将发生变化，因而导致附加铁耗。铁耗(即脉振损耗)的大小为

$$p_{P1} = 0.5k\sigma_e f_{Z1}^2 B_{P1}^2 G_{t1} \tag{4-22}$$

式中 k——考虑由于加工影响和脉振磁通变化非正弦等而引入的损耗增加系数，一般约为 2.5。

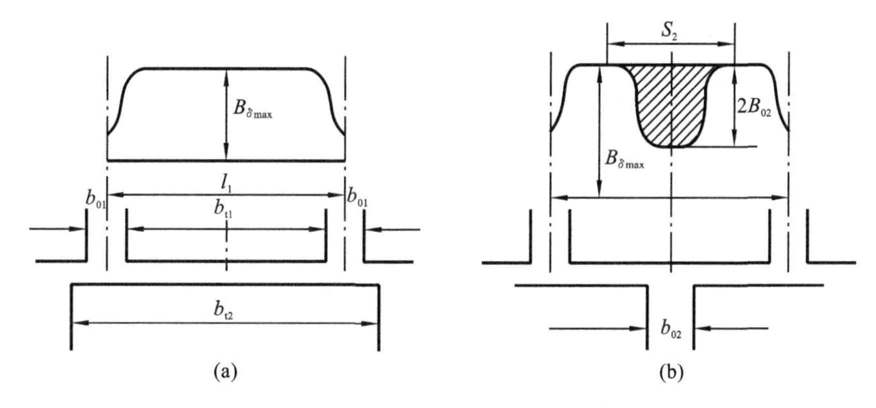

图 4-6 定子齿、转子齿中磁通的脉振

若取 $\sigma_e = 0.0002 \text{W}/(\text{kg} \cdot \text{Hz}^2 \cdot \text{T}^2)$，又定子齿中脉振磁通的交变频率 $f_{Z1} \approx \frac{Z_2 n}{60}$($n$ 取为气隙主磁场的转速)，则可得齿中脉振损耗的数值计算公式：

$$p_{P1} \approx 0.07 (Z_2 n)^2 B_{P1}^2 G_{t1} \times 10^{-6} \tag{4-23}$$

式中 G_{t1}——定子齿重量。

同理，转子齿中脉振损耗为

$$p_{P2} \approx 0.07 (Z_1 n)^2 B_{P1}^2 G_{t2} \times 10^{-6} \tag{4-24}$$

实际中，不单独计算感应电机的空载附加铁芯损耗，而是根据经验，对式(4-12)取更高的 K_a 值。

4.4 电气损耗

电气损耗包括各部分绕组中的电气损耗，以及电刷、换向器和集电环间的接触损耗。

一、绕组中的电气损耗

根据焦耳-楞次定律，此损耗等于绕组中电流的平方与电阻的乘积。如果电机具有多个绕组，则应分别计算各绕组的电气损耗，然后相加，即

$$p_{cu(Al)} = \sum I_x^2 R_x \tag{4-25}$$

式中　I_x——绕组 x 中的电流；

R_x——换算到基准工作温度的绕组 x 的电阻。

对交流 m 相绕组，如其中电流 I 相同，绕组电阻 R 相同，则电气损耗为

$$p_{cu(Al)} = mI^2R \tag{4-26}$$

计算电气损耗时，假定电流在导线截面上均匀分布，故上述公式中的电阻均指直流电阻。

按电机的有关国家标准规定：供电机在正常工作时作调节用的变阻器、调压装置及永久连接而不作调节用的电阻、阻抗线圈、辅助变压器和其他类似的辅助设备中的损耗也应计入电机损耗内。如果用同轴的励磁机(或副励磁机、旋转整流器等)来励磁，则应将其损耗也计入电机损耗内。

二、电刷接触损耗

电刷与集电环或换向器的接触压降主要与选用的电刷种类有关，而与电流的大小无关。因此，一个极性下的电刷接触损耗为

$$p_{cb} = \Delta U_b I \tag{4-27}$$

式中　I——电刷中流过的电流；

ΔU_b——电刷接触压降。每一极性(直流)或每一相(对交流)所有的电刷接触压降规定如下：对于碳-石墨、石墨极电化石墨电刷，取 1 V；对于金属石墨电刷，取 0.3 V。

4.5 负载时的附加损耗

负载时会产生附加损耗，这主要是由于绕组周围存在着漏磁场。这些漏磁场在绕组及所有附近的金属结构件中会感生涡流损耗。定子绕组和转子绕组在气隙中建立的谐波磁动势所产生的谐波磁场以不同速度相对转子和定子运动，在铁芯中和鼠笼绕组中感生涡流，产生附加损耗。

负载时的附加损耗一般难以精确计算。对于中小型电机，这种附加损耗的绝对值比较小，通常不做详细计算，而规定为其额定输出(或输入)功率的一定百分数。

一、感应电机负载时的附加损耗

感应电机负载时的附加损耗一般不进行详细计算，在许多国家的标准中，一般将负载时的附加损耗取为电机输出(发电机)功率或输入(电动机)功率的0.5%。当然，这个数值是非常粗略的。例如，小型铸铝工艺的笼式电动机是附加损耗能达到输出功率的2%～3%，甚至4%～5%。它不但影响了运行的经济性及启动性能，还会造成绕组的温升过高，因此如何准确计算和降低笼型铸铝转子感应电机负载时的附加损耗一直受到人们的重视。

笼型转子感应电机负载时附加损耗主要包括四个部分。

①定子绕组的漏磁场在绕组里及绕组端部附近的金属部件中产生的附加损耗。

②定子磁动势谐波产生的磁场在笼型转子绕组中感生电流引起的附加损耗。

③定子磁动势谐波产生的磁场在转子铁芯表面引起的表面损耗(由于转子齿脉振损耗及转子磁动势谐波在定子铁芯中产生的附加损耗较小，可忽略)。

④没有槽绝缘的铸铝转子中，由泄漏电流产生的损耗。

二、降低感应电机负载时附加损耗的措施

虽然负载时的附加损耗只占每台感应电机输入功率的很小一部分，但由于笼型转子感应电动机使用的范围广、数量大，此项损耗所消耗的总电量在数量上仍十分可观。所以，近年来，国内外都在进行如何降低这些损耗的研究工作。

对于中小型感应电机来说，在负载时的附加损耗中，占较大比例的为高频附加损耗，基频附加损耗一般所占比例不大。为降低高频附加损耗，可采取下列措施。

①采用谐波含量较少的各种定子绕组类型。例如，一般采用双层短距分布绕组、以单双层绕组代替单层绕组、采用△-Y混合接法绕组(这种绕组的相带谐波含量少)。

②采用近槽配合。

③采用斜槽，同时注意改进转子铸铝工艺或采用其他工艺，以增大导条与铁芯间的接触电阻。

三、直流电机负载时的附加损耗

直流电机负载时的附加损耗一般较小，通常不进行详细计算。对于没有补偿绕组的电机，一般取为输出(发电机)功率或输入(电动机)功率的1%；对于有补偿绕组的电机，一般取为输出(发电机)功率或输入(电动机)功率的0.5%。

4.6 机械损耗

机械损耗包括轴承摩擦损耗、电刷摩擦损耗和通风损耗。

轴承摩擦损耗与摩擦面上的压强(或称压力)、摩擦系数及摩擦表面间的相对运动速度有关。在大多数情况下，由于与多种因素有关(如摩擦面的光滑程度、润滑油的种类及其工作温度、有关零件的加工质量和电机的总装质量等)，摩擦系数较难确定。通风损耗与电机的结构、风扇的类型和通风系统的风阻等很多难以精确计算的因素有关。因此，通常根据已有的电机试验数据来近似估算所设计电机的机械损耗。

下面简略介绍这些多经过理论分析的计算公式，为计算时的初步估算提供参考依据。

一、轴承摩擦损耗

滑动轴承的摩擦损耗与所用润滑油的黏度、品质、轴颈的圆周速度、工作表面的加工质量及轴颈直径和长度之比等因素有关。大型卧式高速电机中的滑动轴承摩擦损耗（单位为 W）可用以下数值方程计算：

$$p_{\mathrm{f}} = 2.3 l_{\mathrm{j}} \frac{50}{\theta} \sqrt{\mu_{50} p_{\mathrm{j}} d_{\mathrm{j}} \left(1 + \frac{d_{\mathrm{j}}}{l_{\mathrm{j}}}\right)} v_{\mathrm{j}}^{1.5} \times 10^{-10} \tag{4-28}$$

式中　p_{j}——轴颈投影面上的压力或压强，$\mathrm{N/m^2}$；

d_{j}——轴颈的直径，m；

l_{j}——轴颈的长度，m；

θ——工作油温，℃；

μ_{50}——50 ℃时油的黏度，为 0.015～0.02 $\mathrm{N \cdot s/m^2}$；

v_{j}——轴颈的圆周速度，m/s。

滚动轴承的摩擦损耗（单位为 W）可用以下数值方程计算：

$$p_{\mathrm{f}} = 0.15 \frac{F}{d} v \times 10^{-5} \tag{4-29}$$

式中　F——轴承的速度负荷，N；

d——滚珠中心处的直径，m；

v——滚珠中心处圆周速度，m/s。

二、通风损耗

在自通风的电机中，通风损耗（单位为 W）可用以下数值方程计算：

$$p_{\mathrm{w}} = 1.75 q_{\mathrm{v}}^2 v^2 \tag{4-30}$$

式中　q_{v}——通过电机的空气体积流量，$\mathrm{m^3/s}$；

v——风扇外围的圆周速度，m/s。

三、轴承摩擦和通风损耗的实际计算方法

1. 直流电机

（1）对于电枢外径 $D_{\mathrm{a}} \geqslant 0.5$ m、轴上没有风扇的电机，则 p_{fw}（单位为 W）可按以下数值方程计算：

$$p_{\mathrm{fw}} = k \left(\frac{v_{\mathrm{a}}}{10}\right)^{1.6} P_{\mathrm{N}} \times 10^{-3} \tag{4-31}$$

式中　k——系数，$k=0.9 \sim 1.3$；

v_{a}——电枢圆周速度，m/s。

（2）对于电枢外径 $D_{\mathrm{a}} < 0.5$ m、采用滑动轴承的电机，则 p_{fw}（单位为 W）可按以下数值方程计算：

$$p_{\mathrm{fw}} = 1.75 q_{\mathrm{v}} v^2 + 5 G_{\mathrm{a}} v_{\mathrm{j}} \cdot \sqrt{\frac{n_{\mathrm{N}} \times 10^4}{g p_{\mathrm{j}}}} \tag{4-32}$$

式中　G_{a}——电枢旋转部分重力；

v——当电机有风扇时为风扇外圆的圆周速度，m/s，当电机无风扇时为电枢圆周速度；
q_v——通过电机的空气体积流量，m^3/s；
n_N——额定转速，r/min；
v_j——轴颈的圆周速度，m/s；
p_j——轴颈投影面上的压力或压强，N/m^2。

2. 异步电机

(1)对于径向通风的大型电机，

$$p_{fw} = 2.4p\tau^3(N_v + 11) \times 10^3 \tag{4-33}$$

式中 τ——极距，m；
N_v——铁芯中径向通风道数；
p——极对数。

(2)对中小型异步电机。

对于中小型异步电机，建议按下列数值方程计算 p_{fw}(单位为 W)。

①两极防护式：

$$p_{fw} = 5.5\left(\frac{3}{p}\right)^2 D_2^3 \times 10^3 \tag{4-34}$$

式中 D_2——转子外径，m。

②四极以上防护式：

$$p_{fw} = 6.5\left(\frac{3}{p}\right)^2 D_2^3 \times 10^3 \tag{4-35}$$

③两极封闭型自扇冷式：

$$p_{fw} = 13(1 - D_1)\left(\frac{3}{p}\right)^2 D_1^4 \times 10^3 \tag{4-36}$$

式中 D_1——定子外径，m。

④四极以上封闭型自扇冷式：

$$p_{fw} = \left(\frac{3}{p}\right)^2 D_1^4 \times 10^4 \tag{4-37}$$

3. 凸极同步电机

径向通风的卧式同步电机的轴承摩擦和通风损耗(单位为 W)可按下列数值方程计算：

$$p_{fw} = 16p\left(\frac{v}{40}\right)^3 \sqrt{\frac{l_{t1}}{19} \times 10^3} \tag{4-38}$$

式中 v——转子圆周速度，m/s；
l_{t1}——定子铁芯总长，m。

四、电刷(与换向器或集电环间的)摩擦损耗

电刷摩擦损耗(单位为 W)为

$$p_{fb} = \mu_b p_b S_b v \tag{4-39}$$

式中 μ_b——摩擦系数；
p_b——电刷压力，约等于 20×10^3 Pa；
S_b——电刷总工作面积，m^2；
v——换向器或集电环的圆周速度，m/s。

4.7 效　　率

发电机额定负载时的效率可用下式计算：

$$\eta_G = \left(1 - \frac{\sum p}{P_N + \sum p}\right) \times 100\% \tag{4-40}$$

式中　P_N——额定输出功率；

$\sum p$——电机额定负载时的总损耗。

电动机的效率可用下式计算：

$$\eta_m = \left(1 - \frac{\sum p}{P_{N1}}\right) \times 100\% \tag{4-41}$$

式中　P_{N1}——额定负载时的输入功率。

小　　结

(1)定子和转子铁芯中的基本损耗、空载时铁芯中的附加损耗、机械损耗可在空载试验中测得，故又称为空载损耗。

(2)电气损耗、负载时附加损耗是在负载情况下产生的，故又称为负载损耗。

(3)基本铁耗是由主磁场在铁芯内产生变化而引起的，这种变化可以是交变磁化性质的，如变压器的铁芯中及电机的定子或转子的齿中所发生的；也可以旋转磁化性质的，如电机的定子轭或转子轭中所发生的。二者均会产生磁滞损耗和涡流损耗。

(4)空载时铁芯中附加损耗主要是指铁芯表面损耗和齿中脉振损耗，它是由气隙中谐波磁场引起的。造成谐波磁场的原因有两个：一是电机铁芯开槽导致气隙磁导不均匀；二是空载励磁磁动势空间分布曲线中有谐波存在。

(5)电气损耗包括各部分绕组中的电气损耗，以及电刷、换向器和集电环间的接触损耗。

(6)负载时会产生附加损耗，这主要是由于绕组周围存在着漏磁场。这些漏磁场在绕组及所有附近的金属结构件中会感生涡流损耗。定子绕组和转子绕组在气隙中建立的谐波磁动势所产生的谐波磁场以不同速度相对转子和定子运动，在铁芯中和鼠笼绕组中感生涡流，产生附加损耗。

(7)机械损耗包括轴承摩擦损耗、电刷摩擦损耗和通风损耗。

复习思考题

1. 空载铁芯损耗的大小主要与哪些因素有关？

2. 要减小负载时绕组铜中的附加损耗，一般可采取哪些措施？

3. 若将一台感应电机的额定频率由 50 Hz 改为 60 Hz，要求保持励磁磁动势基本不变，应改变什么数据为好？

第2篇　电机设计实例

第5章 感应电机设计

本章导读

感应电机因其转子转速与旋转磁场的转速之间总是存在差异又称为异步电机。感应电机主要用作电动机。感应电动机应用广泛，主要用于拖动各种生产机械，具有结构简单、制造容易、价格低廉、运行可靠及维护方便等优点。本章主要介绍感应电动机的主要系列、额定数据及主要参数的确定、绕组铁芯的设计等。

学习目标

(1)掌握感应电动机主要技术指标和额定数据。

(2)熟悉感应电动机主要尺寸的确定及电磁负荷、气隙的选取原则。

(3)掌握感应电动机定子绕组的设计，包括绕组形式、节距、电流密度等各个参数的选取。

(4)掌握定子冲片槽数、转子冲片槽数选择方法，槽形尺寸设计方法及槽配合的选择等。

(5)熟悉三相感应电动机设计流程及设计程序。

前面各章节介绍了电机设计的基本理论。这一章主要讨论中、小型三相感应电动机的电磁计算中的几个主要部分，包括主要尺寸与气隙的确定，定子绕组、转子绕组和冲片的设计，最后以一个计算实例来说明具体的设计过程。

5.1 概　　述

一、我国三相感应电动机的主要系列

目前我国生产的三相感应电动机有100个系列500多个品种5 000多个规格。按电动机的尺寸，我国感应电动机主要分为以下几个系列。

(1)大型感应电动机：中心高 $H>0.63$ m，定子外径 $D_1>1$ m，功率 $P>400$ kW，电压为3 kV或6 kV。

(2)中型感应电动机：中心高 $H=0.355\sim0.63$ m，定子外径 $D_1=0.5\sim1$ m，功率 $P=45\sim$ 1 250 kW，电压有380 V、3 kV、6 kV。

(3)小型感应电动机：中心高 $H=0.08\sim0.315$ m，定子外径 $D_1=0.12\sim0.5$ m，功率 $P=$ $0.55\sim132$ kW，电压为380 V。

(4)Y(IP44)系列感应电动机：中心高 $H=0.08\sim0.28$ m，定子外径 $D_1=0.12\sim0.445$ m，共11个机座，功率 $P=1.55\sim90$ kW，电压为380 V。

二、感应电动机的主要性能指标和额定数据

1. 主要性能指标

在设计感应电动机时，以下各主要性能应达到指标。

(1)效率 η_N。
(2)功率因数 $\cos\varphi_N$。
(3)最大转矩倍数 T_m/T_N。
(4)启动转矩倍数 T_{st}/T_N。
(5)启动电流倍数 I_{st}/I_N。
(6)绕组温升和铁芯温升 ΔT_{cu} 和 ΔT_{Fe}。
(7)启动过程中的最小转矩 T_{min}(对于笼型转子电动机而言)。

2. 感应电动机的额定数据与标幺值

在设计任务书中通常给出下列额定数据。
(1)额定功率 P_N——额定状态下运行时轴上输出的机械功率。
(2)额定电压 U_N——额定状态下运行时所接的电源电压。
(3)额定效率 f_N——额定状态下运行时电源电压的效率。
(4)额定转速 n_N——额定状态下运行时的转速。

在电机设计中,广泛采用标幺值,由于它是个相对量,因此,必须选定相应的基准值。选用的基准值有以下 5 个。
(1)电压基准值是电机的额定相电压 $U_{\Phi N}$。
(2)功率基准值是电机的额定功率 P_N。
(3)电流基准值是电机每相的功电流 I_{KW}。

$$I_{KW}=\frac{P_N}{m_1U_{\Phi N}} \tag{5-1}$$

(4)阻抗基准值 Z_{KW}。

$$Z_{KW}=\frac{U_{\Phi N}}{I_{KW}}=\frac{m_1U_{\Phi N}^2}{P_N} \tag{5-2}$$

(5)转矩基准值为电机的额定转矩 T_N。

$$T_N=\frac{P_N\times 10^3}{2\pi\frac{n_N}{60}}=9\ 550\frac{P_N}{n_N} \tag{5-3}$$

在以上 5 个基准值中,有 2 个是选定的,这 2 个是设计任务书中给定的,其他 3 个是通过这 5 个物理量之间的相互关系得到的。一般设计感应电动机时,电动机的额定输出功率和额定电压都是由设计任务书规定的,因而选用它们作为功率基准和电压基准较为方便。

需要注意的是,功电流不等于额定电流,额定电流对应于输入的额定视在功率,设计开始时不能确定。功电流对应于额定输出功率,设计开始时可根据额定功率求出。

5.2 主要尺寸与气隙的确定

一、主要尺寸和计算功率

感应电机的主要尺寸是指定子内径 D_{i1} 和铁芯有效长度 l_{ef}。
由第 1 章可知,感应电机主要尺寸的基本关系式为

$$D_{i1}^2l_{ef}=\frac{6.1\times 10^{-3}}{\alpha'_pK_{Nm}K_{dp1}}\cdot\frac{1}{AB_\delta}\cdot\frac{P'}{n}=C_A\frac{P'}{n} \tag{5-4}$$

其中，感应电机计算功率为

$$P' = m_1 E_1 I_1 \tag{5-5}$$

而额定功率为

$$P_N = m_1 U_{\Phi N} I_1 \eta_N \cos\varphi_N \tag{5-6}$$

比较以上两式可得

$$P' = \frac{E_1}{U_{\Phi N}} \cdot \frac{1}{\eta_N \cos\varphi_N} P_N \tag{5-7}$$

式中　$\frac{E_1}{U_{\Phi N}}$——感应电机定子绕组满载电势的标幺值。

由感应电机的基本方程可知：

$$\begin{aligned} \dot{U}_{\Phi N} &= -\dot{E}_1 + \dot{I}_1 Z_1 \\ &= -\dot{E}_1 + (\dot{I}_{1P} + \dot{I}_{1Q})(R_1 + jX_{\sigma 1}) \\ &= -\dot{E}_1 + \dot{I}_{1P} R_1 + \dot{I}_{1Q} R_1 + j\dot{I}_{1P} X_{\sigma 1} + j\dot{I}_{1Q} X_{\sigma 1} \end{aligned} \tag{5-8}$$

式中　$\dot{I}_{1P}$、$\dot{I}_{1Q}$——定子电流的有功分量、无功分量。

一般情况下，可近似认为

$$E_1 \approx U_{\Phi N} - (I_{1P} R_1 + I_{1Q} X_{\sigma 1}) \tag{5-9}$$

两边除以 $U_{\Phi N}$，得

$$K_E = \frac{E_1}{U_{\Phi N}} \approx 1 - \frac{I_{1P} R_1 + I_{1Q} X_{\sigma 1}}{U_{\Phi N}} = 1 - (I_{1P}^* R_1 + I_{1Q}^* X_{\sigma 1}) = 1 - \varepsilon_L \tag{5-10}$$

式中　$1-\varepsilon_L$——满载电势的标幺值，称为电势系数。

将上式代入式(5-7)，得

$$P' = (1 - \varepsilon_L) \frac{1}{\eta_N \cos\varphi_N} P_N \tag{5-11}$$

式中的 η_N、$\cos\varphi_N$ 取设计任务书中的数据，但在设计前 R_1 和 $X_{\sigma 1}$ 均是未知数，故 $1-\varepsilon_L$ 还无法算出，此时可先假设一个 $1-\varepsilon_L'$，假设时的估算值如下。

(1)两极小型电机：

$$1 - \varepsilon_L' = 0.92 + 0.00866 \ln P_N \tag{5-12}$$

(2)非两极小型电机：

$$1 - \varepsilon_L' = 0.931 + 0.0108 \ln P_N - 0.013p \tag{5-13}$$

(3)中型电机：

$$1 - \varepsilon_L' = 0.892 + 0.0109 \ln P_N - 0.01p \tag{5-14}$$

以上三式中，额定输出功率的单位为 kW，p 为极对数。

二、电磁负荷的选择

在式(5-4)中，α_p'、K_{Nm}、K_{dp1} 变化很小，对于一定功率和转速的感应电机而言，其主要尺寸由 A、B_δ 来决定。它们对感应电机的运行性能和经济性的影响在第 1 章第 3 节中已做了分析，下面考虑 A、B_δ 对磁化电流和漏流的影响。

(1) 磁化电流 $I_m = \frac{2pF_0}{0.9m_1 N_1 K_{dp1}}$，由于每极磁势 F_0 主要是用来克服气隙磁压降 F_δ，而 $F_\delta \propto B_\delta$，因此 $I_m \propto B_\delta$，磁化电流的标幺值 $\frac{I_m}{I_{KW}} \propto \frac{B_\delta}{A}$，说明如果选取较大的 B_δ 和较小的 A，则会使 I_m

增大、$\cos\varphi_N$ 降低。

(2)由第 3 章第 5 节的内容可知，$X_\sigma^* = \dfrac{I_{KW}X_\sigma}{U_{\Phi N}} \propto \dfrac{A}{B_\delta}$，当选取较大的 B_δ 和较小的 A 时，X_σ^* 减小，T_{st} 增大，T_m 增大，I_{st} 增大，因此，在设计时，A、B_δ 应适当选取。根据经验，对中小型感应电机，$A=(15\sim20)\times10^3$ A/m，$B_\delta=0.5\sim0.8$ T；对大型感应电机，A、B_δ 可略大一些。

具体选取时，还应考虑电工材料的性能、绝缘等级、极对数、功率、冷却条件、性能要求、运行情况等因素。

三、主要尺寸的确定

中小型感应电动机定子图如图 5-1 所示，中小型感应电动机的定子外径 D_1 是比较重要的尺寸，D_1 的确定必须考虑硅钢片的利用。根据我国目前生产的硅钢片规格，规定了标准外径。当 $D_1>0.99$ m时，必须采用扇形冲片(见图 5-2)。对一定极数的三相感应电动机，定子内径与定子外径的比值如表 5-1 所示。比值的变化一般不超过 5%。

图 5-1　中小型感应电动机定子图

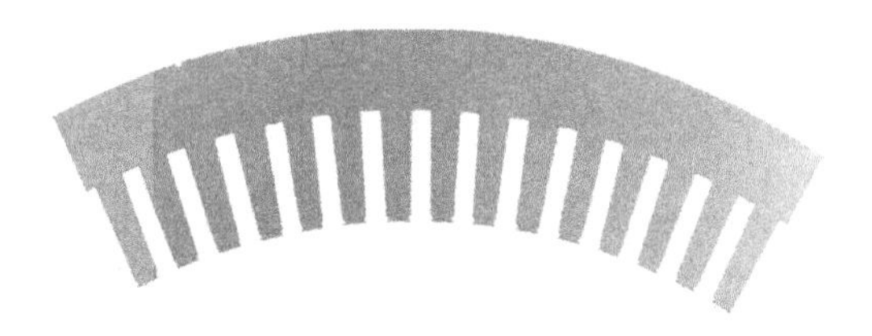

图 5-2　定子扇形冲片图

表 5-1　三相感应电动机定子内径与定子外径的比值

电机系 \ 极对数	1	2	3	4	5
Y(IP44)	0.56	0.64	0.69	0.69	—
JO2	0.57	0.64	0.675	0.675	0.75
JS、JR	0.54	0.63	0.69～0.77		
Y、YR	0.50	—	0.68～0.78		

根据电机的计算功率 P' 和转速 n，在充分考虑采用的材料、结构、工艺等因素，同时参考表 5-2 后，即可选择出电磁负荷 A 和 B_δ 的值，这时便可以算出 $D_{i1}^2 l_{ef}$(并令其等于 V)，即

$$D_{i1}^2 l_{ef} = \frac{6.1\times10^{-3}}{\alpha_p' K_{Nm} K_{dp1}} \cdot \frac{1}{AB_\delta} \cdot \frac{P'}{n} = V \tag{5-15}$$

式中　K_{Nm}——气隙磁场波形系数，当气隙磁场呈正弦分布时，$K_{Nm}=1.11$。

表 5-2　中小型感应电动机气隙磁通密度　　单位：T

电机系列 \ 极对数	1	2	3、4	备　　注
Y(IP44)	0.55～0.66	0.60～0.74	0.62～0.79	防护式电动机比封闭式电动机可增加15%左右
JO2	0.50～0.63	0.55～0.75	0.60～0.70	
JS、JR(中型)	—	0.65～0.83	0.60～0.79	

根据表 5-3，选择适当的 λ 值，并考虑 $l_{ef}=\lambda\tau$，$\tau=\frac{\pi D_{i1}}{2p}$，则有

$$D_{i1}^2 l_{ef} = D_{i1}^2 \lambda\tau = \frac{\lambda\pi}{2p} D_{i1}^3 = V \tag{5-16}$$

$$D_{i1} = \sqrt[3]{\frac{2pV}{\lambda\pi}} \tag{5-17}$$

表 5-3　三相感应电动机的主要尺寸比 λ 值的范围

电机系列 \ 极对数	1	2	3	4
Y(IP44)	0.53～0.97	1.02～1.90	1.26～2.70	1.55～2.75
J2	0.44～0.63	0.82～1.20	1.30～1.80	1.72～2.40
JO2	0.54～0.84	0.93～1.70	1.40～2.40	1.90～3.00
JS、JR	0.40～0.60	0.60～1.20	0.80～2.0	
Y、YR	0.70～1.10	—	0.8～2.1	

这是 D_{i1} 的初试计算值，还应参考表 5-1 的 D_{i1}/D_1 的比值算出 D_1，然后选择标准的 D_1，并调整 D_{i1}，最后求 l_{ef}，即

$$l_{ef} = \frac{V}{D_{i1}^2} \tag{5-18}$$

上面是一般的过程，如果已有实际的设计经验，也可根据同类型相近规格的电动机的尺寸，直接初选其定子外径、定子内径及铁芯有效长度，然后再进行调整核算，最终确定其合适尺寸。

四、气隙的确定

1. 气隙的大小对电机性能的影响

一般来说，气隙 δ 在可能的情况下应尽可能地小，因为这样可以降低空载电流 I_0。由于感应电动机的功率因数 $\cos\varphi_N$ 主要取决于空载电流，所以降低空载电流可以提高功率因数。但气隙也不能太小，因为气隙太小可使机械的可靠性变差（扫膛），使谐波磁场、谐波漏抗增大，导致启动转矩 T_{st} 和最大转矩 T_m 减小，附加损耗增加，从而使温升上升、噪声增大。

2. 选择气隙的基本依据

气隙 δ 的数值基本上取决于定子内径、轴的直径和轴承间的转子长度。定子内径越大的电机，其功率越大，轴易产生较大的挠度。机座、端盖及铁芯等在加工和装配时都有一定偏差；而轴的直径和轴承间的转子长度决定了轴的挠度；定子、转子装配在一起后，定子铁芯内圆和转子外圆的不同心度决定了气隙的不均匀度，气隙的不均匀度对电机运行性能有很大影响。

气隙的大小要综合考虑上述问题，并根据生产经验和所设计电机的特点加以确定。J2、

JO2、JS、JR 系列 δ 的取值如表 5-4 所示。

δ 也可以根据下列经验公式求取。

对小功率电机：

$$\delta = 0.3(0.4 + 7\sqrt{D_{i1} l_i}) \times 10^{-3} \tag{5-19}$$

式中 l_i——铁芯长度，m；

D_{i1}——定子内径，m。

对大、中型电机：

$$\delta \approx D_{i1}\left(1 + \frac{9}{2p}\right) \times 10^{-3} \tag{5-20}$$

表 5-4 J2、JO2、JS、JR 系列 δ 的取值 单位：mm

机座 \ 极数	2	4	6	8	10
J2、JO2 系列					
1	0.3	0.25			
2	0.4	0.25	0.25		
3	0.45	0.3	0.3		
4	0.6	0.35	0.35	0.35	
5	0.7	0.4	0.35	0.35	
6	0.8	0.45	0.4	0.4	
7	0.8	0.5	0.45	0.45	
8	1.2	0.65	0.5	0.5	0.45
9	1.6	0.85	0.5	0.5	0.5
10			0.6	0.6	
JS、JR 系列					
11		0.8	0.75	0.75	0.75
12		0.95	0.8	0.8	0.8
13		1.05	0.95	0.95	0.8

5.3 定子绕组与铁芯的设计

一、定子槽数的选择

在极数、相数一定的情况下，定子槽数由每极每相槽数 q_1 决定，q_1 的大小对电机的参数、附加损耗、温升、绝缘材料的用量都有影响。当采用较大的 q_1 时，具体影响如下。

①定子谐波磁场减小，使附加损耗降低，谐波漏抗减小。

②每槽导体数减小，槽漏抗减小；但槽数多了，槽高与槽宽的比值增大，槽漏抗增大（影响较小）。

③槽中线圈的总散热面积增多，有利于散热。

④绝缘材料的用量增大，加工工时增大，槽利用率减小。

综合各方面的因素，一般取 $q_1=2\sim6$，且尽量选整数。但对于极数少、功率大的电机，$q_1=6\sim9$，对极数多的电机，q_1 尽可能小些。

二、定子绕组形式和节距的选择

三相感应电机定子绕组的形式很多，常用的定子绕组有单层同心式绕组、单层链式绕组、单层交叉式绕组、双层绕组等几种，定子绕组线圈具体如图 5-3 所示。各类型绕组简单介绍如下。

图 5-3 定子绕组线圈

1. 单层绕组

单层绕组具有以下优点。

(1)槽内无层绝缘，槽的利用率高。

(2)同一槽内导线均属同一相，在槽内不会发生相内击穿。

(3)线圈总数比双层绕组的少一半，嵌线比较方便。

单层绕组具有以下缺点。

(1)通常不易做成短距的，因此其磁势波形比双层绕组的差。

(2)当电机导线较粗时，嵌线困难，端部整形困难。

因此，单层绕组主要用于小功率电机中，如 JO2 系列。

下面比较单层同心式绕组、单层链式绕组、单层交叉式绕组的使用范围和优缺点。这三种单层绕组的展开图如图 5-4 所示。

1)单层同心式绕组

使用范围：$q_1=4$、6、8 的两极电机中。

优点：线圈两边可以同时嵌入槽内，嵌线容易，易实现机械化。

缺点：端部用铜量大，由于各线圈尺寸不同，制作稍复杂。

2)单层链式绕组

适用范围：$q_1=2$ 的四、六、八极电机中。

优点：绕组线圈大小相同，制作方便。

缺点：嵌线较困难。

3)单层交叉式绕组

适用范围：q_1 为奇数的电机中。

优点：可节约端部用铜量。

缺点：q_1 为偶数的电机的绕组也能做成交叉式，但操作复杂，同单层同心式绕组相比没有优势。

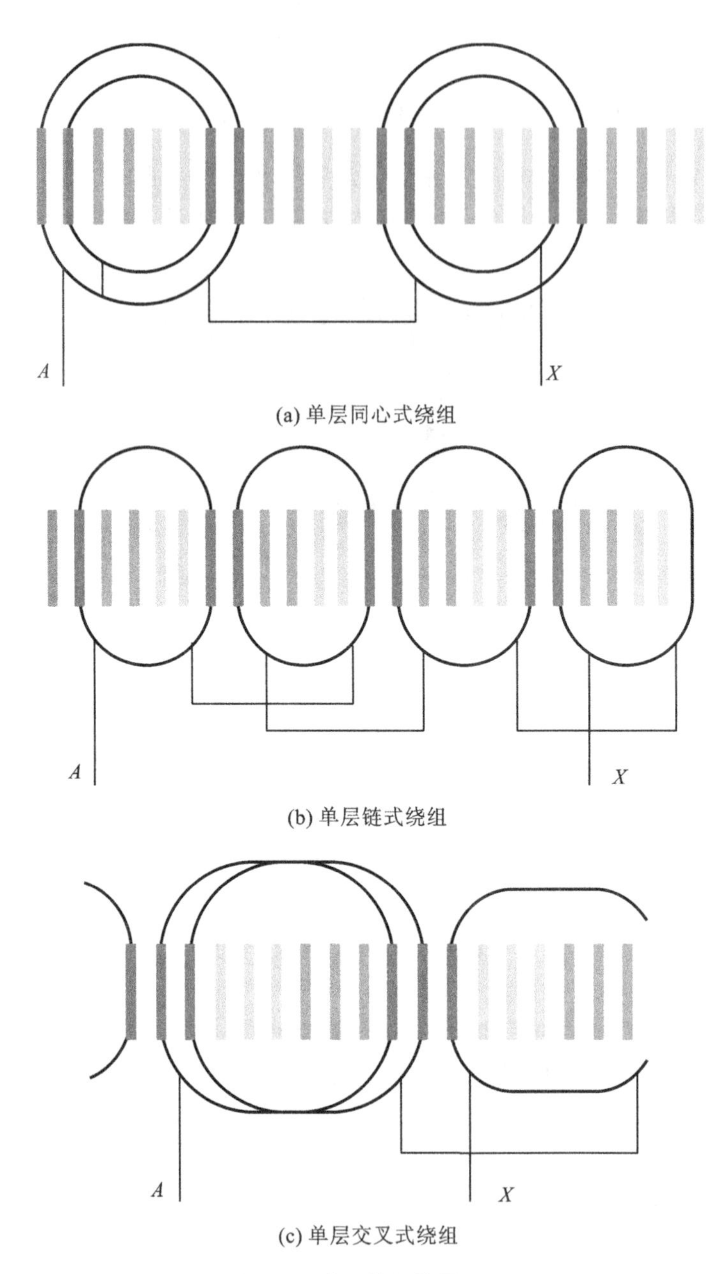

(a) 单层同心式绕组

(b) 单层链式绕组

(c) 单层交叉式绕组

图 5-4　单层绕组的展开图

2. 双层绕组

双层绕组适用于功率较小的感应电机。双层绕组展开图如图 5-5 所示。

双层绕组的优点如下。

(1)可以选择有利的节距,以改善磁势与电势波形,使电机的电气性能更好。

(2)端部排列方便。

(3)线圈尺寸相同,制作方便。

双层绕组的缺点是绝缘材料用量大,嵌线较麻烦。

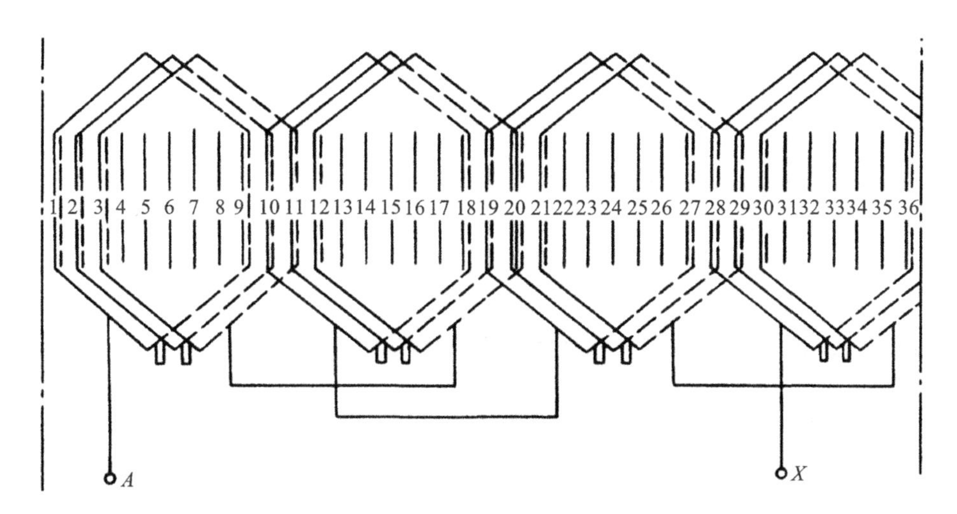

图 5-5　双层绕组展开图

3. 绕组节距的选择

对双层绕组，应从电机具有良好的电气性能和节约材料两个方面来考虑节距的选择。一般情况下，通常应选 $y=\frac{5}{6}\tau$ 以削弱五次、七次谐波分量。对两极电机，为了便于嵌线和缩短端部长度，除铁芯很长的电机外，一般选 $y=\frac{3}{2}\tau$ 左右。双层短距绕组展开图如图 5-6 所示。单层绕组一般选用整距。在选定每极每相槽数和节距后，便可求定子基波绕组系数 K_{dp1}。

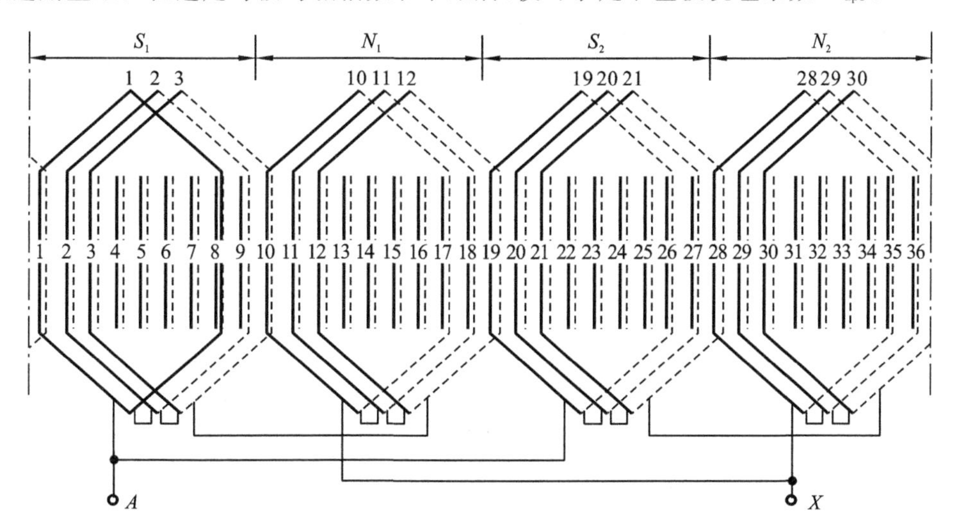

图 5-6　双层短距绕组展开图

分布系数为

$$K_{\mathrm{d1}}=\frac{\sin\left(\frac{\alpha}{2}q_1\right)}{q_1\sin\frac{\alpha}{2}} \tag{5-21}$$

式中　α——用电角度表示的槽距角，$\alpha=\frac{2p\pi}{Z_1}$。

短距系数为

$$K_{p1} = \sin\frac{\beta\pi}{2} \tag{5-22}$$

$$\beta = \frac{y}{Z_{p1}} = \frac{y}{m_1 q_1} \tag{5-23}$$

式中　y——用槽数表示的绕组节距。

定子基波绕组系数为

$$K_{dp1} = K_{d1} K_{p1} \tag{5-24}$$

三、每相串联导体数、每槽导体数的计算

由第1章可知，感应电机的线负荷 A 及定子额定相电流 I_1 的表达式分别为

$$A = \frac{m_1 N_{\Phi 1} I_1}{\pi D_{i1}} \tag{5-25}$$

式中　$N_{\Phi 1}$——定子绕组每相串联导体数。

$$I_1 = \frac{I_{KW}}{\eta_N \cos\varphi_N} \tag{5-26}$$

式中　I_{KW}——感应电机的每相功电流；

η_N、$\cos\varphi_N$——设计任务书给定的效率、功率因数。

将式(5-25)、式(5-26)联立可得：

$$N_{\Phi 1} = \frac{\eta_N \cos\varphi_N \pi D_{i1} A}{m_1 I_{KW}} \tag{5-27}$$

可见，当电机定子内径 D_{i1} 确定后（I_{KW} 可算出，A 可选择出），即可确定 $N_{\Phi 1}$。$N_{\Phi 1}$ 的大小必影响电磁负荷 A、B_δ 的值。当电机尺寸确定后，A 与 B_δ 的乘积就确定了。因此，$N_{\Phi 1}$ 减小，A 值减小而 B_δ 增大，一般会使 $\cos\varphi_N$ 降低，最大转矩 T_m、启动转矩 T_{st} 和启动电流 I_{st} 有所增加。

因此，在设计时，常常通过改动 $N_{\Phi 1}$ 来获得不同的设计方案，以进行优选。

若定子绕组的并联支路数为 a_1，则每槽导体数 N_{s1} 为

$$N_{s1} = \frac{m_1 a_1 N_{\Phi 1}}{Z_1} \tag{5-28}$$

对单层绕组，N_{s1} 应为整数，此时每个线圈的匝数 $N_0 = N_{s1}$；对双层绕组，N_{s1} 应为偶数，此时每个线圈的匝数 $N_0 = \frac{N_{s1}}{2}$。最后可算出定子绕组每相串联匝数为 $N_1 = \frac{N_{\Phi 1}}{2}$。

需要注意的是，上面算出的只是初步数据，待磁路、参数、性能计算后，还需要进一步调整。

四、定子电流密度的选择，线规、并绕根数和并联支路数的确定

由于定子电流密度 J_1 的大小对电机的性能及成本影响较大，故应根据电机的效率、制造成本、使用寿命、绝缘等级、导线材料等因素来确定。J_1 太大，虽然可以节约材料，降低成本，但增大了铜耗，降低了效率，同时温升增高，电机的寿命和可靠性降低了。

一般对大、中、小型铜线电机，J_1 可在 $(4\sim6.5)\times10^6\ \mathrm{A/m^2}$ 范围内选用。中、小型三相感应电动机定子电流密度 J_1 的一般选择范围如表5-5所示。

表 5-5　中、小型三相感应电动机定子电流密度 J_1 的一般选择范围　　单位：A/m^2

系列 \ 机座号	1～5	6～9	11 以上	备　注
J2	—	$(5.0\sim6.5)\times10^6$	—	E 级绝缘，防护式
JO2	$(1.5\sim6.5)\times10^6$	$(4.0\sim6.0)\times10^6$	—	E 级绝缘，封闭式
JS、JR	—	—	$(4.5\sim6.5)\times10^6$	E 级绝缘，防护式

在工厂中，常用控制热负荷（AJ_1 的乘积）的方法来控制电机的温升，因此在选择 J_1 时常考虑 A 的大小。

目前，对 B 级的电机：当 $\tau=0.2\sim0.4$ m 时，可选 $AJ_1=(2\,000\sim2\,400)\times10^8$ A^2/m^3；当 $\tau=0.4\sim0.6$ m 时，选 $AJ_1=(2\,400\sim3\,000)\times10^8$ A^2/m^3。

我国目前生产的 Y 系列小型感应电动机，虽采用 B 级绝缘，但因留有较大的温升裕度，AJ_1 选得较小，一般在 $(1\,000\sim1\,400)\times10^8$ A^2/m^3 范围内。

J_1 选定后，可估算导线的截面积为

$$A_{c1}=\frac{I_1}{a_1 N_{t1} J_1} \tag{5-29}$$

式中　I_1——定子额定相电流，A；

N_{t1}——导线并绕根数；

a_1——并联支路数。

当 I_1 较大时，为避免采用太粗的导线，可将定子绕组接成 a_1 路并联，使其支路电流降为 $\frac{I_1}{a_1}$，或采用截面相同（或相近）的 N_{t1} 根导线并绕，使每根导线通过的电流减为 $\frac{I_1}{N_{t1}}$，或者两种方法同时采用。

导线并绕根数和并联支路数的确定应考虑以下几个方面。

(1)小型电机的并联支路数 a_1 应少些，以免相间连线太多。

(2)双层绕组选择并联支路的条件应为 $2p/a_1$ 为整数，因此 $a_1\leqslant 2p$。

对单层绕组，当 q_1 为偶数时，$a_1\leqslant 2p$；当 q_1 为奇数时，$a_1\leqslant p$。

(3)为方便嵌线，单根导线的直径应不超过 1.68 mm。

(4)对功率较大的电机，应选用扁导线，这时应注意以下两点。

①导线的宽厚比在 1.5～4.0 范围内，并与槽口、槽宽、槽高尺寸相适应。

②每根导线的截面积小于 15 mm^2，以免产生较大的涡流损耗。

根据式(5-29)算出导线的截面积后，应查标准线规表，选用标准导线，并获得其直径或扁线的宽、厚尺寸。

五、定子冲片的设计

1. 槽形

感应电动机的定子槽最常用的有梨形槽、梯形槽、半开口槽和开口槽四种，如图 5-7 所示，感应电动机实际定子冲片槽形如图 5-8 所示。

(1)梨形槽及梯形槽：用于 $P<100$ kW，$U<500$ V 的感应电动机中，可以减小铁芯表面损耗和齿内脉振损耗，并可使有效气隙 δ_{ef} 减少，提高功率因数 $\cos\varphi_N$，绕组采用圆形导线。其中，梨形槽的槽利用率较高，绝缘弯曲程度小，不易损伤，冲模寿命长，使用较广。

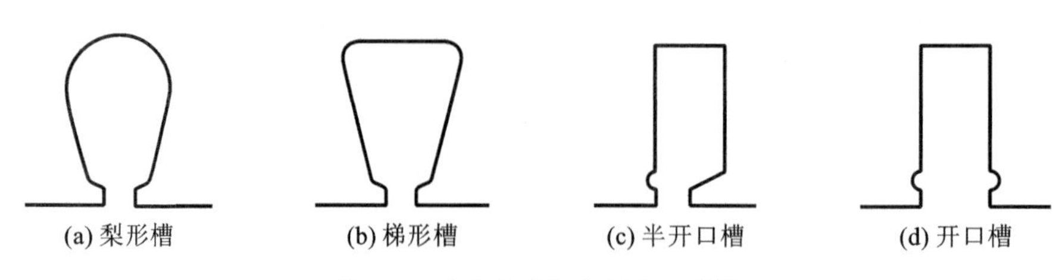

图 5-7　感应电动机定子常用的槽

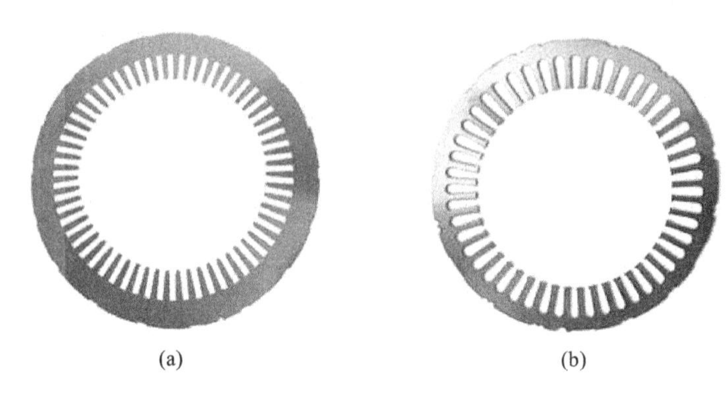

图 5-8　感应电动机实际定子冲片槽形

(2)半开口槽：主要用于低压中型感应电动机中，绕组为分开成形绕组。

(3)开口槽：主要用于高压(3 000 V)中型感应电动机中。因为线圈的主绝缘在下线前必须包扎好，浸渍、烘干处理后，将成形的线圈直接放入槽口，所以采用平行槽。由于槽口的加大，气隙中齿谐波分量增大。为避免引起较大的损耗，可采用磁性槽楔，但磁性槽楔会使漏抗增大。

2. 槽满率

定子槽必须有足够大的面积，使每槽所有导体较容易地嵌进去。采用圆形导线的槽用槽满率来表示槽内导体的填充程度。槽满率是导线有规则地排列所占的面积与槽的有效面积之比，计算公式为

$$S_f = \frac{N_{i1} N_{s1} d^2}{A_{ef}} \times 100\% \tag{5-30}$$

式中　d——绝缘导线的直径；

A_{ef}——槽的有效面积，$A_{ef}=A_s-A_i$，A_s 为槽的面积，A_i 为槽绝缘所占的面积。

对梨形槽：

$$A_s = \frac{2r_{i1}+b_{11}}{2}(h'_s-h)+\frac{\pi r_{21}^2}{2} \tag{5-31}$$

对双层绕组：

$$A_i = \Delta_i(2h'_s+\pi r_{21}+2r_{21}+b_{11}) \tag{5-32}$$

对单层绕组：

$$A_i = \Delta_i(2h'_s+\pi r_{21}) \tag{5-33}$$

槽满率不能太高，否则嵌线困难，甚至会损坏绝缘，但也不能太低，否则槽利用率太低。一般来说：采用人工嵌线时，$S_f=75\%\sim80\%$；机械化嵌线时，$S_f<75\%$。

3. 半闭口槽槽形尺寸的确定

确定半闭口槽槽形尺寸时不但要考虑 S_f，还要考虑以下三个方面：

①齿部、轭部的磁通密度要适当；

②齿部有足够的机械强度，轭部有足够的刚度；

③槽形尺寸特别是其槽深与槽宽的比值对电机参数的影响。

半闭口槽尺寸的确定方法如下。

由于硅钢片磁导率比空气磁导率大得多，故可假设一个齿距内的气隙磁通全部进入齿内（无漏磁），便有定子齿宽为

$$b_{t1} \approx \frac{t_1 B_\delta}{K_{Fe} B_{i1}} \tag{5-34}$$

式中　t_1——定子齿距，$t_1=\dfrac{\pi D_{i1}}{Z_1}$；

K_{Fe}——铁芯叠压系数，对于厚 0.5 mm 的硅钢片，$K_{Fe}=0.92$（涂漆）、0.95（不涂漆）；

B_{i1}——定子齿磁密，一般在 1.4～1.6 T 之间。

每极磁通经过齿部后分两部分进入轭部，轭部磁通仅为每极磁通的一半，便有定子轭部的计算高度为

$$h'_{j1} \approx \frac{\tau \alpha'_p B_\delta}{2K_{Fe} B_{j1}} \tag{5-35}$$

式中　B_{j1}——定子轭部磁密，一般情况下，轭部磁密 B_{j1} 比齿部磁密 B_{t1} 略低，除 $2p=2$ 的电机以外，一般 B_{j1} 在 1.1～1.5 T 之间；

α'_p——计算极弧系数，可取 $\alpha'_p=0.68$。

槽口尺寸的确定主要考虑电气性能、冲模制造、冲压、冲片尺寸及下线工艺等因素。此外，一般取槽口宽 $b_{01}=2.5\sim4.0$ mm，为了嵌线方便，b_{01} 应比线径大 1.2～1.6 mm，若采用自动嵌线，槽口还需要加宽，槽口高度 $h_{01}=0.5\sim2$ mm，$\alpha_1=30°$。

槽口宽 b_{01} 和极距 τ 的关系，如表 5-6 所示。

表 5-6　槽口宽 b_{01} 和极距 τ 的关系

极距 τ/cm	电压在 500 V 以下	电压为 3 000 V	电压为 6 000 V
	槽宽 b_{01}/cm		
15	0.8～1.0	0.95～1.2	1.05～1.25
25	0.85～1.1	1.0～1.3	1.1～1.4
45	1.0～1.4	1.15～1.5	1.25～1.7

5.4　转子绕组与铁芯的设计

一、笼型转子的设计计算

1. 转子槽数的选择及定子槽、转子槽配合问题

鼠笼转子感应电动机在选取转子槽数时，必须与定子槽数有恰当的配合，这就是通常所说的槽配合，若配合不当，则会使电机性能变差，如附加损耗增加、附加转矩增大、振动与噪声增大，从而使电动机的效率减小，温升增大，启动性能变差，甚至无法启动。鼠笼转子感应电动机的转子及绕组模型如图 5-9 所示。

感应电机的附加损耗主要由气隙谐波磁场引起，其中以定子齿谐波磁场、转子齿谐波磁场

(a) 转子

(b) 绕组模型

图 5-9　鼠笼转子感应电动机的转子及绕组模型

的作用最为显著。这些谐波磁场在定子铁芯、转子铁芯中产生高频损耗(表面损耗、齿部脉振损耗),在笼型转子中产生高频电流损耗(在导条中产生涡流损耗及在斜槽导条中产生横向电流损耗)。

当定子槽数与转子槽数相等时,定子齿谐波磁通在转子导条中产生的电动势大小相等、相位相同,说明在等槽配合时,定子齿谐波磁场不会在导条中产生高频电流损耗。但定子槽数与转子槽数相等会引起同步附加转矩,使电机无法启动。

当定子槽数与转子槽数非常接近时,由于转子齿顶宽度接近定子齿谐波波长,因此,在转子齿中,由定子齿谐波磁场引起的脉振损耗较小,反之也是如此。

可见,从减小附加损耗的角度出发,应使定子槽数与转子槽数尽量接近,使转子槽数略小于定子槽数,但不能相等(否则会引起同步附加转矩,使电机无法启动)。

2. 槽配合对异步附加转矩的影响

三相感应电动机在定子绕组产生的磁场中产生一系列的谐波,它们各有不同的极数,并以不同的转速和转向旋转,与基波磁场产生的主转矩一样,定子齿谐波也能在转子笼中产生感应电流,进而产生相应的谐波转矩(称为异步附加转矩)。谐波转矩与基波产生的主转矩叠加,使电动机的转矩曲线产生凹陷,于是减小了最小转矩的数值,影响电动机启动时升速的平稳性。严重时,使电动机只能在低速下“爬行”而不能达到正常转速。

为减小异步附加转矩,应减小定子齿谐波在转子笼中产生的感应电流,也应减小定子齿谐波磁场,为此应使定子槽数与转子槽数尽量接近。

根据有关分析,当 $Z_2 \leqslant 1.25(Z_1+p)$时,异步附加转矩较小。

3. 槽配合对同步附加转矩的影响

对 γ_b 次定子齿谐波磁场与另一个由 γ_a 次定子齿谐波磁场感应产生的 μ_a 次转子齿谐波磁场,当它们的极数相同、转速也相同时,这两个定子齿谐波磁场间将产生同步附加转矩,使电机转矩曲线出现突变。同步附加转矩使电机的转矩减小,启动性能变差,严重时,电机无法启动。

定子为三相整数槽绕组时,其谐波磁势的次数为 $\gamma=p(2m_1K_1+1)$。其中,次数为 $\gamma=K_1Z_1+p$ 的谐波称为定子齿谐波。当 $K_1=\pm1$ 时,定子齿谐波又称为定子一阶齿谐波;当 $K_1=\pm2$ 时,定子齿谐波又称为定子二阶齿谐波,依次类推,其中定子一阶齿谐波、定子二阶齿谐波对电机的性能影响最大。同理,转子中也有转子一阶齿谐波、转子二阶齿谐波。由于定子齿谐波幅值和转子齿谐波幅值较大,特别是一阶齿谐波、二阶齿谐波的幅值较为显著,相互作用时会产生同步附加转速。

根据有关推导可知,定子、转子的主要谐波相互作用产生同步附加转矩的条件如下。

(1)定子一阶齿谐波、转子一阶齿谐波间相互作用产生附加转矩的条件为

$$\left.\begin{aligned} Z_2 &= Z_1 \quad (s=1) \\ Z_2 &= Z_1 + 2p \quad (s<1) \\ Z_2 &= Z_1 - 2p \quad (s>1) \end{aligned}\right\} \tag{5-36}$$

(2)定子、转子二阶齿谐波间相互作用产生同步附加转矩的条件为

$$\left.\begin{aligned} Z_2 &= Z_1 \quad (s=1) \\ Z_2 &= Z_1 + p \quad (s<1) \\ Z_2 &= Z_1 - p \quad (s>1) \end{aligned}\right\} \tag{5-37}$$

(3)转子一阶齿谐波与定子相带谐波间相互作用产生同步附加转矩的条件为

$$\left.\begin{aligned} Z_2 &= 2m_1pK_1 \quad (K_1>0, s=1) \\ Z_2 &= 2m_1pK_1 + 2p \quad (K_1>0, s<1) \\ Z_2 &= 2m_1pK_1 - 2p \quad (K_1>0, s>1) \end{aligned}\right\} \tag{5-38}$$

4. 槽配合对振动和噪声的影响

当槽配合符合下列条件时，定子、转子齿谐波将引起电机的振动和噪声。

$$\left.\begin{aligned} Z_2 &= Z_1 \pm i \\ Z_2 &= Z_1 + 2p \pm i \quad (i=1,2,3,\cdots) \end{aligned}\right\} \tag{5-39}$$

同理，可得由定子相带谐波与转子一阶齿谐波引起振动和噪声的条件为

$$\left.\begin{aligned} Z_2 &= 2pm_1K_1 \pm i \\ Z_2 &= 2pm_1K_1 \pm 2p \pm i \quad (K_1>0, i=1,2,3,\cdots) \end{aligned}\right\} \tag{5-40}$$

5. 感应电动机定子、转子的槽配合的选择

由以上分析可知，定子、转子槽配合对感应电动机附加损耗、附加转矩、振动、噪声等影响较大，因此在选择时必须慎重，在选择槽配合时主要遵循以下原则。

(1)为减小附加损耗，应采用少槽、近槽配合。

(2)为了避免在启动过程中产生较大的异步附加转矩，应使

$$Z_2 \leqslant 1.25(Z_1 + p) \tag{5-41}$$

(3)为了避免在启动过程中产生较强的同步附加转矩、振动和噪声，应避免采用式(5-39)、式(5-40)及满足 $Z_2 = Z_1 \pm p \pm i$ 的槽配合。

需要说明的是，以上槽配合(也即表 5-7 所给出的槽配合)应尽量避免使用，但并不是完全不能使用。当采取适当的措施(如采用适当节距的双层绕组、使用转子斜槽、适当增大气隙)或适当的工作状态时也可使用。

表 5-7　产生不良的槽配合

不良后果 \ 产生原因	定子一阶齿谐波、转子一阶齿谐波	转子一阶齿谐波与定子相带谐波	定子二阶齿谐波、转子二阶齿谐波
堵转时产生同步附加转矩	$Z_2 = Z_1$	$Z_2 = 2pm_1K_1$	$Z_2 = Z_1$
电动机运转时产生同步附加转矩	$Z_2 = Z_1 + 2p$	$Z_2 = 2pm_1K_1 + 2p$	$Z_2 = Z_1 + p$
电磁制动运转时产生同步附加转矩	$Z_2 = Z_1 - 2p$	$Z_2 = 2pm_1K_1 - 2p$	$Z_2 = Z_1 - p$
可能产生电磁振动和噪声	$Z_2 = Z_1 \pm i$ $Z_2 = Z_1 \pm 2p \pm i$	$Z_2 = 2pm_1K_1 \pm i$ $Z_2 = 2pm_1K_1 \pm 2p \pm i$	$Z_2 = Z_1 \pm p \pm i$

有关文献推荐的三相笼型转子感应电动机的槽配合、笼型转子感应电动机的槽配合分别如

表 5-8、表 5-9 所示。

表 5-8　三相笼型转子感应电动机的槽配合

极　　数	定子槽数	转 子 槽 数	极　　数	定子槽数	转 子 槽 数
2	18	16[③]	6	36	26　33
	24	20[①]		54	44　58　64
	30	22　26[①]		72	56　58　86
	36	28	8	48	44
	42	34		54	50　58　64
	48	40		72	56[①]　58　86
4	24	22	10	60	64
	36	26　28[①]　32[③④]　34[②]			
	48	38　44[③]			
	60	38　47　50		90	72　80[③] 106　114

注：①电动机运行时，转子一阶齿谐波和定子相带谐波作用产生同步附加转矩；

②可能产生电磁振动；

③电磁制动运行时，定子一阶齿谐波、转子一阶齿谐波作用产生同步附加转矩，故不宜用于在制动器中运行的电机；

④堵转时可能产生振动。

表 5-9　笼型转子感应电动机的槽配合

极数	定子槽数	转子槽数	
		直　　槽	斜　　槽
2	12	9· 15·	—
	18	11· 12· 15· 21· 22·	14· 19· 22· 28· 31 33 34 35 (18)(30)
	24	15· 16· 17· 32 (16)	26
	30	22 38	(18) 20 21 23 37 39 40 (24)
	36	26 28 44 46	25 27 29 43 45 47
	42	33 34 50 52	—
	48	38 40 56 58	37 39 41 55 57 59
4	12	9	15·
	18	10· 14·	18· 22·
	24	15· 16· 17· (32)	16 (20) 30 33 34 35 36
	36	26 44 46	(24) 27 28 30 (32) 45 48
	42	(34) (50) 52 54	(33) 34 (38) (51) 53
	48	34 38 56 58 62 64	(36 39 44) 40 57 59
	60	50 52 68 70 74	48 49 51 56 64 69 71
	72	62 64 80 82 86	61 63 68 76 81 83
6	36	26 46 (48)	28· 47 49 50
	54	44 64 66 68	42 43 65 67
	72	56 58 62 82 84 86 88	57 59 60 61 83 85 87 90
	90	74 76 78 80 100 102 104	75 77 79 101 103 105

续表

极数	定子槽数	转子槽数	
		直　　槽	斜　　槽
8	48 72 84 96	(34) 36 62 64 58 86 88 90 66 (68) 70 98 100 102 104 78 82 110 112 114	35 61 63 65 56 57 59 85 87 89 (68 69 71 97 99 101) 79 80 81 83 109 111 113
10	60 90 120	44 46 74 76 68 72 74 76 104 106 108 110 112 114 86 88 92 94 96 98 102 104 106 134 136 138 140 142 144 146	57 69 77 78 79 70 71 73 87 93 107 109 99 101 103 117 123 137 139
12	72 90 108 144	56 64 80 88 68 70 74 88 98 106 110 86 88 92 100 116 124 128 130 132 124 128 136 152 160 164 166 168 170 172	69 75 80 89 91 92 (71 73) 86 87 93 94 (107) 109 84 89 91 104 105 111 112 125 127 125 127 141 147 161 163
14	84 126	74 94 102 104 106 106 108 116 136 144 146 148 150 152 154 158	75 77 79 89 91 93 103 107 117 119 121 131 133 135 145
16	96 144	84 86 106 108 116 118 120 122 124 132 134 154 156 164 166 168 170 172	90 102 138 150

注：①括弧内的槽数不推荐，因为可能产生振动；

②有·号的槽数应用于小功率电机的槽数。

二、转子槽形的选择和槽形尺寸的确定

1. 转子槽形及特点

感应电动机笼型转子槽的种类很多。目前，对采用铸铝转子的中小型电动机，一般采用如图 5-10 所示感应电动机笼形转子常用槽。如图 5-11 所示为鼠笼转子冲片实际槽形。

如图 5-5(a)、(b)所示为平行齿槽，二者的电气性能相似。但图 5-10(a)所示的平形齿槽的冲模制造较难，强度高，用于功率较大的电机。图 5-10(b)所示的平行齿槽冲模制造容易，主要用于功率较小的电机。

如图 5-5(c)、(d)所示为平行槽，平行槽集肤效应显著，可改善启动性能，主要用于功率较小的两极电机中。

如图 5-5(e)所示为凸形槽，它由于集肤效应明显，能降低启动电流，改善启动性能。这种槽的缺点是形状复杂，冲模加工困难。

如图 5-5(f)所示为刀形槽，它除具有凸形槽的优点外，还便于加工。

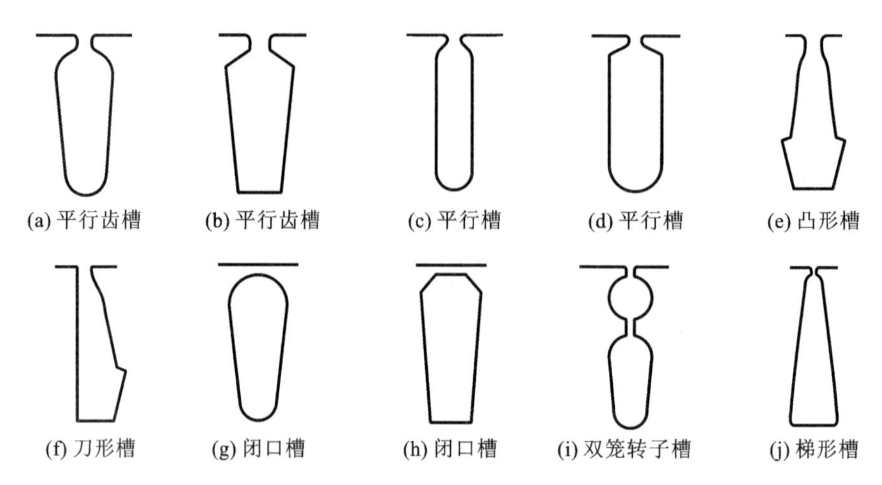

图 5-10　感应电动机笼形转子常用槽

如图 5-5(g)、(h)所示为闭口槽，这种槽可减少电机的附加损耗，冲模制造方便，但转子的槽漏抗增大了。

如图 5-5(i)、(j)所示为双笼转子槽、梯形槽，这两种槽由于集肤效应明显，故使电机具有较好的启动性能和运行特性，但漏抗较大，功率因数降低。

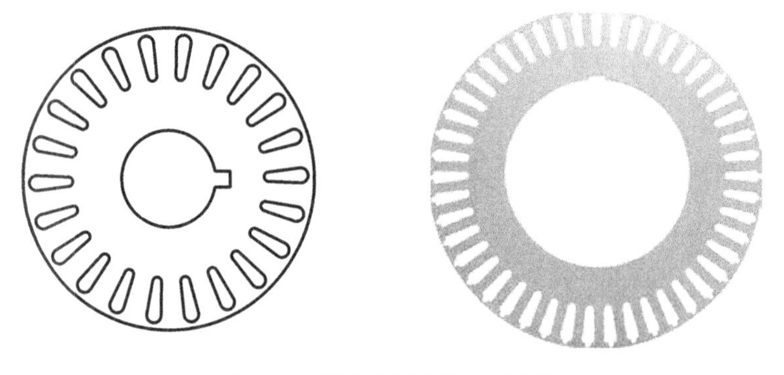

图 5-11　鼠笼转子冲片实际槽形

2. 转子槽形尺寸的确定

转子槽形尺寸直接影响着电机的多个参数，如启动电流、启动转矩、最大转矩、转差率、转子铜耗、功率因数、效率、温升，其中受影响最大的是启动电流、启动转矩、最大转矩、转差率。

对铸铝转子，槽截面积与导条截面积可认为是相同的。为估算导条截面积，应先估算转子电流 I_2。I_2 的估算公式为

$$I_2 = K_1 I_1 \frac{m_1 N_{\Phi 1} K_{dp1}}{m_2 N_{\Phi 2} K_{dp2}} \tag{5-42}$$

式中　$N_{\Phi 2}$——转子每相串联导体数；

K_{dp2}——转子基波绕组系数；

K_1——因转子电流相位不同而引入的系数，与 $\cos\varphi_N$ 有关。

因为 $m_2 N_{\Phi 2} = Z_2$，且笼形转子的 K_{dp2} 为 1，所以

$$I_2 = K_1 I_1 \frac{3 N_{\Phi 1} K_{dp1}}{Z_2} \tag{5-43}$$

导条截面积为

$$A_B = \frac{I_2}{J_B} \tag{5-44}$$

式中　J_B——转子导条的电流密度。

对中小型感应电机，$J_B=(2.0\sim4.5)\times10^6\ \mathrm{A/m^2}$。

J_B 不能太小，因为要保证有足够大的转矩，但也不能太大，否则，将导致电机的转差率增大、损耗增大、效率降低、发热严重。槽形和槽面积初步确定后，即可确定转子槽的具体尺寸，其确定方法与定子槽的确定方法相似，但在估算时应取转子齿磁密 $B_{t2}=1.25\sim1.6\ \mathrm{T}$，转子轭磁密 B_{j2} 在 1.0 T 左右。

3. 端环的设计

鼠笼转子端环的实际外形如图 5-12 所示，端环电流的计算公式为

$$I_R = I_2 \frac{1}{2\sin\dfrac{\pi p}{Z_2}} \approx I_2 \frac{Z_2}{2\pi p} \tag{5-45}$$

(1)笼型转子端环所需的截面积为

$$A_R = \frac{I_R}{J_R} = \frac{I_2 Z_2}{2\pi p J_R} \tag{5-46}$$

式中　J_R——端环电流密度，它等于$(0.45\sim0.8)J_B$，对多极电机，J_R 取较小值，以保证端环有足够的截面积。

(2)端环外径：比转子外径小 3～8 mm(以便铸铝模定位)。

(3)端环内径：略小于转子槽底所在圆的直径。

(4)端环厚度：按所需截面积并考虑加工工艺要求决定。

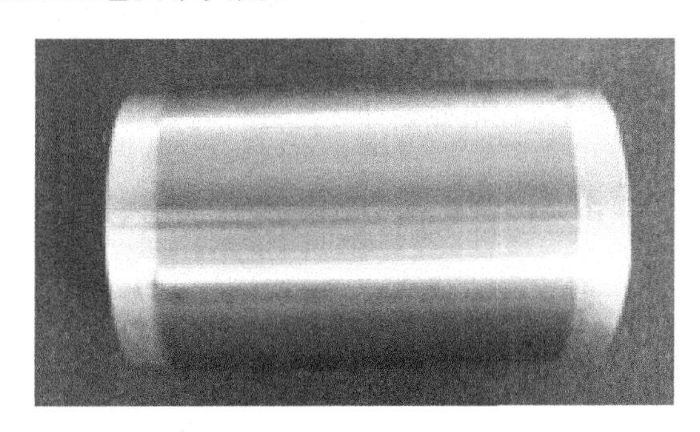

图 5-12　鼠笼转子端环的实际外形

5.5　三相感应电动机设计要求及计算实例

一、电机设计的任务

电机设计的任务是根据用户提出的产品规格(如功率、电压、转速等)、技术要求(如效率、参数、温升限度、机械可靠性要求等)，结合技术经济方面国家的方针政策和生产实际情况，运用有关的理论和计算方法，正确处理设计时遇到的各种问题，从而设计出性能良好、体积小、结构简单、运行可靠及制造、使用和维修方便的电机。

二、感应电机设计时给定的数据

(1)额定功率。

(2)额定电压。

(3)相数及相间连接方式。

(4)额定频率。

(5)额定转速或同步转速。

(6)额定功率因数。

三、电机设计的过程和内容

1. 准备阶段

准备阶段通常包括两个方面的内容：一是熟悉相关的国家标准，收集相近电机的产品样本和技术资料，并听取生产和使用单位的意见和要求；二是在国家标准及分析相关资料的基础上编制设计任务书或设计建议书。

2. 电磁设计

电磁设计的任务是根据设计任务书的规定，参照生产实践经验，通过计算和方案比较来确定与所设计电机电磁性能有关的尺寸和数据，选定有关材料，并核算其电磁性能。

3. 结构设计

结构设计的任务是确定电机的机械结构、零部件尺寸、加工要求与材料的规格及性能要求，包括必要的机械计算及通风和温升计算。

结构设计通常在电磁设计之后进行，但有时也和电磁设计平行交叉地进行，以便相互调整。

四、三相感应电动机电磁计算实例

(一)额定数据及主要尺寸

(1)输出功率。

$$P_N=5.5\ \text{kW}$$

(2)外施相电压。

$$U_N=U_{\Phi N}=380\ \text{V}(\triangle\text{接})$$

(3)功电流。

$$I_{KW}=\frac{P_N}{m_1 U_{\Phi N}}=\frac{5.5\times10^3}{3\times380}\ \text{A}=4.82\ \text{A}$$

(4)效率。

$$\eta_N=85.7\%(\text{按照设计任务书的规定})$$

(5)功率因数。

$$\cos\varphi_N=0.78(\text{按照设计任务书的规定})$$

(6)极对数。

$$p=3$$

(7)定子槽数、转子槽数。

$$Z_1=36,\quad Z_2=33$$

(8)定子每极槽数、转子每极槽数。

$$Z_{p1}=\frac{Z_1}{2p}=\frac{36}{6}=6,\quad Z_{p2}=\frac{Z_2}{2p}=\frac{33}{6}=5.5$$

(9)定子冲片尺寸、转子冲片尺寸(见图 5-13)。

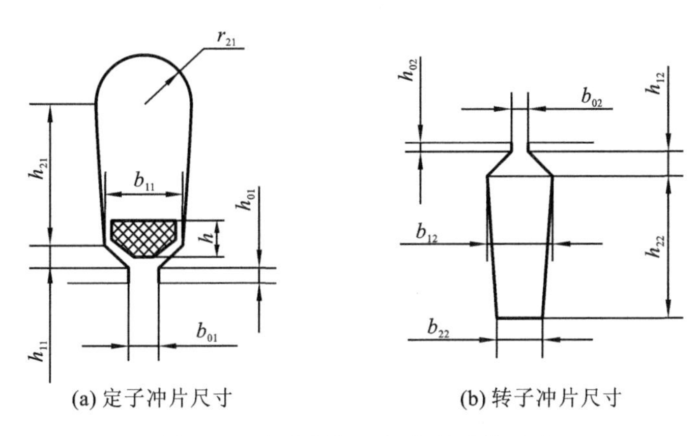

图 5-13　定子冲片尺寸、转子冲片尺寸

①定子外径　　$D_1=210\ \text{mm}$

②定子内径　　$D_{i1}=148\ \text{mm}$

③转子外径　　$D_2=D_{i1}-2\delta=(148-2\times0.35)\ \text{mm}=147.3\ \text{mm}$

④转子内径　　$D_{i2}=48\ \text{mm}$

定子采用梨形槽,尺寸如下:$b_{11}=6.8\ \text{mm}$、$r_{21}=4.4\ \text{mm}$、$h_{01}=0.8\ \text{mm}$、$h_s'=h_{11}+h_{21}=11.5\ \text{mm}$、$h_{11}=0.95\ \text{mm}$、$b_{01}=3.5\ \text{mm}$、$h=2\ \text{mm}$。

定子齿宽计算如下。

$$b_{t1}'=\frac{\pi(D_{i1}+2h_{01}+2h_{11}+2h_{21})}{Z_1}-2r_{21}=\frac{\pi(148+2\times0.8+2\times11.5)}{36}\ \text{mm}-2\times4.4\ \text{mm}=6.25\ \text{mm}$$

$$b''_{t1}=\frac{\pi(D_{i1}+2h_{01}+2h_{11})}{Z_1}-b_{11}=\frac{\pi(148+2\times0.8+2\times0.95)}{36}\ \text{mm}-6.8\ \text{mm}=6.41\ \text{mm}$$

$$b_{t1}=\frac{1}{2}(b_{t1}'+b''_{t1})=\frac{6.25+6.41}{2}\ \text{mm}=6.33\ \text{mm}$$

转子采用梯形槽,尺寸如下:$h_{02}=0.5\ \text{mm}$、$b_{12}=6.3\ \text{mm}$、$b_{22}=2.6\ \text{mm}$、$h_{12}+h_{22}=20\ \text{mm}$、$h_{12}=1.53\ \text{mm}$、$b_{02}=1\ \text{mm}$。

转子齿宽计算如下。

$$b_{t\frac{1}{3}}=\frac{\pi\left[D_2-\frac{1}{3}(h_{02}+h_{12}+h_{22})\right]}{Z_2}-b_{12}=\frac{\pi\left[147.3-\frac{1}{3}(0.5+20)\right]}{33}\ \text{mm}-6.3\ \text{mm}=7.07\ \text{mm}$$

(10)极距。

$$\tau=\frac{\pi D_{i1}}{2p}=\frac{\pi\times148}{2\times3}\ \text{mm}=77.49\ \text{mm}$$

(11)定子齿距。

$$t_1=\frac{\pi D_{i1}}{Z_1}=\frac{\pi\times148}{36}\ \text{mm}=12.92\ \text{mm}$$

(12)转子齿距。

$$t_2=\frac{\pi D_2}{Z_2}=\frac{\pi\times 147.3}{33}\ \mathrm{mm}=14.02\ \mathrm{mm}$$

(13)节距。

$$y=6\ \mathrm{mm}$$

(14)转子斜槽宽。

$$b_{sk}=t_1=12.92\ \mathrm{mm}$$

(15)每槽导体数。

$$N_{s1}=42$$

(16)每相串联导体数。

$$N_{\Phi 1}=\frac{N_{s1}Z_1}{m_1a_1}=\frac{42\times 36}{3\times 1}=504$$

$$N_1=\frac{N_{\Phi 1}}{2}=\frac{504}{2}=252$$

(17)定子电流初步估算值。

$$I_1'=\frac{I_{KW}}{\eta_N\cos\eta_N}=\frac{4.82}{0.857\times 0.78}\ \mathrm{A}=7.21\ \mathrm{A}$$

初定定子电流密度为 5.3 $\mathrm{A/mm^2}$,根据表 A-1 选导体直径为 $d_1=1.32$ mm,绝缘后直径为 $d=1.38$ mm。

(18)槽满率。

①槽面积:

$$A_s=\frac{2r_{21}+b_{11}}{2}(h_{11}+h_{21}-h)+\frac{\pi r_{21}^2}{2}=\frac{2\times 4.4+6.8}{2}(11.5-2)\ \mathrm{mm^2}+\frac{\pi\ 4.4^2}{2}\ \mathrm{mm^2}=104.51\ \mathrm{mm^2}$$

式中,h 为槽楔厚度,本算例 $h=0.2$ cm。

②槽绝缘占面积:

由绝缘等级为 B 级可知,$\Delta_i=0.3$ mm,则

$$A_i=\Delta_i(2h_s'+\pi r_{21})=\Delta_i[2(h_{11}+h_{21})-\pi r_{21}]=0.3\times(2\times 11.5+\pi 4.4)\ \mathrm{mm^2}=11.05\ \mathrm{mm^2}$$

③槽有效面积:

$$A_{ef}=A_s-A_i=(104.51-11.05)\ \mathrm{mm^2}=93.46\ \mathrm{mm^2}$$

④槽满率:

$$S_f=\frac{N_{i1}N_{s1}d^2}{A_{ef}}=\frac{1\times 42\times 1.38^2}{93.46}\times 100\%=86\%\text{(符合要求)}$$

式中,N_{i1} 为并绕根数,N_{s1} 通过 $N_{s1}=\dfrac{m_1a_1N_{\Phi 1}}{Z_1}$ 算得。

(19)铁芯总长为

$$l_t=180\ \mathrm{mm}$$

铁芯有效长度为

$$l_{ef}=l_t+2\delta=(180+2\times 0.35)\ \mathrm{mm}=180.7\ \mathrm{mm}$$

净铁芯长为

$$l_{Fe}=K_{Fe}l_t=0.95\times 180\ \mathrm{mm}=171\ \mathrm{mm}$$

(20)定子基波绕组系数。

$$K_{dp1}=K_{d1}K_{p1}$$

①分布系数：

$$K_{d1}=\frac{\sin\left(\frac{q_1\alpha}{2}\right)}{q_1\sin\frac{\alpha}{2}}=\frac{\sin\frac{2\times30^\circ}{2}}{2\times\sin\frac{30^\circ}{2}}=0.97$$

②短距系数(采用单层绕组)：

$$K_{p1}=\sin(\beta\cdot90^\circ)=1$$

式中，

$$q_1=\frac{Z_1}{2mp}=\frac{36}{2\times3\times3}=2$$

$$\alpha=\frac{2p\pi}{Z_1}=30^\circ$$

(21)每相有效串联导体数。

$$N_{\Phi1}K_{dp1}=504\times0.97=488.88$$

(二)磁路计算

(22)计算满载电势。

$$\begin{aligned}1-\varepsilon_L'&=0.931+0.010\ 8\ln P_N-0.013p\\&=0.931+0.010\ 8\ln5.5-0.013\times3\\&=0.91\end{aligned}$$

$$E_1=(1-\varepsilon_L')U_{\Phi N}=0.91\times380\ \text{V}=345.8\ \text{V}$$

需要指出的是，满载电势标幺值 $1-\varepsilon_L'$，最初也可假定为 0.85～0.95(功率大者和极数少者用较大值)。

(23)每极磁通。

$$\Phi=\frac{E_1}{4K_{Nm}K_{dp1}fN_1}=\frac{345.8}{4\times1.11\times0.97\times50\times252}\ \text{Wb}=0.006\ 37\ \text{Wb}$$

(24)每极齿部截面积。

①定子：

$$A_{t1}=K_{Fe}l_tb_{t1}Z_{p1}=0.95\times180\times6.33\times6\ \text{mm}^2=6\ 494.58\ \text{mm}^2$$

②转子：

$$A_{t2}=K_{Fe}l_tb_{2t/3}Z_{p2}=0.95\times180\times7.07\times5.5\ \text{mm}^2=6\ 649.34\ \text{mm}^2$$

(25)轭部截面积。

①定子轭部计算高度(圆底槽)为

$$h_{j1}'=\frac{D_1-D_{i1}}{2}-h_{s1}+\frac{r_{21}}{3}=\frac{210-148}{2}\ \text{mm}-(0.8+11.5+4.4)\ \text{mm}+\frac{4.4}{3}\ \text{mm}=15.77\ \text{mm}$$

定子轭部截面积为

$$A_{j1}=K_{Fe}l_th_{j1}'=0.95\times180\times15.77\ \text{mm}^2=2\ 696.67\ \text{mm}^2$$

②转子轭部计算高度(平底槽)为

$$h_{j2}'=\frac{D_2-D_{i2}}{2}-h_{s2}-\frac{2}{3}d_{v2}=\frac{147.3-48}{2}\ \text{mm}-(0.5+20)\ \text{mm}+\frac{2}{3}\times0\ \text{mm}=29.15\ \text{mm}$$

转子轭部截面积为

$$A_{j2}=K_{Fe}l_th_{j2}'=0.95\times180\times29.15\ \text{mm}^2=4\ 984.65\ \text{mm}^2$$

(26)气隙面积为

$$A_\delta=\tau l_{ef}=77.49\times180.7\ \mathrm{mm}^2=14\ 002.44\ \mathrm{mm}^2$$

(27)波幅系数。

假设饱和系数 $K_s'=1.20$,由附录图 C-1 $F_s=f(K_s)$曲线可知

$$F_s=1.486$$

(28)定子齿磁通密度。

$$B_{t1}=\frac{F_s\Phi}{A_{t1}}=\frac{1.486\times0.006\ 37}{6\ 494.58\times10^{-6}}\ \mathrm{T}=1.46\ \mathrm{T}$$

$$H_{t1}=16.3\ \mathrm{A/cm}(\text{查附录表 }B\text{-}6,\text{下同})$$

(29)转子齿磁通密度。

$$B_{t2}=\frac{F_s\Phi}{A_{t2}}=\frac{1.486\times0.006\ 37}{6\ 649.34\times10^{-6}}\ \mathrm{T}=1.42\ \mathrm{T}$$

$$H_{t2}=13.6\ \mathrm{A/cm}$$

(30)定子轭磁通密度。

$$B_{j1}=\frac{1}{2}\frac{\Phi}{A_{j1}}=\frac{1}{2}\frac{0.006\ 37}{2\ 696.67\times10^{-6}}\ \mathrm{T}=1.18\ \mathrm{T}$$

$$H_{j1}=6.16\ \mathrm{A/cm}$$

(31)转子轭磁通密度。

$$B_{j2}=\frac{1}{2}\frac{\Phi}{A_{j2}}=\frac{1}{2}\frac{0.006\ 37}{2\ 498\ 4.65\times10^{-6}}\ \mathrm{T}=0.64\ \mathrm{T}$$

$$H_{j2}=1.91\ \mathrm{A/cm}$$

(32)气隙最大磁密。

$$B_\delta=\frac{F_s\Phi}{A_\delta}=\frac{1.486\times0.006\ 37}{14\ 002.44\times10^{-6}}\ \mathrm{T}=0.676\ \mathrm{T}$$

(33)齿部磁路计算长度。

定子(圆底槽):

$$L_{t1}=(h_{11}+h_{21})+\frac{1}{3}r_{21}=11.5\ \mathrm{mm}+\frac{1}{3}\times4.4\ \mathrm{mm}=12.97\ \mathrm{mm}$$

转子平底槽:

$$L_{t2}=h_{12}+h_{22}=20\ \mathrm{mm}$$

(34)轭部磁路计算长度。

定子:

$$L_{j1}'=\frac{1}{2}\frac{\pi(D_1-h_{j1}')}{2p}=\frac{1}{2}\frac{\pi(210-15.77)}{2\times3}\ \mathrm{mm}=50.82\ \mathrm{mm}$$

转子:

$$L_{j2}'=\frac{1}{2}\frac{\pi(D_{i2}+h_{j2}')}{2p}=\frac{1}{2}\frac{\pi(48+29.15)}{2\times3}\ \mathrm{mm}=20.19\ \mathrm{mm}$$

(35)有效气隙。

气隙系数计算如下。

$$k_{\delta1}=\frac{t_1(4.4\delta+0.75b_{01})}{t_1(4.4\delta+0.75b_{01})-b_{01}^2}=\frac{12.92(4.4\times0.35+0.75\times3.5)}{12.92(4.4\times0.35+0.75\times3.5)-3.5^2}=1.295$$

$$k_{\delta2}=\frac{t_2(4.4\delta+0.75b_{02})}{t_2(4.4\delta+0.75b_{02})-b_{02}^2}=\frac{14.02(4.4\times0.35+0.75\times1)}{14.02(4.4\times0.35+0.75\times1)-1^2}=1.032$$

$$k_\delta = k_{\delta 1} k_{\delta 2} = 1.295 \times 1.032 = 1.34$$

有效气隙为

$$\delta_{ef} = k_\delta \delta = 1.34 \times 0.35 \text{ mm} = 0.47 \text{ mm}$$

(36)齿部磁压降。

定子：

$$F_{t1} = H_{t1} L_{t1} = 16.3 \times 12.97 \times 10^{-1} \text{ A} = 21.14 \text{ A}$$

转子：

$$F_{t2} = H_{t2} L_{t2} = 13.6 \times 20 \times 10^{-1} \text{ A} = 27.2 \text{ A}$$

(37)轭部磁压降。

由 $C_j = f(\frac{h'_j}{\tau})$ 曲线(查图 C-2、C-3 或图 C-4，两极、四极电机分别查图 C-2、图 C-3)可知：

$$\frac{h'_{j1}}{\tau} = \frac{15.77}{77.49} = 0.20, \quad B_{j1} = 1.18 \text{ T}, \quad 于是\ C_{j1} = 0.68$$

$$\frac{h'_{j2}}{\tau} = \frac{29.15}{77.49} = 0.38, \quad B_{j2} = 0.64 \text{ T}, \quad 于是\ C_{j2} = 0.22$$

①定子：

$$F_{j1} = C_{j1} H_{j1} L'_{j1} = 0.68 \times 6.16 \times 50.82 \times 10^{-1} \text{ A} = 21.3 \text{ A}$$

②转子：

$$F_{j2} = C_{j2} H_{j2} L'_{j2} = 0.22 \times 1.91 \times 20.19 \times 10^{-1} \text{ A} = 0.85 \text{ A}$$

(38)气隙磁压降。

$$F_\delta = \frac{k_\delta \delta B_\delta}{\mu_0} = \frac{1.34 \times 0.35 \times 10^{-3} \times 0.676}{4\pi \times 10^{-7}} \text{ A} = 252.42 \text{ A}$$

(39)饱和系数。

$$K_s = \frac{F_\delta + F_{t1} + F_{t2}}{F_\delta} = \frac{252.42 + 21.14 + 27.2}{252.42} = 1.19$$

其误差为

$$\frac{K_s - K'_s}{K'_s} = \frac{1.19 - 1.20}{1.20} = -0.8\% < \pm 1\%(合格)$$

(40)总磁压降。

$$\begin{aligned} F_0 &= F_\delta + F_{t1} + F_{t2} + F_{j1} + F_{j2} \\ &= (252.42 + 21.14 + 27.2 + 21.3 + 0.85) \text{ A} \\ &= 322.91 \text{ A} \end{aligned}$$

(41)满载磁化电流。

$$I_m = \frac{2pF_0}{0.9 m_1 N_1 K_{dp1}} = \frac{2 \times 3 \times 322.91}{0.9 \times 3 \times 252 \times 0.97} \text{ A} = 2.936 \text{ A}$$

(42)满载磁化电流标幺值。

$$I_m^* = \frac{I_m}{I_{KW}} = \frac{2.936}{4.82} = 0.61$$

(43)励磁电抗标幺值。

$$X_m^* = \frac{1}{I_m^*} = \frac{1}{0.61} = 1.64$$

(三)参数计算

(44)线圈平均半匝长。

定子线圈节距为

$$\tau_y = \frac{\pi[D_{i1}+2(h_{01}+h_{11})+h_{21}+r_{21}]}{2p}\beta$$

$$= \frac{\pi[148+2(0.8+2)+9.5+4.4]}{2\times 3}\times 1\ \text{mm}$$

$$= 87.66\ \text{mm}$$

平均半匝长为

$$l_c = l_B + K_c\tau_y = (210+1.2\times 87.66)\ \text{mm} = 315.19\ \text{mm}$$

K_c 为经验值，两极取 1.16，四、六极取 1.2、八极取 1.25，或选取其他经验值。

(45)单层线圈端部平均长。

$$L_B = l_t + 2d_1 = (180+2\times 15)\ \text{mm} = 210\ \text{mm}$$

d_1 为线圈直线部分伸出铁芯的长度，取 10～30 mm，机座大、极数少者取较大值。

(46)漏抗系数。

$$C_x = \frac{0.263\,(N_1K_{dp1})^2 l_{ef}P_N}{pU_{\Phi N}^2}\times 10^{-3}$$

$$= \frac{0.263\,(252\times 0.97)^2\times 180.7\times 5.5}{3\times 380^2}\times 10^{-3}$$

$$= 0.036$$

(47)定子槽比漏磁导。

由于所设计电机的定子为单层绕组、整距，节距漏抗系数 $K_{U1}=K_{L1}=1.0$。K_{U1}、K_{L1} 为节距漏抗系数，可查图 C-10。

$$\lambda_{U1} = \frac{h_{01}}{b_{01}} + \frac{2h_{11}}{b_{01}+b_{11}} = \frac{0.8}{3.5} + \frac{2\times 0.95}{3.5+6.8} = 0.41$$

由于 $\frac{h_{21}}{2r_{21}} = \frac{11.5-0.95}{2\times 4.4} = 1.20$，$\frac{b_{11}}{2r_{21}} = \frac{6.8}{2\times 4.4} = 0.77$，查图 C-7 可知 $\lambda_{L1}=0.68$。

定子槽比漏磁导为

$$\lambda_{s1} = K_{U1}\lambda_{U1} + K_{L1}\lambda_{L1} = 0.41+0.68 = 1.09$$

(48)定子槽漏抗标幺值。

$$X_{s1}^* = \frac{2m_1pl_t\lambda_{s1}}{Z_1K_{dp1}^2 l_{ef}}C_x = \frac{2\times 3\times 3\times 180\times 1.09}{36\times 0.97^2\times 180.7}\times 0.036 = 0.02$$

(49)定子谐波漏抗标幺值。

$$X_{\delta 1}^* = \frac{m_1\tau\sum S}{\pi^2\delta_{ef}K_{dp1}^2K_s}C_x = \frac{3\times 77.49\times 0.0265}{\pi^2\times 0.47\times 0.97^2\times 1.2}\times 0.036 = 0.042$$

式中 $\sum S$ 可查附录图 C-11。

(50)定子端部漏抗标幺值。

$$X_{E1}^* = 0.2\,\frac{l_B}{l_{ef}K_{dp1}^2}C_x = 0.2\times\frac{210}{180.7\times 0.97^2}\times 0.036 = 0.009$$

(51)定子漏抗标幺值。

$$X_{\sigma 1}^* = X_{s1}^* + X_{\delta 1}^* + X_{E1}^* = 0.02+0.042+0.009 = 0.071$$

(52)转子槽比漏磁导。

$$\lambda_{U2} = \frac{h_{02}}{b_{02}} = \frac{0.5}{1} = 0.5$$

由于

$$\frac{h_{22}}{b_{22}}=\frac{20-1.53}{2.6}=7.10,\quad \frac{b_{12}}{b_{22}}=\frac{6.3}{2.6}=2.42$$

查附录图 C-7 可知

$$\lambda_{L2}=0.86$$

转子槽比漏磁导为

$$\lambda_{s2}=\lambda_{U2}+\lambda_{L2}=0.5+0.86=1.36$$

(53)转子槽漏抗标幺值。

$$X_{s2}^{*}=\frac{2m_1 p l_t \lambda_{s2}}{Z_2 l_{ef}}C_x=\frac{2\times3\times3\times180\times1.36}{33\times180.7}\times0.036=0.027$$

(54)转子谐波漏抗标幺值。

$$X_{\delta2}^{*}=\frac{m_1\tau\sum R}{\pi^2\delta_{ef}K_s}C_x=\frac{3\times77.49\times0.029}{\pi^2\times0.47\times1.2}\times0.036=0.044$$

式中，$\sum R$ 可查附录图 C-12。

(55)转子端部漏抗标幺值。

$$X_{E2}^{*}=\left(\frac{0.252\,3Z_2D_R}{2pl_{ef}\times2p}\right)\left(\frac{2m_1 p}{Z_2}\right)C_x=\left(\frac{0.252\,3\times33\times122.7}{2\times3\times180.7\times2\times3}\right)\times\left(\frac{2\times3\times3}{33}\right)\times0.036=0.003$$

式中，D_R 为端环平均直径，如图 5-14 所示。

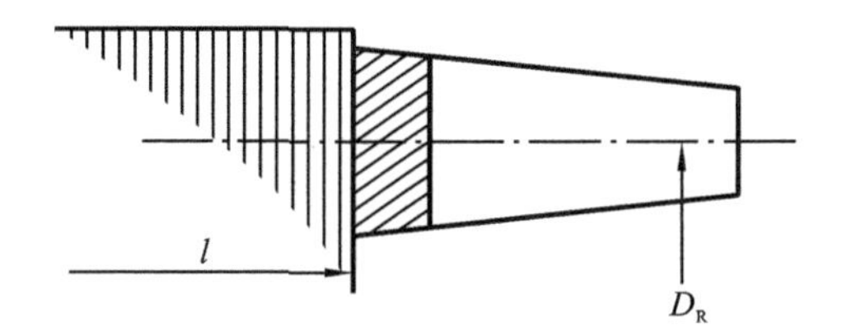

图 5-14　转子端部示意图

(56)转子斜槽漏抗标幺值。

$$X_{sk}^{*}=0.5\left(\frac{b_{sk}}{t_2}\right)^2X_{\delta2}^{*}=0.5\times\left(\frac{12.92}{14.02}\right)^2\times0.044=0.019$$

(57)转子漏抗标幺值。

$$X_{\sigma2}^{*}=X_{s2}^{*}+X_{\delta2}^{*}+X_{E2}^{*}+X_{sk}^{*}=0.027+0.044+0.003+0.019=0.093$$

(58)总漏抗标幺值。

$$X_{\sigma}^{*}=X_{\sigma1}^{*}+X_{\sigma2}^{*}=0.071+0.093=0.164$$

(59)定子直流电阻。

$$R_1=\rho\frac{2N_1l_c}{N_{t1}A_{c1}a_1}=0.021\,7\times10^{-6}\times\frac{2\times252\times314.53}{1\times\pi\left(\frac{1.32}{2}\right)^2\times1}\times1\,000\ \Omega=2.514\ \Omega$$

其中，$\rho=0.021\,7\times10^{-6}\ \Omega\cdot\text{m}$ 为 B 级绝缘平均工作温度 75 ℃时铜的电阻率。

(60)定子相电阻标幺值为

$$R_1^{*}=R_1\frac{I_{KW}}{U_{\Phi N}}=2.514\times\frac{4.82}{380}=0.031\,8$$

(61)有效材料。

定子导线重量为

$$G_w = Cl_c N_{s1} Z_1 A'_{c1} N_{t1} \rho'$$
$$= 1.05 \times 314.53 \times 10^{-3} \times 42 \times 36 \times \pi \left(\frac{1.32 \times 10^{-3}}{2} \right)^2 \times 1 \times 8.9 \times 10^3 \text{ kg}$$
$$= 6.08 \text{ kg}$$

硅钢片重量为

$$G_{Fe} = K_{Fe} l_t (D_1 + \delta_c)^2 \rho'_{Fe}$$
$$= 0.95 \times 180 \times 10^{-3} \times (210 \times 10^{-3} + 5 \times 10^{-3})^2 \times 7.8 \times 10^3 \text{ kg}$$
$$= 61.65 \text{ kg}$$

式中，K_{Fe} 为铁芯叠压系数；δ_c 为冲剪余量。

(62)转子电阻。

导条截面积为

$$A_B = \frac{1}{2}(b_{02} + b_{12}) h_{12} + \frac{1}{2}(b_{12} + b_{22}) h_{22}$$
$$= \frac{1}{2}(1 + 6.3) \times 1.53 \text{ mm}^2 + \frac{1}{2}(6.3 + 2.6) \times 18.47 \text{ mm}^2$$
$$= 87.78 \text{ mm}^2$$

导条电阻折算值为

$$R'_B = \rho \frac{K_B l_t}{A_B} \cdot \frac{4m_1 (N_1 K_{dp1})^2}{Z_2}$$
$$= 0.043\,4 \times 10^{-6} \times \frac{1.04 \times 180 \times 10^{-3}}{87.78 \times 10^{-6}} \times \frac{4 \times 3 \times (252 \times 0.97)^2}{33} \ \Omega$$
$$= 2.01 \ \Omega$$

式中，K_B 为系数，铸铝转子时，$K_B = 1.04$，铜条转子时，$K_B = 1$；A_B 为转子导条截面积。

端环电阻折算值为

$$R'_R = \rho \frac{D_R Z_2}{2\pi p^2 A_B} \frac{4m_1 (N_1 K_{dp1})^2}{Z_2}$$
$$= 0.043\,4 \times 10^{-6} \times \frac{122.7 \times 10^{-3} \times 33}{2 \times \pi \times 3^2 \times 87.78 \times 10^{-6}} \frac{4 \times 3 \times (252 \times 0.97)^2}{33} \ \Omega$$
$$= 0.77 \ \Omega$$

式中，A_R 为端环截面积。

导条电阻标幺值为

$$R_B^* = R'_B \frac{I_{KW}}{U_{\Phi N}} = 2.01 \times \frac{4.82}{380} = 0.025$$

端环电阻标幺值为

$$R_R^* = R'_R \frac{I_{KW}}{U_{\Phi N}} = 0.77 \times \frac{4.82}{380} = 0.010$$

转子电阻标幺值为

$$R_2^* = R_B^* + R_R^* = 0.025 + 0.010 = 0.035$$

(四)工作性能计算

(63)满载时定子电流有功分量标幺值。

$$I_{1p}^* = \frac{1}{\eta_N} = \frac{1}{85.7\%} = 1.17$$

式中，η_N 为假定的效率，本算例为 85.7%。

(64)满载时转子电流无功分量标幺值。

$$\sigma_1=1+\frac{X_{\sigma 1}^*}{X_m^*}=1+\frac{0.071}{1.64}=1.043$$

$$\begin{aligned}I_x^* &=\sigma_1 X_\sigma^* I_{1p}^{*2}[1+(\sigma_1 X_\sigma^* I_{1p}^*)^2]\\&=1.043\times 0.164\times 1.17^2\times[1+(1.043\times 0.164\times 1.17)^2]\\&=0.244\end{aligned}$$

(65)满载时定子电流无功分量标幺值。

$$I_{1Q}^*=I_m^*+I_x^*=0.61+0.244=0.854$$

(66)满载时电势标幺值。

$$K_E=1-\varepsilon_L=1-(I_{1p}^* R_1^*+I_{1Q}^* X_{\sigma 1}^*)=1-(1.17\times 0.031\,8+0.854\times 0.071)=0.902$$

而开始假设

$$K_E'=1-\varepsilon_L=0.91$$

误差

$$\frac{K_E'-K_E}{K_E'}=\frac{0.91-0.902}{0.91}=0.88\%>\pm 0.5\%$$

重新假设 K_E'，并重新计算(22)～(66)项中有关各项。

本例不是最佳方案，仅作为示例，不再重新计算。

(67)空载电势标幺值。

$$1-\varepsilon_0=1-I_m^* X_{\sigma 1}^*=1-0.61\times 0.071=0.957$$

(68)空载时定子齿磁密。

$$B_{t10}=\frac{1-\varepsilon_0}{1-\varepsilon_L}B_{t1}=\frac{0.957}{0.902}\times 1.46\ \text{T}=1.55\ \text{T}$$

$$H_{t10}=26.7\ \text{A/cm}$$

(69)空载时转子齿磁通密度。

$$B_{t20}=\frac{1-\varepsilon_0}{1-\varepsilon_L}B_{t2}=\frac{0.957}{0.902}\times 1.42\ \text{T}=1.51\ \text{T}$$

$$H_{t20}=21.2\ \text{A/cm}$$

(70)空载时定子轭磁通密度。

$$B_{j10}=\frac{1-\varepsilon_0}{1-\varepsilon_L}B_{j1}=\frac{0.957}{0.902}\times 1.18\ \text{T}=1.25\ \text{T}$$

$$H_{j10}=7.62\ \text{A/cm}$$

(71)空载时转子轭磁通密度。

$$B_{j20}=\frac{1-\varepsilon_0}{1-\varepsilon_L}B_{j2}=\frac{0.959}{0.902}\times 0.64\ \text{T}=0.68\ \text{T}$$

$$H_{j20}=2.03\ \text{A/cm}$$

(72)空载时气隙磁通密度。

$$B_{\delta 0}=\frac{1-\varepsilon_0}{1-\varepsilon_L}B_\delta=\frac{0.957}{0.902}\times 0.676\ \text{T}=0.717\ \text{T}$$

(73)空载定子齿磁压降。

$$F_{t10}=H_{t10}L_{t1}=26.7\times 12.97\times 10^{-1}\ \text{A}=34.63\ \text{A}$$

(74)空载转子齿磁压降。

$$F_{t20}=H_{t20}L_{t2}=21.2\times20\times10^{-1}\ \text{A}=42.4\ \text{A}$$

(75)空载定子轭磁压降。

$$F_{j10}=C_{j1}H_{j10}L'_{j1}=0.68\times7.62\times50.82\times10^{-1}\ \text{A}=26.33\ \text{A}$$

(76)空载转子轭磁压降。

$$F_{j20}=C_{j2}H_{j20}L'_{j2}=0.22\times2.03\times20.19\times10^{-1}\ \text{A}=0.902\ \text{A}$$

(77)空载气隙磁压降。

$$F_{\delta0}=\frac{k_{\delta}\delta B_{\delta0}}{\mu_0}=\frac{1.34\times0.35\times10^{-3}\times0.717}{4\pi\times10^{-7}}\ \text{A}=267.598\ \text{A}$$

(78)空载总磁压降。

$$\begin{aligned}F_{00}&=F_{\delta0}+F_{t10}+F_{t20}+F_{j10}+F_{j20}\\&=(267.598+34.63+42.4+26.33+0.902)\ \text{A}\\&=371.86\ \text{A}\end{aligned}$$

(79)空载磁化电流。

$$I_{m0}=\frac{2pF_{00}}{0.9m_1N_1K_{dp1}}=\frac{2\times3\times371.86}{0.9\times3\times252\times0.97}\ \text{A}=3.381\ \text{A}$$

(80)定子电流标幺值。

$$I_1^*=\sqrt{I_{1P}^{*\,2}+I_{1Q}^{*\,2}}=\sqrt{1.17^2+0.854^2}=1.449$$

定子电流实际值为

$$I_1=I_1^*I_{KW}=1.449\times4.82\ \text{A}=6.984\ \text{A}$$

(81)定子电流密度。

$$J_1=\frac{I_1}{a_1N_{t1}A'_{c1}}=\frac{6.984}{1\times1\times\pi\left(\frac{1.32}{2}\right)^2}\ \text{A/mm}^2=5.103\ \text{A/mm}^2$$

(82)线负荷。

$$A_1=\frac{m_1N_{\Phi1}I_1}{\pi D_{i1}}=\frac{3\times504\times6.984}{\pi\times148}\ \text{A/mm}=22.711\ \text{A/mm}$$

(83)转子电流标幺值。

$$I_2^*=\sqrt{I_{1P}^{*\,2}+I_x^{*\,2}}=\sqrt{1.17^2+0.244^2}=1.195$$

转子电流实际值为

$$I_2=I_2^*I_{KW}\frac{m_1N_{\Phi1}K_{dp1}}{Z_2}=1.195\times4.82\times\frac{3\times504\times0.97}{33}\ \text{A}=255.991\ \text{A}$$

端环电流实际值为

$$I_R=I_2\frac{Z_2}{2\pi p}=255.991\times\frac{33}{2\times\pi\times3}\ \text{A}=448.165\ \text{A}$$

(84)转子电流密度。

导条电流密度为

$$J_B=\frac{I_2}{A_B}=\frac{255.991}{87.78}\ \text{A/mm}^2=2.916\ \text{A/mm}^2$$

端环电流密度为

$$J_R=\frac{I_R}{A_B}=\frac{448.165}{87.78}\ \text{A/mm}^2=5.106\ \text{A/mm}^2$$

(85)定子电气损耗。

$$p_{Cu1}^{*}=I_1^{*2}R_1^{*}=1.449^2\times0.0318=0.067$$

$$p_{Cu1}=P_{Cu1}^{*}P_N=0.067\times5.5=0.369\ \text{kW}$$

(86)转子电气损耗。

$$p_{Ai2}^{*}=I_2^{*2}R_2^{*}=1.195^2\times0.035=0.050$$

$$p_{Ai2}=p_{Ai2}^{*}P_N=0.050\times5.5=0.275\ \text{kW}$$

(87)附加损耗。

$$p_s^{*}=0.015（铸铝转子，6\ 极）$$

$$p_s=p_s^{*}P_N=0.015\times5.5\ \text{kW}=0.0825\ \text{kW}$$

对于铸铝转子，$p_s^{*}=0.01\sim0.03$（极数少者取较大值）；对于铜条转子，$p_s^{*}=0.05$。

(88)机械损耗。

$$p_{fw}=\left(\frac{3}{p}\right)^2\left(\frac{D_1}{100}\right)^4=\left(\frac{3}{3}\right)^2\times\left(\frac{210}{100}\right)^4\ \text{W}=19.448\ \text{W}$$

机械损耗标幺值为

$$p_{fw}^{*}=\frac{p_{fw}}{P_N}=\frac{19.448}{5.5\times10^3}=0.004$$

(89)定子铁耗。

①定子齿重量为

$$G_i=2pA_{i1}L'_{i1}\rho'_{Fe}=2\times3\times6\ 494.58\times12.97\times7.8\times10^{-6}\ \text{kg}=3.942\ \text{kg}$$

②定子轭重量为

$$G_j=4pA_{j1}L'_{j1}\rho'_{Fe}=4\times3\times2\ 696.67\times50.82\times7.8\times10^{-6}\ \text{kg}=12.827\ \text{kg}$$

③损耗系数

由 $B_{t10}=1.55$ T 和 $B_{j10}=1.25$ T 查表 B-10 可知：$p_{hei}=5.7$ W/kg 和 $p_{hej}=3.26$ W/kg。

④定子齿损耗为

$$p_{Fei}=p_{hei}G_i=5.7\times3.942\ \text{W}=22.47\ \text{W}$$

⑤定子轭损耗为

$$p_{Fej}=p_{hej}G_j=3.26\times12.827\ \text{W}=41.82\ \text{W}$$

⑥定子铁耗为

$$p_{Fe}=k_1p_{Fei}+k_2p_{Fej}=(2.5\times22.47+2\times41.82)\ \text{W}=139.815\ \text{W}$$

式中，k_1、k_2 为铁耗校正系数，对半闭口槽，$k_1=2.5$，$k_2=2$；对开口槽 $k_1=3.0$，$k_2=2.5$；或选其他经验值。

铁耗标幺值为

$$p_{Fe}^{*}=\frac{p_{Fe}}{P_N}=\frac{139.815}{5.5\times10^3}=0.025$$

(90)总损耗标幺值。

$$\begin{aligned}\sum p^{*}&=P_{Cu1}^{*}+p_{Ai2}^{*}+p_s^{*}+p_{fw}^{*}+p_{Fe}^{*}\\&=0.067+0.050+0.015+0.004+0.025\\&=0.161\end{aligned}$$

(91)输入功率。

$$P_{N1}^{*}=1+\sum p^{*}=1+0.161=1.161$$

(92)效率。

$$\eta = 1 - \frac{\sum p^*}{P_{N1}^*} = 1 - \frac{0.161}{1.161} = 0.861$$

误差

$$\frac{\eta - \eta_N}{\eta} \times 100\% = \frac{0.861 - 0.857}{0.861} \times 100\% = -0.46\% < \pm 0.5\%$$

计算所得 η 与预先假设的 η_N 相符。若不符，应重新计算(63)～(92)项。

(93)功率因数。

$$\cos\varphi = \frac{I_{1p}^*}{I_1^*} = \frac{1.17}{1.449} = 0.81$$

(94)转差率。

$$p_{Fer}^* = \frac{p_{Feir} + p_{Fejr}}{P_N} = \frac{\left(1 - \frac{1}{2.5}\right) \times 22.47 + \left(1 - \frac{1}{2}\right) \times 41.82}{5\ 500} = 0.005$$

$$s_N = \frac{p_{Ai2}^*}{1 + p_{Ai2}^* + p_{Fer}^* + p_s^* + p_{fw}^*} = \frac{0.050}{1 + 0.050 + 0.005 + 0.015 + 0.004} = 0.047$$

(95)转速。

$$n_N = \frac{60f}{p}(1 - s_N) = \frac{60 \times 50}{3}(1 - 0.047)\ \text{r/min} = 953\ \text{r/min}$$

(96)最大转矩标幺值。

$$T_m^* = \frac{1 - s_N}{2(R_1^* + \sqrt{R_1^{*2} + X_\sigma^{*2}})} = \frac{1 - 0.047}{2(0.031\ 8 + \sqrt{0.031\ 8^2 + 0.164^2})} = 2.393$$

(五)启动性能计算

(97)启动电流假定值。

$$I_{st}' = (2.5 \sim 3.5) T_m^* I_{KW} = 3.3 \times 2.396 \times 4.82\ \text{A} = 38.11\ \text{A}$$

(98)启动时定子槽、转子槽磁势平均值。

$$F_{st} = I_{st}' \frac{N_{s1}}{a_1} \times 0.707 \left[K_{U1} + K_{d1}^2 K_{p1} \frac{Z_1}{Z_2}\right] \sqrt{1 - \varepsilon_0}$$

$$= 38.11 \times \frac{42}{1} \times 0.707 \times \left[1 + 0.97^2 \times 1 \times \frac{36}{33}\right] \sqrt{0.957}\ \text{A}$$

$$= 2\ 243.41\ \text{A}$$

(99)空气隙中漏磁场的虚拟磁通密度。

$$\beta_c = 0.64 + 2.5\sqrt{\frac{\delta}{t_1 + t_2}} = 0.64 + 2.5\sqrt{\frac{0.35}{12.92 + 14.02}} = 0.925$$

$$B_L = \frac{\mu_0 F_{st}}{2\delta\beta_c} = \frac{4\pi \times 10^{-7} \times 2\ 243.41}{2 \times 0.35 \times 10^{-3} \times 0.925}\ \text{T} = 4.353\ \text{T}$$

查附录图 C-13 得 $K_z = 0.476$。

(100)齿顶漏磁饱和引起的定子齿顶宽度的减小量。

$$C_{s1} = (t_1 - b_{01})(1 - K_z) = (12.92 - 3.5)(1 - 0.476)\ \text{mm} = 4.936\ \text{mm}$$

(101)齿顶漏磁饱和引起的转子齿顶宽度的减小量。

$$C_{s2} = (t_2 - b_{02})(1 - K_z) = (14.02 - 1)(1 - 0.476)\ \text{mm} = 6.822\ \text{mm}$$

(102)启动时定子槽比漏磁导。

$$\Delta\lambda_{U1} = \frac{h_{01} + 0.58h_{11}}{b_{01}}\left(\frac{C_{s1}}{C_{s1} + 1.5b_{01}}\right) = \frac{0.8 + 0.5 \times 0.95}{3.5} \times \left(\frac{4.936}{4.936 + 1.5 \times 3.5}\right) = 0.177$$

$$\lambda_{s1(st)}=K_{U1}(\lambda_{U1}-\Delta\lambda_{U1})+K_{L1}\lambda_{L1}=1\times(0.41-0.177)+1\times0.68=0.913$$

(103)启动时定子槽漏抗标幺值。

$$X^*_{s1(st)}=\frac{\lambda_{s1(st)}}{\lambda_{s1}}X^*_{s1}=\frac{0.913}{1.09}\times0.02=0.017$$

(104)启动时定子谐波漏抗标幺值。

$$X^*_{\delta1(st)}=K_zX^*_{\delta1}=0.476\times0.042=0.020$$

(105)启动时定子漏抗标幺值。

$$X^*_{\sigma1(st)}=X^*_{s1(st)}+X^*_{\delta1(st)}+X^*_{E1}=0.017+0.02+0.009=0.046$$

(106)考虑集肤效应，转子导条相对高度。

$$\xi=1.987\times10^{-3}\times h_B\sqrt{\frac{b_B}{b_{s2}}\frac{f}{\rho_B}}=1.987\times10^{-3}\times20\times10^{-3}\times\sqrt{1\times\frac{50}{0.0434\times10^{-6}}}=1.349$$

式中 h_B——转子导条高，对铸铝转子不包括槽口高 h_{R0}；

$\frac{b_B}{b_R}$——转子导条宽与槽宽之比，对铸铝转子，$\frac{b_B}{b_R}\approx1$；

ρ_B——导条电阻系数，$\Omega\cdot mm^2/cm$。

(107)转子电阻增加系数和电抗减少系数。

$$K_F=\frac{r_\sim}{r_0}=0.28,\quad K_x=\frac{x_\sim}{x_0}=0.93(\text{查图 C-14})$$

(108)启动时转子槽比漏磁导。

$$\Delta\lambda_{U2}=\frac{h_{02}}{b_{02}}\frac{C_{s2}}{C_{s2}+b_{02}}=\frac{0.5}{1}\times\frac{6.822}{6.822+1}=0.436$$

$$\lambda_{s2(st)}=(\lambda_{U2}-\Delta\lambda_{U2})+K_x\lambda_{L2}=0.5-0.436+0.93\times0.86=0.864$$

(109)启动时转子槽漏抗标幺值。

$$X^*_{s2(st)}=\frac{\lambda_{s2(st)}}{\lambda_{s2}}X^*_{s2}=\frac{0.864}{1.36}\times0.027=0.017$$

(110)启动时转子谐波漏抗标幺值。

$$X^*_{\delta2(st)}=K_zX^*_{\delta2}=0.476\times0.044=0.021$$

(111)启动时转子斜槽漏抗标幺值。

$$X^*_{sk(st)}=K_zX^*_{sk}=0.476\times0.019=0.009$$

(112)启动时转子漏抗标幺值。

$$X^*_{\sigma2(st)}=X^*_{s2(st)}+X^*_{\delta2}+X^*_{E2}+X^*_{sk(st)}=0.017+0.021+0.003+0.009=0.05$$

(113)启动时总漏抗标幺值。

$$X^*_{\sigma(st)}=X^*_{\sigma1(st)}+X^*_{\sigma2(st)}=0.046+0.05=0.096$$

(114)启动时转子总电阻标幺值。

$$R^*_{2(st)}=K_FR^*_B+R^*_R=0.28\times0.025+0.010=0.017$$

(115)启动时总电阻标幺值。

$$R^*_{st}=R^*_1+R^*_{2(st)}=0.0318+0.017=0.0488$$

(116)启动时总阻抗标幺值。

$$Z^*_{st}=\sqrt{R^{*\,2}_{st}+X^{*\,2}_{\sigma(st)}}=\sqrt{0.0488^2+0.096^2}=0.108$$

(117)启动电流。

$$I_{st}=\frac{I_{KW}}{Z^*_{st}}=\frac{4.82}{0.108}\text{ A}=44.63\text{ A}$$

误差为

$$\frac{I'_{st}-I_{st}}{I'_{st}}=\frac{38.11-43.63}{38.11}=-17.1\%>\pm3\% \quad 不合格$$

重新计算第(97)~(117)项中有关各项，过程如下。

(97)启动电流假定值。

$$I''_{st}=4.3T_m^* I_{KW}=4.3\times2.396\times4.82\ A=49.66\ A$$

(98)启动时定子槽、转子槽磁势平均值。

$$F_{st}=I''_{st}\frac{N_{s1}}{a_1}\times0.707[K_{U1}+K_{d1}{}^2K_{p1}\frac{Z_1}{Z_2}]\sqrt{1-\varepsilon_0}$$

$$=49.66\times\frac{42}{1}\times0.707\times[1+0.97^2\times1\times\frac{36}{33}]\sqrt{0.957}\ A$$

$$=2\ 913.239\ A$$

(99)气隙中漏磁场的虚拟磁通密度。

$$B_L=\frac{\mu_0F_{st}}{2\delta\beta_0}=\frac{4\pi\times10^{-7}\times2\ 923.239\ 3}{2\times0.35\times10^{-3}\times0.925}\ T=5.673\ T$$

$$K_{z1}=0.380$$

(100)齿顶漏磁饱和引起的定子齿顶宽度的减小量。

$$C_{s1}=(t_1-b_{01})(1-K_{z1})=(12.92-3.5)(1-0.380)\ mm=5.840\ mm$$

(101)齿顶漏磁饱和引起的转子齿顶宽度的减小量。

$$C_{s2}=(t_2-b_{02})(1-K_{z1})=(14.02-1)(1-0.380)\ mm=8.072\ mm$$

(102)启动时定子槽比漏磁导。

$$\Delta\lambda_{U1}=\frac{h_{01}+0.58h_{11}}{b_{01}}\left(\frac{C_{s1}}{C_{s1}+1.5b_{01}}\right)=\frac{0.8+0.5\times0.95}{3.5}\times\left(\frac{5.840}{5.840+1.5\times3.5}\right)=0.192$$

$$\lambda_{s1(st)}=K_{U1}(\lambda_{U1}-\Delta\lambda_{U1})+K_{L1}\lambda_{L1}=1\times(0.41-0.192)+1\times0.68=0.898$$

(103)启动时定子槽漏抗标幺值。

$$X^*_{s1(st)}=\frac{\lambda_{s1(st)}}{\lambda_{s1}}X^*_{s1}=\frac{0.898}{1.09}\times0.02=0.016$$

(104)启动时定子谐波漏抗标幺值。

$$X^*_{\delta1(st)}=K_{z1}X^*_{\delta1}=0.380\times0.042=0.016$$

(105)启动时定子漏抗标幺值。

$$X^*_{\sigma1(st)}=X^*_{s1(st)}+X^*_{\delta1(st)}+X^*_{E1}=0.016+0.016+0.009=0.041$$

(108)启动时转子槽比漏磁导。

$$\Delta\lambda_{U2}=\frac{h_{02}}{b_{02}}\frac{C_{s2}}{C_{s2}+b_{02}}=\frac{0.5}{1}\times\frac{8.072}{8.072+1}=0.445$$

$$\lambda_{s2(st)}=(\lambda_{U2}-\Delta\lambda_{U2})+K_x\lambda_{L2}=(0.5-0.445)+0.93\times0.86=0.855$$

(109)启动时转子槽漏抗标幺值。

$$X^*_{s2(st)}=\frac{\lambda_{s2(st)}}{\lambda_{s2}}X^*_{s2}=\frac{0.855}{1.36}\times0.027=0.017$$

(110)启动时转子谐波漏抗标幺值。

$$X^*_{\delta2(st)}=K_{z1}X^*_{\delta2}=0.380\times0.044=0.017$$

(111)启动时转子斜槽漏抗标幺值。

$$X^*_{sk(st)}=K_{z1}X^*_{sk}=0.380\times0.019=0.007$$

(112)启动时转子漏抗标幺值。

$$X_{\sigma2(st)}^{*}=X_{s2(st)}^{*}+X_{\delta2(st)}^{*}+X_{E2}^{*}+X_{sk(st)}^{*}$$
$$=0.017+0.017+0.003+0.007$$
$$=0.044$$

(113)启动时总漏抗标幺值。

$$X_{\sigma(st)}^{*}=X_{\sigma1(st)}^{*}+X_{\sigma2(st)}^{*}=0.041+0.044=0.085$$

(116)启动时总阻抗标幺值。

$$Z_{st}^{*}=\sqrt{R_{st}^{*\,2}+X_{\sigma(st)}^{*\,2}}=\sqrt{0.0488^{2}+0.085^{2}}=0.98$$

(117)启动电流。

$$I_{st}=\frac{I_{KW}}{Z_{st}^{*}}=\frac{4.82}{0.098}\ \text{A}=49.18\ \text{A}$$

误差为

$$\frac{I_{st}'-I_{st}}{I_{st}'}=\frac{49.66-49.18}{49.66}=0.97\%<\pm3\% \quad (合格)$$

(118)启动转矩倍数标幺值。

$$\frac{R_{2(st)}^{*}}{Z_{st}^{*\,2}}(1-s_N)=\frac{0.017}{0.098^{2}}(1-0.047)=1.69$$

小　结

(1)在设计任务书中,通常给出下列额定数据:额定功率 P_N、额定电压 U_N、额定效率 f_N、额定转速 n_N。

(2)感应电机的主要尺寸是指定子内径 D_{i1} 和铁芯有效长度 l_{ef}。

(3)在具体选取电磁负荷时,应考虑电工材料的性能、绝缘等级、极对数、功率、冷却条件、性能要求、运行情况等因素。

(4)通常气隙 δ 在可能的情况下应尽可能地小,因为这样可以降低空载电流 I_0,从而可以提高功率因数。但气隙也不能太小,气隙太小可使机械的可靠性变差(扫膛),使谐波磁场,谐波漏抗增大,导致启动转矩 T_{st} 和最大转矩 T_m 减小,附加损耗增加,从而使温升上升,噪声增大。

(5)在极数、相数一定的情况下,定子槽数由每极每相槽数 q_1 决定,q_1 的大小对电机的参数、附加损耗、温升、绝缘材料的用量都有影响。一般选 $q_1=2\sim6$,且尽量选整数。但对极数少、功率大的电机,$q_1=6\sim9$。对极数多的电机,q_1 尽可能小些。

(6)对双层绕组,一般情况下,通常绕组节距应选 $y=\frac{5}{6}\tau$ 以削弱五次、七次谐波分量。

(7)由于定子电流密度 J_1 的大小对电机的性能及成本影响较大,J_1 太大,虽然可以节约材料,降低成本,但增大了铜耗,降低了效率,同时温升增高,使电机的寿命和可靠性都降低。

(8)鼠笼转子感应电动机在选取转子槽数时,必须与定子槽数有恰当的配合,若配合不当,会使电机性能变差。如附加损耗增加、附加转矩增大、振动与噪声增大,从而使效率减小,温升增大,启动性能变差,甚至无法启动。

第6章 直流电机设计

本章导读

直流电机(见图6-1)是指输入或输出的电能为直流电能的旋转电机,它既可以作为发电机使用,又可以作为电动机使用。直流电机具有电刷、换向器,存在可靠性降低、结构复杂、运行维护困难等问题,但由于其具有良好的调速性能,仍然得到较广泛的应用。本章主要介绍直流电机的主要结构特点、励磁方式及主要尺寸的确定、电磁计算等。

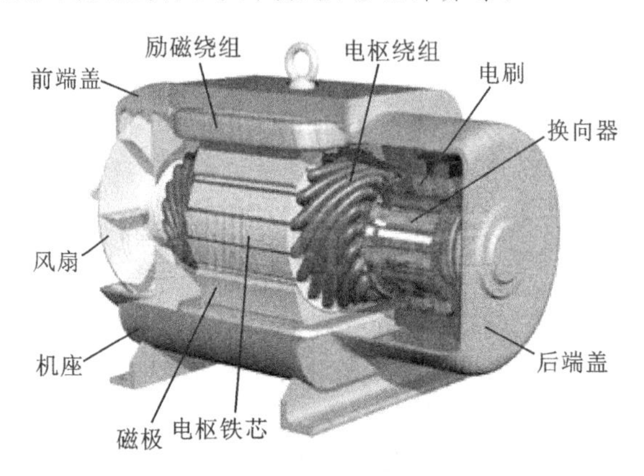

图6-1 直流电机

学习目标

(1)掌握直流电机的基本结构、额定数据及励磁方式等。

(2)熟悉直流电机主要尺寸的确定方法,包括磁极、电枢设计、绕组设计等。

(3)熟悉直流电机磁路设计及励磁绕组计算。

(4)熟悉直流电机设计流程及设计程序。

6.1 概述

由于直流电动机具有良好的启动性能、过载能力,且能在宽广的范围内实现平滑而经济的调速,因此在一些对电动机的启动性能和调速性能要求较高的生产机械上,大都采用直流电动机进行拖动。直流电动机主要用于交通、起重、轧钢和自动控制等领域。直流发电机则可以用做各种直流电源、发电机的励磁机及蓄电池的充电机等。但由于直流电机具有电刷、换向器,与交流电机相比,存在结构复杂、制造成本高、运行维护工作量大等缺点,其应用受到一定的限制。

一、直流电机的基本结构

直流电机的结构与电机的用途、防护要求、冷却方式和安装类型等有关。其结构上的特点如下：具有旋转的电枢和换向器；旋转的换向器和静止的电刷装置之间构成滑动接触，使外电路和电枢绕组相连通；磁极是静止的，所产生的磁场是稳定的。

常用的小型直流电机由定子、转子、换向装置、端盖和轴承等部件组成，其典型结构如图 6-2 所示。

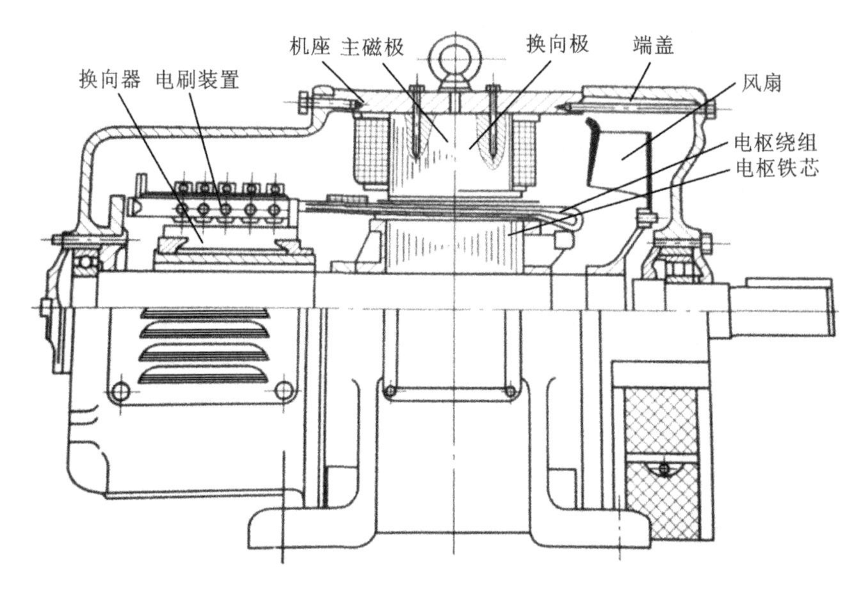

图 6-2　小型直流电机典型结构

直流电机定子由机座、主磁极、换向极及相应的绕组构成，为电机的静止部件。转子为电枢，是实现能量转换的旋转部件，由电枢铁芯、电枢绕组和换向器等零部件组成。直流电机结构示意图如图 6-3 所示。直流电机的机座是固定主极、换向极和端盖等零部件的支撑体，也是内磁路的组成部分，一般用铸钢或钢板焊接而成，以保证良好的导磁性能和机械性能。

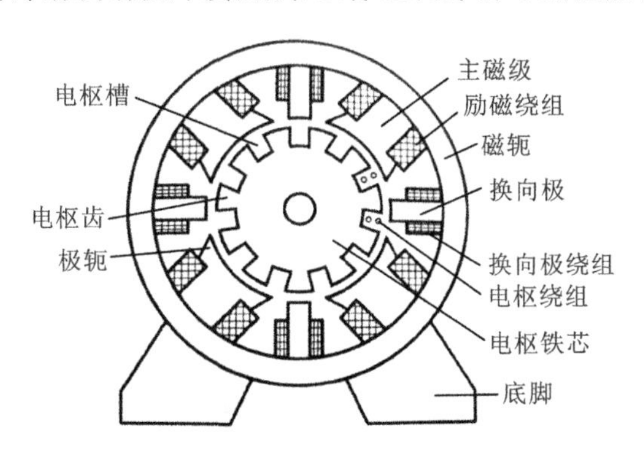

图 6-3　直流电机结构示意图

主磁极用来产生主磁场，主要包括主极铁芯和励磁绕组两个部分。主极铁芯一般用 1～1.5 mm 厚的低碳钢板冲片叠压而成，也可以用永磁铁做成，前者用于一般的直流电机，后者常用于控制用直流电机或特种直流电机。励磁绕组用导线制成集中绕组，有并励绕组和串励绕组两类，根据它们不同的连接情况可以形成他励、并励、串励和复励四种不同的励磁方式。不同励磁方式的直流电机具有不同的特性，可以适应不同的用途。

换向极又称为附加极，用来改善直流电机的换向。换向极也由铁芯和套在上面的绕组构成。其铁芯一般用整块钢制成，或用 1.0～1.5 mm 厚的钢片叠压而成，换向极装置在两相邻主磁极之间，用螺杆固定于机座上，换向极的数量一般与主磁极的极数相等。换向极绕组与电枢绕组串联。

直流电机的电枢铁芯为主磁路的主要部分，也用来嵌放电枢绕组，一般由 0.5 mm 或 0.35 mm 厚的涂有绝缘漆的硅钢片叠压而成，此外，其表面有许多均匀分布的槽，用以嵌放绕组，为利于电机的冷却，电枢铁芯上开有轴向通风孔，较大容量的电机有径向通风道。这时电枢铁芯沿轴向分数段，每段长 4～10 cm，段间空出 10 mm 作为通风道，电枢铁芯冲片如图 6-4 所示。

直流电机的电枢绕组的作用是通过电流和感应电动势，并产生电磁转矩，从而实现机电能量变换。小型电机的电枢绕组用圆截面导线绕制，并嵌放在梨形槽中；较大容量的电机则用矩形截面导线绕制成形，嵌放在开口槽中。在线圈与铁芯之间及上、下层线圈之间都必须妥善绝缘。为了防止电机转动时线圈受离心力作用而甩出，在槽口用槽楔来固定。线圈伸出槽外的端接部分，通常用热固性无纬玻璃丝带来绑扎，如图 6-5 所示。各个线圈的端头与换向片之间及各个绕组元件之间按一定规律连接，组成电枢绕组。

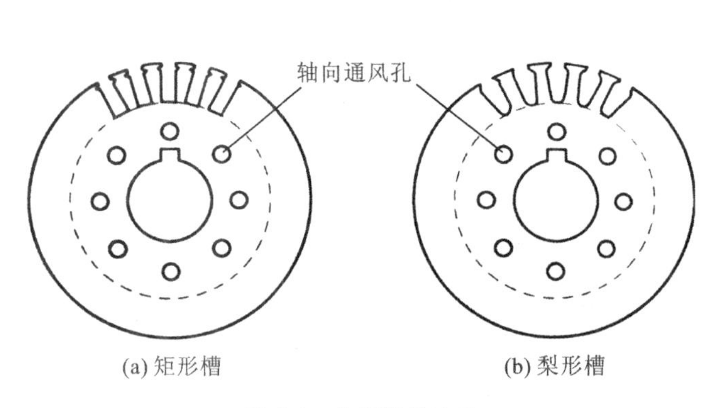

图 6-4　电枢铁芯冲片

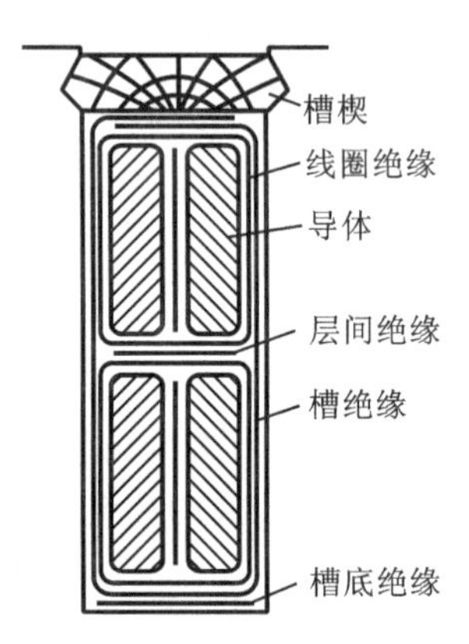

图 6-5　电枢绕组在槽中的绝缘情况图

换向器是直流电机的重要部件，它和电枢绕组相连接。转动的换向器与静止的电刷通过滑动接触，将旋转的电枢电路和静止的外电路相连接。直流电机通过其换向装置，可以实现电枢绕组内部的交流电与电刷端的直流电之间的转换。换向器由许多互相绝缘的换向片组成，其结构图如图 6-6 所示，实际换向器产品如图 6-7 所示。

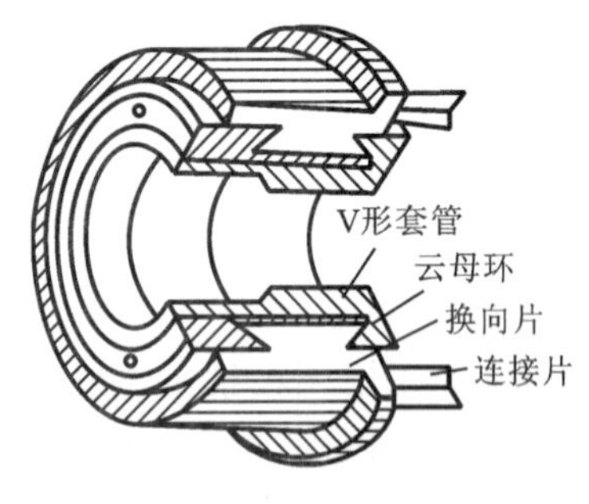

图 6-6　换向器结构图

图 6-7　实际换向器产品

电刷装置是直流电机的主要导电部分，它和旋转的换向器之间保持滑动接触，使电枢绕组和外电路相连。电刷装置由电刷、刷握、刷杆和刷杆座等组成，如图 6-8 所示。实际刷架及电刷产品如图 6-9 所示。电刷放在刷握的刷盒内，被弹簧压紧在换向器上，刷握固定在刷杆上，刷杆装在刷杆座上，刷杆与刷杆座间要加以绝缘。

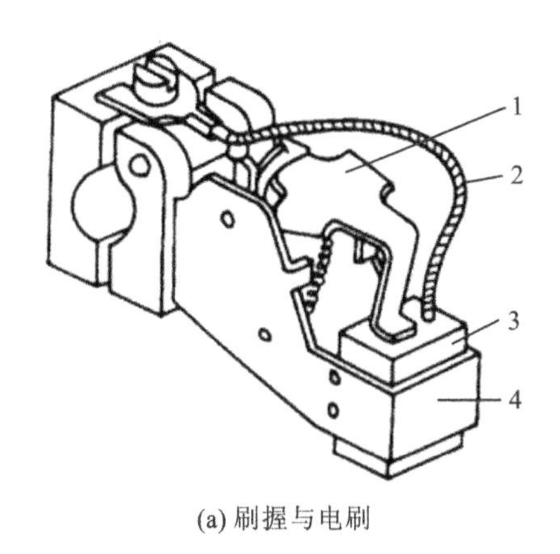

(a) 刷握与电刷

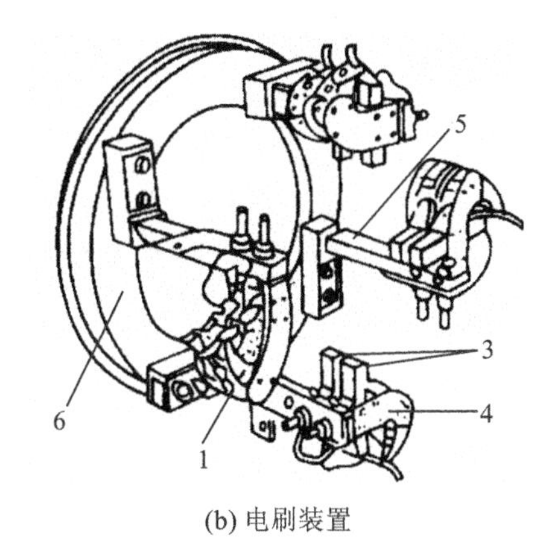

(b) 电刷装置

图 6-8 电刷装置示意图

1—压紧弹簧；2—铜丝辫；3—电刷；4—刷握；5—刷杆；6—座圈

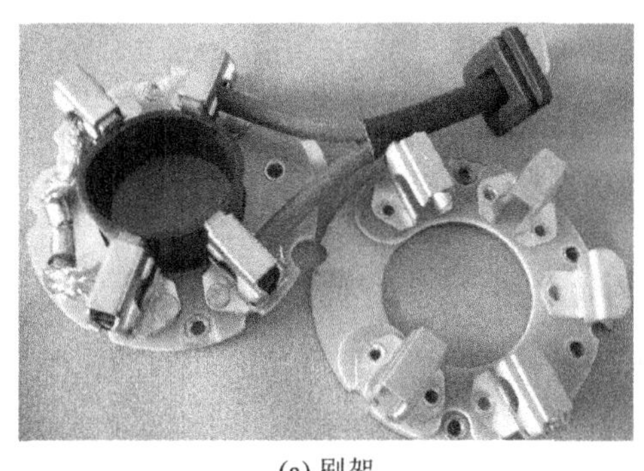
(a) 刷架

(b) 电刷

图 6-9 实际刷架及电刷产品

直流电机的端盖一般都用铸铁制成，刷架与轴承全安装在端盖上。

二、直流电机的额定值

额定值是电机生产企业按国家标准对电机产品在指定工作条件（即额定工作条件）下所规定的一些量值。主要额定值通常标在电机的铭牌上。直流电机的主要额定值有以下四个。

(1)额定功率 P_N，指直流电机转轴上输出的机械功率，单位为 W 或 kW。

(2)额定电压 U_N，指额定状态下电机出线端的电压，单位为 V。一般工业用小型直流电动机的额定电压有 110 V、160 V、220 V、400 V、440 V、800 V；直流发电机的额定电压有 6 V、12 V、24 V、36 V、48 V、115 V、230 V、460 V 等。

(3)额定电流 I_N，指额定状态下电机出线端的电流，单位为 A。

(4)额定转速 n_N，指直流电机转轴上的转速，单位为 r/min。

此外，直流电机铭牌上还标有电机型号、绝缘等级、额定励磁电压 U_{fN}、额定励磁电流 I_{fN} 等说明电机特点的内容。而额定效率 η_N、额定转矩 T_N、额定温升 θ_N 等通常不标注在铭牌上。直流电机的额定功率对于直流电动机而言是指它的轴上的输出机械功率，其表达式为 $P_N=U_N I_N \eta_N$，而对直流发电机，则指发电机输出的电功率，其表达式为 $P_N=U_N I_N$。

三、直流电机的励磁方式

励磁方式是指励磁绕组中励磁电流获得的方式。直流电机具有他励、并励、串励和复励四种励磁方式。其中，复励又分为积复励和差复励两种。采用不同的励磁方式时，直流电机的运行性能差别较大。

1. 他励

他励是指励磁绕组与电枢绕组在电路上互不相连，由两个独立的直流电源 U 和 U_f 分别向励磁绕组和电枢绕组供电的一种励磁方式，如图 6-10(a)所示。由于励磁电流 I_f 的大小与电枢端电压 U 和电枢电流 I_a 无关。一般情况下，励磁绕组的匝数较多，截面积较小，I_f 相对于 I_a 要小得多。

2. 并励

并励是指励磁绕组与电枢绕组并联，由同一直流电源 U 供电的一种励磁方式，如图 6-10(b)所示。因励磁回路自成一路，所以一般与他励一样，选择较小的励磁电流、较多的励磁绕组匝数。对于并励直流电动机来说，电源提供的线路电流为 $I=I_f+I_a$。

3. 串励

串励是指励磁绕组与电枢绕组串联的一种励磁方式，如图 6-10(c)所示。对串励直流电动机，电源提供的线路电流 I、电枢电流 I_a 和励磁电流 I_f 是相等的，即 $I=I_a=I_f$。由于电枢电流较大，所以串励绕组的截面积大、匝数少。

4. 复励

复励是指同时具有并励绕组和串励绕组的一种励磁方式，如图 6-10(d)所示。并励绕组和电枢绕组并联后再与串励绕组联相串联称为短复励，如图 6-9(d)中实线①所示；串励绕组和电枢绕组串联后再与并励绕组相并联，相应于图 6-9(d)中的虚线②称为长复励。

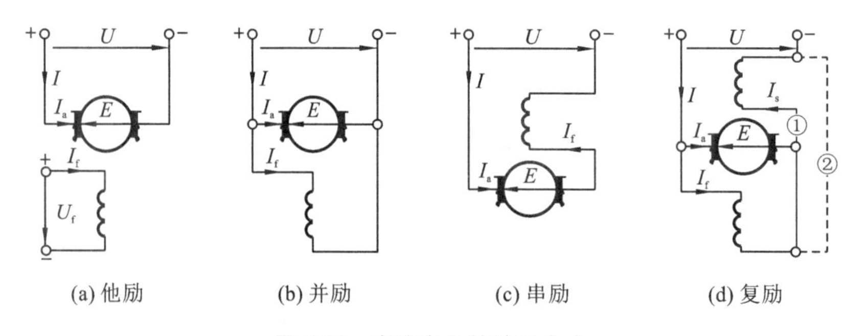

图 6-10　直流电机的励磁方式

6.2　直流电机主要尺寸参数的确定

一、直流电机的主要尺寸

直流电机的主要尺寸为电枢外径 D_a 和电枢计算长度 l_a 等。常见的直流电动机如图 6-11 所示。

设计开始决定主要尺寸时，可根据 P_N/n_N 的比值由图 6-12 查得电枢的参考外径 D_a。小型直流电机常用电枢直径(单位：mm)有：70、83、106(105)、(120)、(132)、138、145、162(160)、167、180(185)、195、(210)、(240)、245、(260)、280、294(300)、327(340)、368(390)、423、(450)、493、

图 6-11　常见的直流电动机

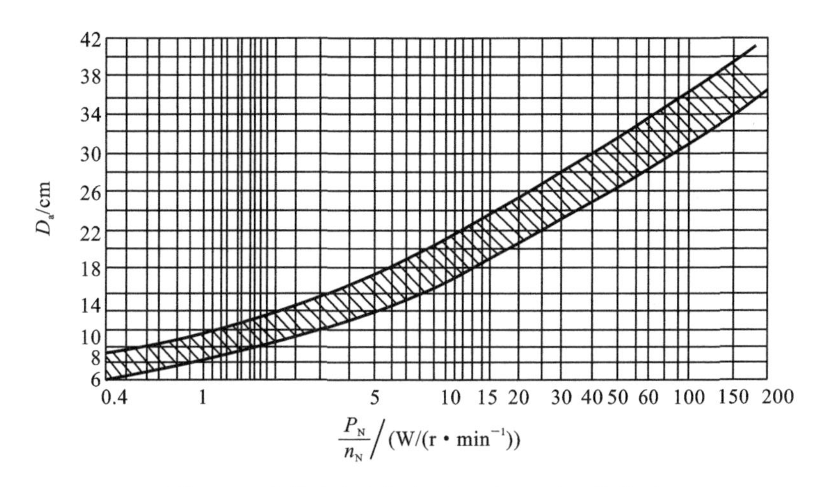

图 6-12　直流电机电枢直径 D_a 与 P_N/n_N 的关系

(510)。其中,不带括号的值为 Z2 系列电机的电枢直径,带括号的值则为 Z4 系列的电枢直径。

考虑到机械强度方面的要求,所选电枢的圆周速度通常不宜超过 35～55 m/s,较小的电机取下限。电枢圆周速度按式(6-1)计算。

$$v_a = \frac{\pi D_a n_N}{6\ 000} \tag{6-1}$$

选定电枢外径 D_a 后,可参照经验选取电枢计算长度 l_a,中小型自通风直流电机的 l_a/D_a 比值一般在 0.4～1.2 范围内,新系列强迫通风的直流电机的 l_a/D_a 的比值范围为 0.6～2.0。

二、直流电机的磁极和气隙

对直流电机磁极数的选择,应综合考虑电机的运行性能和经济指标。在确定电枢直径和气隙磁通密度后,枢中电机气隙总磁通为一定值。极数增加,每极磁通减少,则磁轭用铁量减少,换向器和电枢端部长度缩短,铜重减轻,电机外形尺寸缩小;极数增加时,制造更费工时,电枢中交变磁通频率增加,使铁耗及温升增加。另外,由于极距缩短使漏磁通增加,为此需要缩小极弧,从而使电机的主要尺寸增大。一般小型直流电机的极数为 2 或 4、电枢外径 $D_a \leqslant 120$ mm 时,用 2 极;$D_a > 120$ mm 时,则用 4 极。直流电机磁路示意图如图 6-13 所示。

直流电机的气隙 δ 为主极极靴的弧形面与电枢外圆表面之间的间隙,其大小对电机的性能有很大的影响。

一般用途的直流电机气隙可按选定的电磁负荷 A、B_δ 值由式(6-2)、式(6-3)确定。

对有换向极的电机:

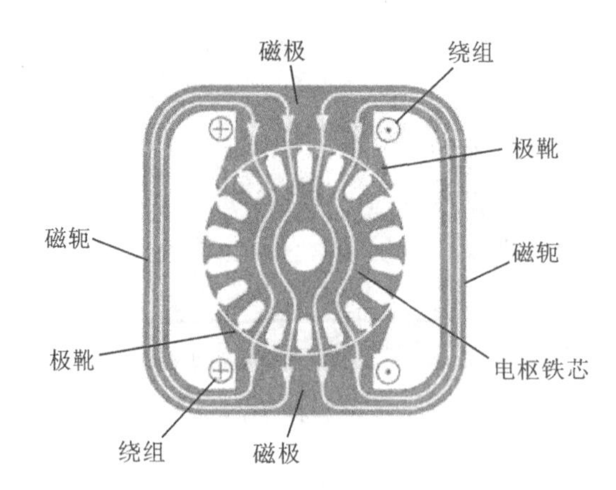

图 6-13　直流电机磁路示意图

$$\delta \geqslant (0.3 \sim 0.35)\frac{A}{B_\delta} \times 10^{-4} \tag{6-2}$$

对无换向极的电机：

$$\delta \geqslant (0.4 \sim 0.5)\frac{A}{B_\delta} \times 10^{-4} \tag{6-3}$$

直流电机的主极气隙有以下三种形式(见图 6-14)。

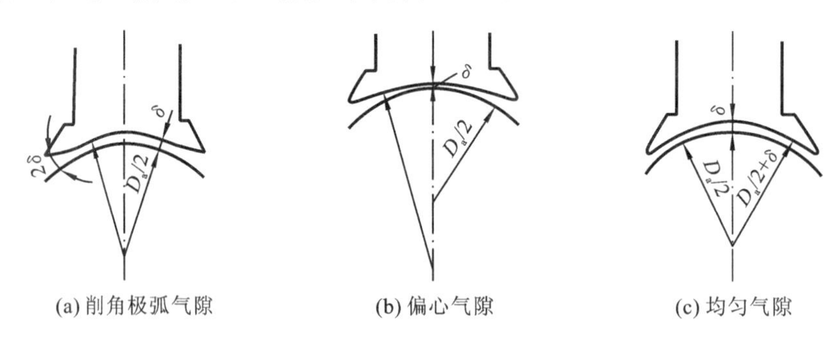

图 6-14　直流电机气隙

(1)削角极弧气隙。其极弧计算长度为 $b_p' = b_p$。

(2)偏心气隙。当 $\delta_{max} \leqslant 3\delta_{min}$ 时,计算等有效气隙 $\delta = 0.75\delta_{min} + 0.25\delta_{max}$,其极弧计算长度为 $b_p' = b_p$。

(3)均匀气隙。均匀气隙一般在带有补偿绕组的大中型电机中采用,其极弧计算长度为 $b_p' = b_p + 2\delta$。

三、直流电机的电枢槽

直流电机的电枢槽数 Z 的多少对电机的运行性能和经济性有很大影响。选择电枢槽数 Z 时,主要需要考虑以下几个方面。

1. 每极槽数

增加每极下的电枢槽数 $Z/2p$,可改善电机的换向性能,减少由磁通脉振引起的损耗和噪声,但 $Z/2p$ 过大,将使槽利用率降低和制造工时增加。一般小型直流电机常用的每极槽数为 6～12($D_a \leqslant 245$ mm)、7～14(294 mm $< D_a \leqslant 423$ mm)。为减少磁通脉振,常选取 $Z/2p$ 为奇数,有时还采用斜槽,其斜槽度约为齿距 t_a 的 0.5～1.0。

2. 电枢齿距

电枢槽数越多，齿距就越小，其齿根就越容易损坏。齿距 t_a 的常用限值如下。

①当 $D_a \leqslant 30$ cm 时，$t_a > 1.5$ cm；

②当 $D_a > 30$ cm 时，$t_a > 2.0$ cm。

3. 电枢槽数及换向器片数需要符合绕组的接线规律和绕组的对称条件

电枢槽数及换向器片数需要满足 $\frac{Z}{a}$=整数，$\frac{K}{a}$=整数，$\frac{2p}{a}$=整数三个条件。

直流电机的电枢槽一般选用梨形槽或矩形槽，梨形槽一般用在电枢外径 $D_a \leqslant 20$ cm 的小容量电机中，如图 6-15(a)、(b)所示，梨形槽实际槽形如图 6-16 所示。对于 $D_a > 20$ cm 的功率较大的直流电机宜选用扁导线，常采用全开口的矩形槽，如图 6-15(c)、(d)所示。槽形各具体尺寸按以下方法确定。

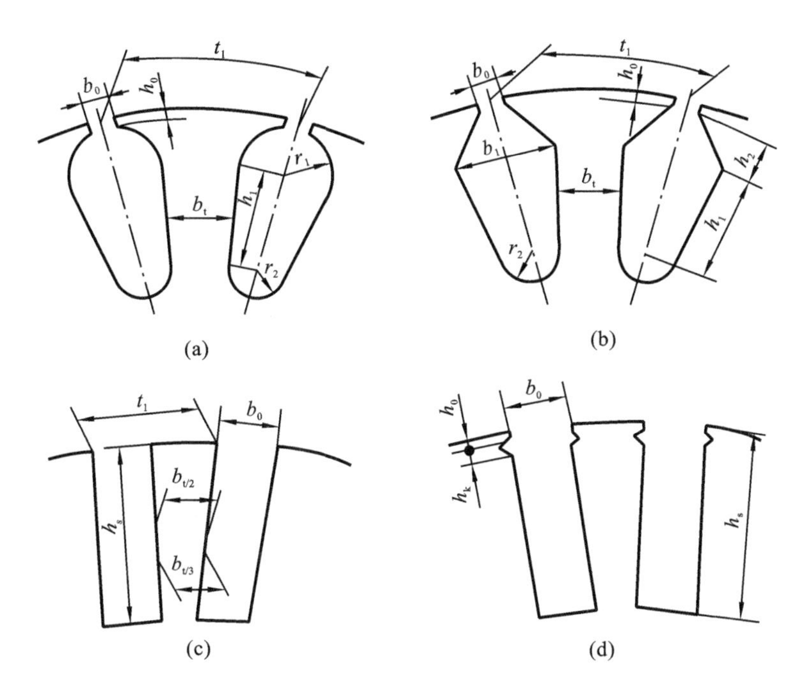

图 6-15　直流电机槽形

(1)槽口宽 b_0，为 0.3～0.4 cm，圆线直径较大时，宜取得大些。

(2)槽口高 h_0，为 0.08～0.1 cm。

(3)槽宽度：

$$b_1 = \frac{\pi(D_a - 2h_0 - 2h_2)}{Z} - b'_t \tag{6-4}$$

式中　h_2——取槽楔高；

b'_t——齿宽预计值，对于梨形槽，$b'_t = \frac{t_1 B_\delta}{0.93 B'_t}$，对于矩形槽的1/3齿高处，$b'_{t/3} = \frac{t_1 B_\delta}{0.93 B'_{t/3}}$，$B'_t$、$B'_{t/3}$ 为计算齿磁通密度时的预计值，对一般小型直流电机，在 1.8～1.96 T范围内。

图 6-16　梨形槽实际槽形

(4)齿宽 b_t=齿距－槽宽。

(5)槽顶半圆半径(可根据齿宽大小确定)。

$$r_1 = \frac{\frac{\pi}{Z}(D_a - 2h_0) - b'_t}{2\left(1 + \frac{\pi}{Z}\right)} \tag{6-5}$$

(6)槽底半径(按平行齿要求确定)。

$$r_2 = \frac{\frac{\pi}{Z}(D_a - 2h_s) - b'_t}{2\left(1 - \frac{\pi}{Z}\right)} \tag{6-6}$$

(7)齿平行部分高度。

$$h_1 = h_s - (h_0 + r_1 + r_2) \tag{6-7}$$

(8)电枢槽有效面积。

$$A_s = (r_1 + r_2 - 2\Delta_i)(h_1 + r_1 - \Delta_k - 2\Delta_i) + \pi/2\,(r_2 - \Delta_i)^2 + 2(r_1 + r_2)\Delta_i \tag{6-8}$$

式中　Δ_i——槽绝缘厚度；

Δ_k——槽楔高。

四、直流电机的电枢绕组

按照绕组元件与电机换向片之间不同的连线规律，直流电机的电枢绕组可分为叠绕组、波绕组等，如图6-17所示。各类型绕组分别单叠和复叠、单波和复波之分。中小型直流电机常采用单叠绕组或单波绕组。不同类型绕组之间的区别主要在于它们的并联支路数不同。

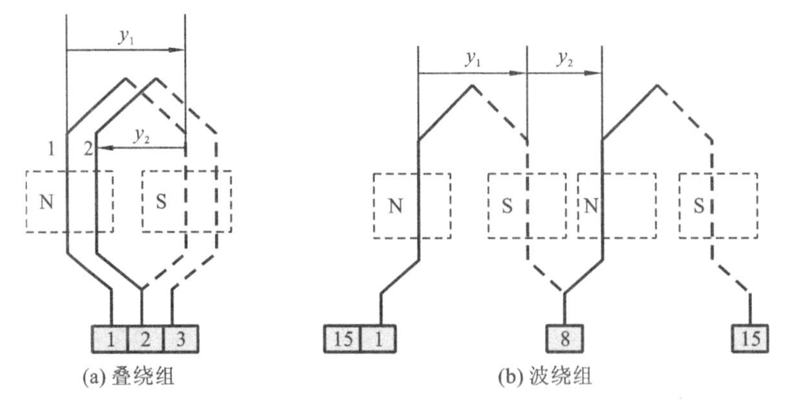

图6-17　电枢叠绕组、波绕组

当电枢电流 $I_a \geqslant 450 \sim 700$ A 时，一般采用单叠绕组，其并联支路数等于极数，即 $2a=2p$；当 $2p>2$ 时，由于支路数比波绕组多，此时，一般都需要采用均压线。对大功率或低电压、大电流的电机，还可采用复叠绕组，其并联支路数为 $2a=2mp$(m 为叠绕组的重路数)。

当电枢电流 $I_a<450$ A 时，一般采用单波绕组，支路数最少，但每支路中串联元件数较多，不需要均压线，结构简单。

在确定了电枢槽数及绕组的类型后，电枢绕组总导体数 N、每槽元件数 u、每元件匝数 W_a、换向片数 K、线规及均压线等可按以下各关系式确定。

(1)预设电枢总导体数。

$$N' = \frac{\pi D_a 2aA'}{I_a} \tag{6-9}$$

式中 A'——线负荷，由 D_a 参考图 D-1 选取。

(2)每槽元件数 u。

u 一般在 1～5 中选取，选取时要注意满足绕组的接线规律和对称条件。

(3)每元件匝数 $W_a = N'/(2Zu)$。

(4)计算电枢绕组。

一般电枢绕组平均半匝长 l_{aav} 按下式计算。

对矩形槽：

$$l_{aav} = 1.4\tau + l_a \tag{6-10}$$

对梨形槽：

$$p=4, \quad l_{aav}=1.1\tau+l_a$$

电枢绕组电阻为

$$R_a = \frac{l_{aav}N\rho}{100\ (2a)^2 A_{cu}} \tag{6-11}$$

式中 A_{cu}——电枢绕组导线的截面积，mm^2；

ρ——导线电阻率，$\Omega \cdot mm^2/m$。

五、电刷与换向器

电刷与换向器为直流电机的换向装置，是直流电机的关键部件，直接影响电机运行的可靠性。电机设计时，一般按直流电机的功率、电压、负载性质、运行方式、换向器圆周速度及运行环境等条件选用合适的电刷。电刷一般采用电化石石墨材料制成。

电刷的尺寸和实际电刷产品如图 6-18 所示。

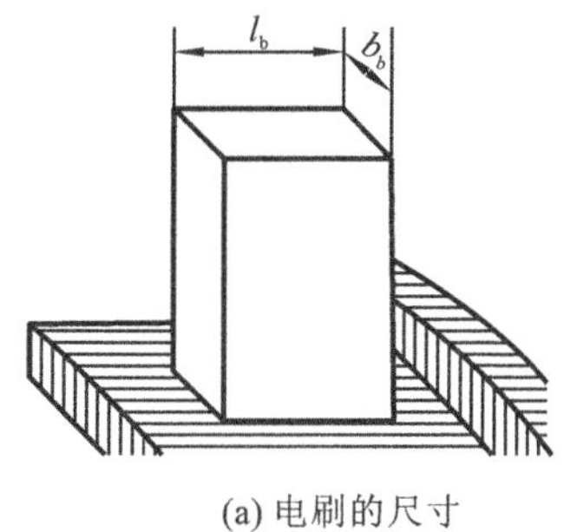

(a) 电刷的尺寸

(b) 实际电刷产品

图 6-18 电刷的尺寸和实际电刷产品

电枢的宽度 b_b 应保证电刷能覆盖绕组所要求的最少换向片数，其应满足式(6-12)。

$$b_b > (m+1)t_K \tag{6-12}$$

式中 m——绕组重路数；

t_K——换向器片距。

应优先选用较短的电刷，这样有利于电刷与换向器保持良好的接触，有利于散热。

电刷的宽度 b_b 应选择适当。如果 b_b 较小，则电刷长度 l_b 较长或电刷数增多，同时要相应增加换向器长度；如果 b_b 较大，则增大了换向区域宽度。所以，在换向区宽度允许的条件下，应选用较宽的电刷，以降低电抗电动势，缩短换向器长度。对 $b_b>2$ cm 的电刷，常采用并块电刷或分层电刷，以改善换向。

电刷刷杆数一般设计成与极数相同。每杆电刷数 n_b 按式(6-13)选取。

$$n_b \geqslant \frac{I_a}{pb_b l_b J_b} \tag{6-13}$$

式中 J_b——电刷的电流密度。

换向器的直径按相关标准选用。塑料套筒换向器示意图如图 6-19 所示，实际换向器产品如图 6-20 所示。

换向器工作表面的长度 l_K，取决于电刷的数目、电刷的尺寸、刷握的结构、电枢错位的距离、升高片的宽度，以及电机在运转时电枢的轴向窜动量等因素。对于小型电机，换向器长度 l_K 一般可按下式计算：

$$l_K = n_b(l_b + 0.5) + 1.5 + b_{Ke} \tag{6-14}$$

式中 b_{Ke}——升高片的宽度。

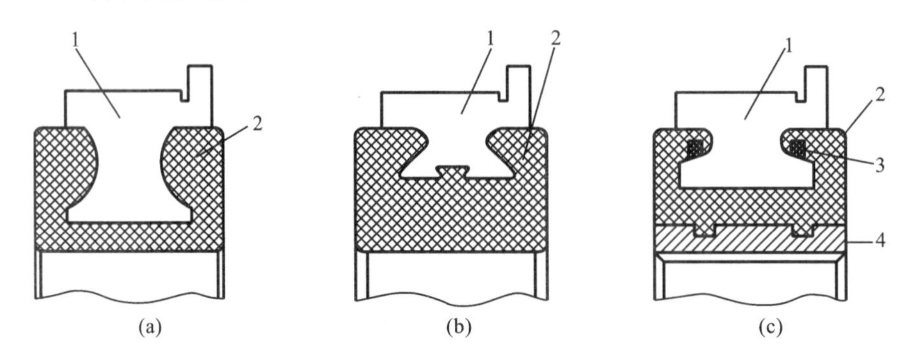

图 6-19 塑料套筒换向器示意图

1—换向器；2—塑料；3—加强环；4—钢制套筒

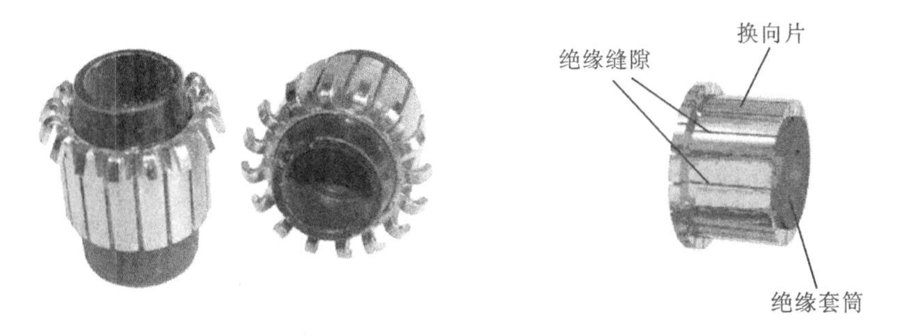

图 6-20 实际换向器产品

6.3 直流电机磁路及励磁计算

一、直流电机的磁路计算

直流电机每极气隙磁通(即主磁通)为

$$\Phi_N = \frac{60\ 000 E_{aN} a}{N p n_N} \tag{6-15}$$

式中 E_{aN}——额定负载时的电枢电动势，V，

$$E_{aN} = U_N \pm [I_a(R_a + R_k + R_c + R_s) + \Delta U_b] \tag{6-16}$$

式中 R_a、R_K、R_c、R_s——电枢绕组、换向极绕组、补偿绕组和串励绕组的电阻；

ΔU_b——正、负电刷压降，对石墨电刷及电化石墨电刷，取 $\Delta U_b=2$ V，对金属石墨电刷，取 $\Delta U_b=0.6$ V；发电机取“+”，电动机取“−”。

1. 气隙磁动势的计算

直流电机气隙磁动势在磁路总磁动势中所占比例最大，为 60%～80%。在气隙磁通和气隙长度 δ 已定的前提下，气隙磁动势的大小与电枢计算长度 l_a、极弧计算长度 b'_p 和气隙系数有关。下面以电枢槽是梨形槽为例分析气隙磁动势的计算过程。

(1)气隙最大磁密。

$$B_\delta=\frac{\Phi_N\times 10}{b'_p l_a} \tag{6-17}$$

对小型电机，通常选取 $B_\delta=0.6\sim0.85$ T。

(2)电枢槽气隙系数。

$$k_{\delta a}=\frac{(5\delta+b_0)t_1}{(5\delta+b_0)t_1-b_0^2} \tag{6-18}$$

(3)气隙系数。

$$k_\delta=k_{\delta a} \tag{6-19}$$

(4)气隙磁动势。

$$F_\delta=0.8k_\delta\delta B_\delta\times10^4 \tag{6-20}$$

2. 齿部磁动势的计算(以梨形槽为例)

电枢齿部磁通密度比气隙磁通密度大，二者的比值称为齿磁通密度系数。当电枢磁路不是很饱和时，由于齿部的磁导率比槽部的磁导率大得多，可认为主磁通全部进入齿部，即电枢齿部磁通密度与气隙磁通密度的比值只与其截面积之比有关。此时，齿部磁通密度可由气隙磁通密度乘以齿磁通密度系数求得。

(1)齿磁通密度系数。

$$K_{t/2}=\frac{t_1 l_a}{b_{t/2}K_{Fea}(l_a-N_v b_v)} \tag{6-21}$$

式中 N_v、b_v——铁芯中径向通风道数、宽度；

K_{Fea}——电枢铁芯叠压系数，采用 0.5 mm 厚的涂漆硅钢片时，取 $K_{Fea}=0.94$。

(2)电枢齿部磁通密度。

$$B_{ta}=K_{t/2}B_\delta \tag{6-22}$$

(3)齿部磁路计算长度。

$$L_{ta}=h_1+\frac{2}{3}(r_1+r_2) \tag{6-23}$$

(4)每极齿部磁动势。

$$F_{ta}=L_{ta}H_{ta} \tag{6-24}$$

式中 H_{ta}——电枢齿磁场强度，根据 B_{ta} 的值，由相应的磁化曲线查取。

(5)齿部磁通密度修正系数。

若部齿磁通密度 B_{ta} 大于 1.8 T，则齿部磁路较为饱和，有一部分磁通经槽部进入电枢轭，齿部磁通密度及磁位降均减小，计算时需要进行修正。根据齿部磁通密度修正系数 K_z 查图 6-21得校正后的齿磁场强度值。

齿部磁通密度修正系数为

$$K_z=\frac{l_a(r_1+r_2)}{b_{t/2}K_{Fea}(l_a-N_v b_v)} \tag{6-25}$$

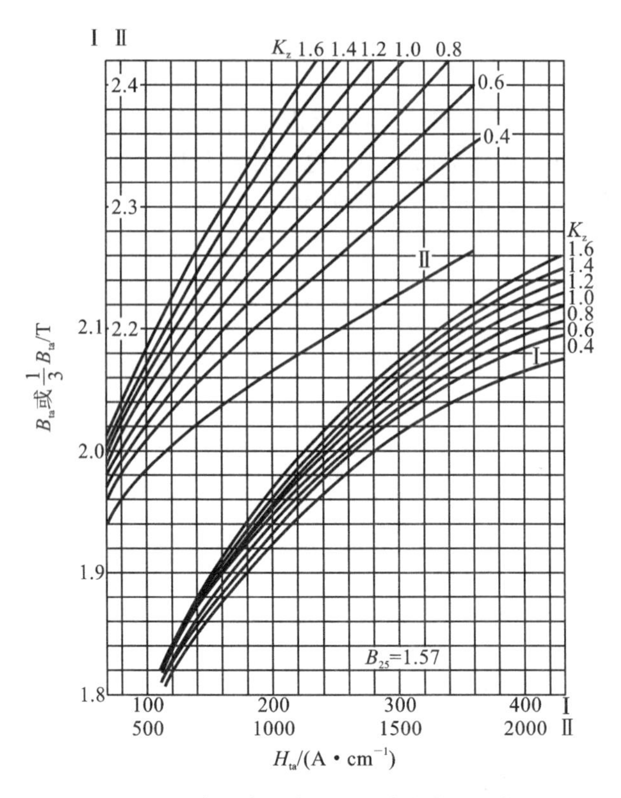

图 6-21　直流电机齿部磁通密度修正系数

3. 电枢轭部磁动势的计算

(1)电枢轭部计算高度。

$$h_a=\left(\frac{D_a-D_{ia}}{2}-h_s\right)+\frac{1}{3}r_2 \tag{6-26}$$

式中　D_{ia}——电枢内径。

(2)电枢轭部磁路截面积。

$$A_{ja}=K_{Fea}h_a l_a \tag{6-27}$$

(3)电枢轭部磁动势。

对于两极电机，由于轭部磁路相对较长，轭部磁通密度也较大，常分成两段进行计算：一段为电枢范围内的电枢轭；一段为极间范围内的电枢轭部。

①轭磁通密度。

对于两极电机：

$$\left.\begin{aligned}B_{ja1}&=\frac{\Phi_N}{2A_{ja}}\times 10\\B_{ja2}&=\frac{2}{3}B_{ja1}\end{aligned}\right\} \tag{6-28}$$

对于四极及以上电机：

$$B_{ja}=\frac{\Phi_N}{2A_{ja}}\times 10 \tag{6-29}$$

②电枢轭部磁路长度。

对于两极电机：

$$\left.\begin{aligned}L_{ja}&=\frac{\pi(D_a-2h_s-h_a)}{4p}\\L_{ja1}&=L_{ja}(1-\alpha_\delta)\\L_{ja2}&=L_{ja}\alpha_\delta\end{aligned}\right\}\tag{6-30}$$

对于四极及以上电机：

$$L_{ja}=\frac{\pi(D_a-2h_s-h_a)}{4p}\tag{6-31}$$

③每极轭部磁动势(根据极数分别计算)。

$$\left.\begin{aligned}F_{ja}&=L_{ja1}H_{ja1}+L_{ja2}H_{ja2}\\F_{ja}&=L_{ja}H_{ja}\end{aligned}\right\}\tag{6-32}$$

式中　H_{ja}——电枢轭部磁场强度，根据 B_{ja} 的值，由相应的磁化曲线查取。

4. 主磁极磁动势的计算

(1)主磁极磁通密度(电流电机主磁极如图6-22所示)。

$$B_m=\frac{\Phi_m}{K_{Fem}l_m b_m}\times 10\tag{6-33}$$

式中　Φ_m——主磁极磁通，等 $\sigma\Phi_N$(σ 为漏磁系数，一般 $\sigma=1.1\sim1.25$，极数较多时，取较大值)；

K_{Fem}——主磁极铁芯叠压系数，通常取 $K_{Fem}=0.93$、0.95。

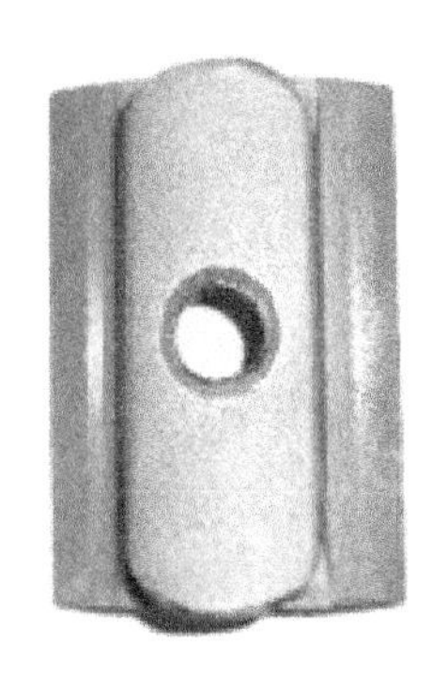

图6-22　直流电机主磁极

(2)主磁极磁路长度 L_{mt}。

$$L_{mt}=h_m\tag{6-34}$$

式中　h_m——主磁极高度，对小型圆形机座，$h_m=(0.35\sim0.45)D_a$，对八角形机座，$h_m=(0.15\sim0.25)D_a$。

(3)主磁极每极磁动势。

$$F_m=L_{mt}H_m\tag{6-35}$$

式中　H_m——主磁极磁场强度，根据主磁极所用材料的磁化曲线查取。

5. 机座轭部磁动势的计算

计算机座轭部磁动势首先要确定机座尺寸。

(1)机座长度。

$$l_j=l_a\times(1.8\sim2.2)\tag{6-36}$$

(2)机座轭部截面积。

$$A_j = \frac{\Phi_N \sigma \times 10}{2B_j'} \tag{6-37}$$

式中　B_j'——机座轭部磁通密度预计值，通常情况下，B_j'为 0.95～1.3 T。

(3)机座轭部高。

$$h_j = \frac{A_j}{l_j} \tag{6-38}$$

(4)机座内径。

$$D_{ij} = D_a + 2\delta + 2h_m \tag{6-39}$$

(5)机座外径。

$$D_j = D_{ij} + 2h_j \tag{6-40}$$

(6)机座轭部磁通密度。

$$B_j = \frac{\Phi_N \sigma}{2h_j l_j} \times 10 \tag{6-41}$$

(7)机座轭部磁路长度。

$$L_j = \frac{\pi(D_j - h_j)}{4p} \tag{6-42}$$

(8)机座轭部每极磁动势。

$$F_j = L_j H_j \tag{6-43}$$

式中　H_j——机座轭部磁场强度，根据相应的磁化曲线查取。

6. 每极磁动势的计算

$$F = F_\delta + F_{ta} + F_m + F_{ja} + F_j \tag{6-44}$$

二、直流电机的励磁绕组

直流电机的主磁极励磁方式主要有他励、并励及串励三种。除串励直流电机外，一般用途的直流电机主要用他(并)励绕组(见图 6-23)产生主磁场。直流电机额定负载工作时，每极励磁磁动势即为并(他)励绕组磁动势 F_f 与串励绕组磁动势 F_s 之和，且满足：

$$F_N + F_{qdN} = F_f + F_s \tag{6-45}$$

式中　F_N——产生额定磁通 Φ_N 所需的磁动势；

F_{qdN}——交轴电枢反应去磁磁动势。

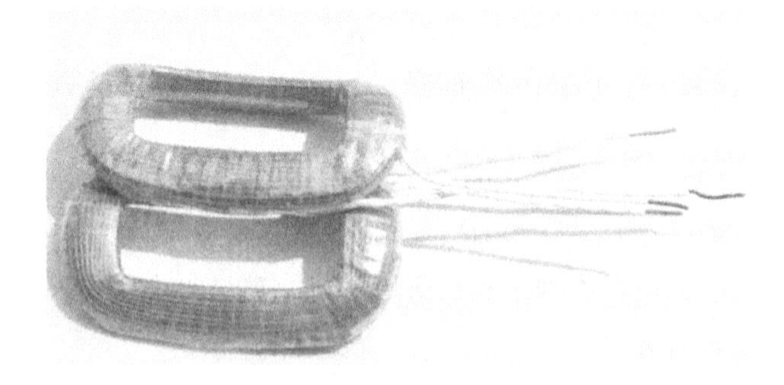

图 6-23　产生主磁场的励磁绕组

采用不同的励磁方式时，各励磁绕组的磁动势分配表如表 6-1 所示。

表 6-1　各励磁绕组的磁动势分配表

励磁方式	并(他)励		复　励	串　励	
串励绕组磁动势	$F_s=0$	$F_s \approx F_{qdN}$	$F_s > F_{qdN}$	$F_s=F_N+F_{qdN}$	$F_s=0.9(F_N+F_{qdN})$
并(他)励绕组磁动势	$F_f=F_N+F_{qdN}$	$F_f=F_N+F_{qdN}-F_s$	$F_f=F_N+F_{qdN}-F_s$	$F_f=0$	$F_f=0.1(F_N+F_{qdN})$
说明	纯并(他)励	电动机带有少量串励稳定绕组	调整值使其达到规定的电压或转速变化率	纯串励	带有少量起稳定作用的并励绕组，其磁动势约占总磁动势的 10%

1. 串励绕组设计

串励绕组的设计过程如下。根据电机的使用和特性要求，参考表 6-1 确定电机的励磁方式，初选串联绕组磁动势 F_s'。

(1)串励绕组匝数(取整数)。

$$W_s = \frac{F_s'}{I_a} \tag{6-46}$$

(2)每极串励绕组磁动势。

$$F_s = W_s I_a \tag{6-47}$$

(3)串励绕组导线线规 $a \times b$ 或 d/d_c、导线截面积 A_s。

(4)串励绕组电流密度。

$$J_s = \frac{I_a}{A_s} \tag{6-48}$$

(5)串励绕组平均匝长。

$$l_{sav} = 2(b_m + l_m + 2\Delta_m) + \pi b_{sb} \tag{6-49}$$

式中　Δ_m——主极铁芯表面与线圈内壁之间的距离；

b_{sb}——串励线圈的宽度。

(6)串励绕组电阻。

$$R_s = \frac{2pW_s l_{sav} \rho}{100A_s} \tag{6-50}$$

(7)串励绕组导线净重(kg)。

$$G_s = 2pW_s l_{sav} A_s \gamma \times 10^{-5} \tag{6-51}$$

2. 并(他)励绕组设计

并(他)励绕组的设计过程如下。

(1)并(他)励绕组平均匝长预计值。

$$l'_{fav} = 2(b_m + l_m + 2\Delta_m) \times (1.2 \sim 1.6) \tag{6-52}$$

(2)并(他)励绕组导线截面积预计值。

$$A'_{\mathrm{f}}=\frac{2pl'_{\mathrm{fav}}K'_{\mathrm{e}}F_{\mathrm{f}}\rho}{100U_{\mathrm{Nf}}} \tag{6-53}$$

式中　U_{Nf}——励磁绕组电压，并励绕组 $U_{\mathrm{Nf}}=U_{\mathrm{N}}$。

预计励磁裕量 K'_{e}，一般可在 1.05～1.15 范围内选取。

(3)实际选用的并(他)励绕组导线线规 d/d_{c} 及导线截面积 A_{f}。

(4)励磁电流。

$$I_{\mathrm{f}}=A_{\mathrm{f}}J'_{\mathrm{f}} \tag{6-54}$$

式中　J'_{f}——并(他)励绕组电流密度预计值，对 B 级绝缘铜线，一般取 $J'_{\mathrm{f}}=2.5\sim4.5\ \mathrm{A/mm^2}$。

(5)每极励磁匝数。

$$W_{\mathrm{f}}=\frac{F_{\mathrm{f}}}{I_{\mathrm{f}}} \tag{6-55}$$

(6)并(他)励绕组实际平均匝长。

$$l_{\mathrm{fav}}=2(b_{\mathrm{m}}+l_{\mathrm{m}}+2\Delta_{\mathrm{m}})+\pi b_{\mathrm{f}} \tag{6-56}$$

式中　b_{f}——励磁绕组宽度，当绕组绕制成斜角形状时，b_{f} 应是等效平均宽度。

(7)并(他)励绕组电阻。

$$R_{\mathrm{f}}=\frac{2pW_{\mathrm{f}}l_{\mathrm{fav}}\rho}{100A_{\mathrm{f}}} \tag{6-57}$$

(8)并(他)励绕组净重。

$$G_{\mathrm{f}}=2pW_{\mathrm{f}}l_{\mathrm{fav}}A_{\mathrm{f}}\gamma\times10^{-5} \tag{6-58}$$

(9)最大励磁电流。

$$I_{\mathrm{fmax}}=\frac{U_{\mathrm{Nf}}}{R_{\mathrm{fmax}}} \tag{6-59}$$

式中　R_{fmax}——并(他)励绕组在极限工作温度时的电阻。

(10)额定励磁电流。

$$I_{\mathrm{fN}}=\frac{F_{\mathrm{f}}}{W_{\mathrm{f}}} \tag{6-60}$$

(11)并(他)励绕组电流密度。

$$J_{\mathrm{f}}=\frac{I_{\mathrm{f}}}{A_{\mathrm{f}}} \tag{6-61}$$

(12)励磁裕量验算。

$$K_{\mathrm{e}}=\frac{I_{\mathrm{fmax}}}{I_{\mathrm{fN}}} \tag{6-62}$$

三、空载特性计算

电机空载运行时的气隙磁通与每极励磁磁动势的关系曲线为空载特性。

计算空载特性的方法为：在(0.5～1.2)Φ_{N} 的磁通范围内取 5～6 个不同的磁通值，按前述的磁路计算步骤，计算出对应于每个磁通值所需的每极磁动势；根据计算结果，即可绘成 $\Phi=f(\sum F)$ 空载特性曲线。

空载特性曲线可用来校核磁路各部分所选择的磁通密度是否合适。在空载时的额定电压处，直流电机气隙磁动势 F_{δ} 一般为总磁动势的 0.65～0.80 倍。

6.4 小型直流电动机电磁计算实例

一、额定数据

(1)额定功率。

$$P_N=5.5\ \text{kW}$$

(2)额定电压。

$$U_N=220\ \text{V}$$

(3)额定效率。

$$\eta_N=82\%$$

(4)额定电流。

$$I_N=\frac{P_N}{U_N\eta_N}\times 10^3=\frac{5.5}{220\times 0.82}\times 10^3\ \text{A}=30.49\ \text{A}$$

(5)额定转速。

$$n_N=1\ 500\ \text{r/min}$$

(6)电枢外径。

$$D_a=16\ \text{cm}$$

(7)电枢计算长度。

$$l_a=10\ \text{cm}$$

(8)极弧系数。

$$\alpha_\delta=0.62$$

(9)电枢圆周速度。

$$v_a=\frac{\pi D_a n_N}{6\ 000}=\frac{3.14\times 16\times 1\ 500}{6\ 000}\ \text{m/s}=12.56\ \text{m/s}$$

(10)极数。

$$2p=4$$

(11)气隙。

$$\delta=0.15\ \text{cm}$$

(12)极距。

$$\tau=\frac{\pi D_a}{2p}=\frac{3.14\times 16}{4}\ \text{cm}=12.56\ \text{cm}$$

(13)极弧长度。

$$b_p=\tau\alpha_\delta=12.56\times 0.62\ \text{cm}=7.787\ \text{cm}$$

(14)磁极极身长度。

$$l_m=l_a=10\ \text{cm}$$

(15)电枢槽数。

$$Z=30$$

二、电枢绕组设计

(16)绕组类型:选用单叠绕组。

(17)并联支路数。

$$2a=4$$

(18)电枢绕组的电流。

$$I_a=0.96I_N=0.96\times30.49\ \text{A}=29.27\ \text{A}$$

(19)预设电枢总导体数。

$$N'=\frac{\pi D_a 2aA'}{I_a}=\frac{3.14\times16\times4\times220}{29.27}=1\ 510.5$$

式中 A'——线负荷,由 D_a 参考图 D-1 选取。

取 $N'=1\ 511$。

(20)每槽元件数。

$$u=4(\text{一般取 } u=1\sim5)$$

(21)每元件匝数。

$$W_a=\frac{N'}{2Zu}=\frac{1\ 511}{2\times30\times4}=6.30$$

(22)电枢绕组总导体数。

$$N=2W_a uZ=2\times6.30\times4\times30=1\ 512$$

(23)线负荷。

$$A=\frac{I_a N}{2a\pi D_a}=\frac{29.27\times1\ 512}{4\times3.14\times16}\ \text{A/cm}=220.2\ \text{A/cm}$$

(24)电枢绕组导线线规。

$$\phi1.6\ \text{mm(内径)}/\phi1.67\ \text{mm(外径)}$$

(25)电枢绕组电流密度。

$$J_a=\frac{I_a}{2acA_{cu}}=\frac{29.27}{4\times1\times2.01}\ \text{A/mm}^2=3.64\ \text{A/mm}^2$$

式中 c——导体并绕根数,本算例 $c=1$;

A_{cu}——电枢绕组导线的截面积,本算例 $A_{cu}=3.14\times\left(\frac{1.6}{2}\right)^2\ \text{cm}^2=2.01\ \text{cm}^2$。

(26)预计满载感应电动势。

$$E'_N=0.93U_N=0.93\times220\ \text{V}=204.6\ \text{V}$$

(27)预计满载磁通。

$$\Phi_N=\frac{60\ 000E'_N a}{Npn_N}=\frac{60\ 000\times204.6\times2}{1\ 512\times2\times1\ 500}\ \text{mWb}=5.413\ \text{mWb}$$

(28)气隙最大磁密。

$$B_\delta=\frac{\Phi_N\times10}{b'_p l_a}=\frac{5.413\times10}{7.787\times10}\ \text{T}=0.695\ \text{T}$$

式中 b'_p——极弧计算长度,$b'_p=b_p=7.787$ cm。

(29)电枢齿槽尺寸。

本算例电枢槽为梨形槽,电枢齿槽尺寸按梨形槽公式计算,如图 6-14 所示,具体尺寸如下。

①齿顶齿距。

$$t_1=\frac{\pi D_a}{Z}=\frac{3.14\times16}{30}\ \text{cm}=1.675\ \text{cm}$$

②槽高。

$$h_s=2.8\ \text{cm}$$

③槽口宽。

$$b_0 = 0.45\ \text{cm}$$

④槽口高。

$$h_0 = 0.1\ \text{cm}$$

⑤梯形槽顶高。

$$h_{02} = 0.1\ \text{cm}$$

⑥齿宽预计值。

$$b'_t = \frac{t_1 B_\delta}{0.93 B'_t} = \frac{1.675 \times 0.695}{0.93 \times 1.8}\ \text{cm} = 0.677\ \text{cm}$$

⑦槽宽度。

$$b_1 = \frac{\pi(D_a - 2h_0 - 2h_2)}{Z} - b'_t = \frac{3.14(16 - 2\times 0.1 - 2\times 0.1)}{30}\ \text{cm} - 0.677\ \text{cm} = 0.956\ \text{cm}$$

式中　h_2——槽楔高。

⑧槽顶半圆半径。

$$r_1 = \frac{\frac{\pi}{Z}(D_a - 2h_0) - b'_t}{2\left(1 + \frac{\pi}{Z}\right)} = \frac{\frac{3.14}{30}(16 - 2\times 0.1) - 0.677}{2\left(1 + \frac{3.14}{30}\right)}\ \text{cm} = 0.44\ \text{cm}$$

⑨槽底半径。

$$r_2 = \frac{\frac{\pi}{Z}(D_a - 2h_s) - b'_t}{2\left(1 - \frac{\pi}{Z}\right)} = \frac{\frac{3.14}{30}(16 - 2\times 2.8) - 0.677}{2\left(1 - \frac{3.14}{30}\right)}\ \text{cm} = 0.23\ \text{cm}$$

⑩齿宽。

$$b_t = \frac{\pi(D_a - 2h_0 - 2h_{02})}{Z} - b_1 = \frac{3.14(16 - 2\times 0.1 - 2\times 0.1)}{30}\ \text{cm} - 0.956\ \text{cm} = 0.677\ \text{cm}$$

⑪齿平行部分高度。

$$h_1 = h_s - (h_0 + h_{02} + r_2) = 2.8 - (0.1 + 0.1 + 0.23)\ \text{cm} = 2.37\ \text{cm}$$

(30)电枢槽有效面积。

$$\begin{aligned} A_s &= (r_1 + r_2 - 2\Delta_i)(h_1 + r_1 - \Delta_k - 2\Delta_i) + \pi/2(r_2 - \Delta_i)^2 + 2(r_1 + r_2)\Delta_i \\ &= (0.44 + 0.23 - 2\times 0.05)\times(2.37 + 0.44 - 0.1 - 2\times 0.05)\ \text{cm}^2 \\ &\quad + \frac{\pi}{2}(0.23 - 0.05)^2 + 2\times(0.44 + 0.23)\times 0.05\ \text{cm}^2 = 1.606\ \text{cm}^2 \end{aligned}$$

式中　Δ_i——槽绝缘厚度，$\Delta_i = 0.05$ cm；

Δ_k——槽楔高，$\Delta_k = 0.1$ cm。

(31)每槽导体截面积。

$$A_d = 2cuW_a d_c^2 = 2\times 1\times 4\times 6.30\times 0.167^2\ \text{cm}^2 = 1.406\ \text{cm}^2$$

式中　d_c——导线外径(含绝缘层)，本算例 $d_c = \phi 0.167$ cm。

(32)槽满率。

$$S_f = \frac{A_d}{A_s}\times 100\% = \frac{1.406}{1.606}\times 100\% = 87.55\%$$

(33)电枢绕组槽节距。

$$y_s = \frac{Z}{2p} \pm \varepsilon_s = \left(\frac{30}{4} \pm 0.5\right)\ \text{mm} = (7.5 - 0.5)\ \text{mm} = 7\ \text{mm}$$

(34)电枢绕组换向器节距。

$$y_K=1\ \text{mm}(\text{单叠绕组})$$

(35)电枢绕组平均半匝长。

$$l_{aav}=1.1\tau+l_a=(1.1\times12.56+10)\ \text{cm}=23.82\ \text{cm}$$

(36)电枢绕组电阻。

$$R_a=\frac{l_{aav}N\rho}{100\ (2a)^2A_{cu}}=\frac{23.82\times1\ 512\times0.024\ 5}{100\times4^2\times2.01}\ \Omega=0.274\ \Omega$$

式中　ρ——导线电阻率，对铜导线，在 115 ℃时，$\rho=0.024\ 5\ \Omega\cdot\text{mm}^2/\text{m}$。

(37)电枢绕组铜重。

$$G_{aCu}=l_{aav}NA_{Cu}\gamma_d\times10^{-5}=23.82\times1\ 512\times2.01\times8.9\times10^{-5}\ \text{kg}=6.44\ \text{kg}$$

式中　γ_d——导线相对密度，铜为 8.9，铝为 2.7。

三、电刷与换向器设计

(38)换向器片数。

$$K=uZ=4\times30=120$$

(39)换向器直径。

$$D_K=0.78D_a=0.78\times16\ \text{cm}=12.5\ \text{cm}$$

(40)换向器片距。

$$t_K=\frac{\pi D_K}{K}=\frac{3.14\times12.5}{120}\ \text{cm}=0.327\ \text{cm}$$

(41)换向器片间平均电压。

$$U_{Kav}=\frac{2pU_N}{K}=\frac{4\times220}{120}\ \text{V}=7.33\ \text{V}$$

四、换向极设计

(42)电枢绕组节距缩短系数。

$$\varepsilon_k=\left|\frac{K}{2p}-uy_s\right|=\left|\frac{120}{4}-4\times7\right|=2$$

(43)中性区宽度。

$$b_N=(1-\alpha_\delta)\tau=(1-0.62)\times12.56\ \text{cm}=4.77\ \text{cm}$$

(44)电刷覆盖换向器片数。

$$\beta_b=\frac{b_b}{t_K}=\frac{1.25}{0.327}=3.82$$

式中　b_b——电刷的宽度，$b_b=1.25$ cm，所选电刷长度 $l_b=2.0$ cm。

(45)换向区域宽度。

$$b_K=t_K\frac{D_a}{D_K}\left(u+\beta_b+\varepsilon_k-\frac{a}{p}\right)=0.327\times\frac{16}{12.5}\times\left(4+3.82+2-\frac{2}{2}\right)\ \text{cm}=3.70\ \text{cm}$$

(46)换向区占中性区宽。

$$\frac{b_K}{b_N}=\frac{3.70}{4.77}=0.77$$

(47)换向极极靴长。

$$l_{pK}=l_a=10\ \text{cm}$$

(48)换向极极靴宽度。

$$b_{pK}=2.0\ \text{cm}$$

(49)换向极极身长。

$$l_{mK}=10\ \text{cm}$$

(50)换向极极身宽度。

$$b_{mK}=2.0\ \text{cm}$$

(51)换向极气隙。

$$\delta_K=0.45\ \text{cm}$$

(52)换向极气隙系数。

$$K_{\delta K}=\frac{(5\delta_K+b_0)t_1}{(5\delta_K+b_0)t_1-b_0^2}=\frac{(5\times0.45+0.45)\times1.675}{(5\times0.45+0.45)\times1.675-0.45^2}=1.047$$

(53)槽比漏磁导系数。

$$\lambda_s=\frac{h_0}{b_0}+\frac{h_1}{3(r_1+r_2)}+0.623=\frac{0.1}{0.45}+\frac{2.37}{3\times(0.44+0.23)}+0.623=2.024$$

(54)齿端比漏磁导系数。

中小型电机有换向极时：

$$\lambda_t=0.15\frac{b_{pK}}{\delta_K k_{\delta K}}$$

小型电机梨形槽无换向极时：

$$\lambda_t=0.73\times\lg\frac{\pi t_1}{b_0}$$

本算例有换向极，有

$$\lambda_t=0.15\frac{b_{pK}}{\delta_K k_{\delta K}}=0.15\times\frac{2.0}{0.45\times1.047}=0.637$$

(55)绕组端部比漏磁导系数。

$$\lambda_e=K_1\frac{l_e}{l_a}=0.75\times\frac{8}{10}=0.6$$

式中 l_e——绕组端部长度，本算例 $l_e=8$ cm；

K_1——与端部绑扎材料有关，对磁性绑扎材料，$K_1=0.75$；对非磁性绑扎材料，$K_1=0.5$。

(56)电感系数。

$$K_\beta=9.2(\text{查图 D-2})$$

(57)平均比磁导。

$$\xi=0.4\pi\left[\frac{K_\beta}{2\beta}(\lambda_s+\lambda_t)\frac{l_{Fe}}{l_a}+\lambda_e\right]=0.4\times3.14\times\left[\frac{9.2}{2\times3.82}\times(2.024+0.637)\times\frac{10}{10}+0.6\right]=4.78$$

式中 l_{Fe}——电枢净铁芯长度。

(58)换向电动势。

$$e_r=2\xi Al_a v_a W_a\times10^{-6}=2\times4.78\times220.2\times10\times12.56\times6.30\times10^{-6}\ \text{V}=1.67\ \text{V}$$

(59)换向极气隙磁通密度。

$$B_K=\left(\xi A\frac{l_a}{l_{pK}}+1.25\frac{A}{1-\alpha_\delta}\cdot\frac{l_a-l_{pK}}{l_{pK}}+\frac{\Delta U_b a\times10^6}{2pW_a v_a l_{pK}\beta}\right)\times10^{-4}$$

$$=\left(4.78\times220.2\times\frac{10}{10}+1.25\times\frac{220.2}{1-0.62}\times\frac{10-10}{10}+\frac{0.75\times2\times10^6}{4\times6.30\times12.56\times10\times3.82}\right)\times10^{-4}\ \text{T}$$

$$=0.118\ \text{T}$$

式中　l_{pK}——换向极极靴长度，当换向极极数为主极极数的一半时，应以 $l_{pK}/2$ 值替代；

ΔU_b——前、后电刷边的电压降之差，对石墨电刷，取 0.75 V；

W_a——电枢每元件匝数，当波绕组只用正、负两个电刷时，每元件匝数应乘以极对数。

(60)额定负载时换向极磁通。

$$\Phi_K = B_K l_{pK} b_{pK} \times 10^{-1} = 0.118 \times 10 \times 2.0 \times 10^{-1}\ \text{mWb} = 0.236\ \text{mWb}$$

(61)换向极极身磁通。

$$\Phi_{mK} = \sigma_K \Phi_K = 3 \times 0.236\ \text{mWb} = 0.708\ \text{mWb}$$

式中　σ_K——换向极漏磁系数，无补偿绕组时，取 2.5～3.5，有补偿绕组时，取 1.5～3，这里取 3。

(62)换向极极身磁通密度。

$$B_{mK} = \frac{\Phi_{mK}}{K_{Fe} l_{mK} b_{mK}} \times 10 = \frac{0.708}{0.96 \times 10 \times 2.0} \times 10\ \text{T} = 0.369\ \text{T}$$

(63)过载时换向极极身磁通密度。

$$B_{mK\max} = K_i B_{mK} = 2 \times 0.369\ \text{T} = 0.738\ \text{T}$$

式中　K_i——电机过载倍数，$K_i = I_{N\max}/I_N$。

(64)换向极气隙 B_K 所需匝数。

$$W_i = \frac{1.1 \times 0.8 B_K \delta_K K_{\delta K} a_K}{I_a} \times 10^4 = \frac{1.1 \times 0.8 \times 0.118 \times 0.45 \times 1.047 \times 1}{29.27} \times 10^4 = 16.71$$

式中　a_K——换向极绕组的并联支路数。

(65)抵消电枢反应所需匝数。

$$W_{dp} = (N - 2pW_a\beta)\frac{\frac{Z}{2p} - \frac{\varepsilon_K}{u}}{4aZ} = (1\,512 - 4 \times 6.30 \times 3.82) \times \frac{\frac{30}{4} - \frac{2}{4}}{4 \times 2 \times 30} = 41.29$$

(66)换向极每极匝数。

$$W_K = W_i + W_{dp} - W_c = 16.71 + 41.29 = 58.00$$

式中　W_c——补偿绕组匝数，无补偿时，$W_c = 0$。

(67)换向极安匝比。

$$\theta_K = \frac{8ap(W_K + W_c)}{N} = \frac{8 \times 2 \times 2 \times 58}{1\,512} = 1.228$$

(68)换向极绕组线规。

裸铜：　0.18 cm×0.5 cm

(69)换向极绕组导线截面积。

$$A_K = 8.637\ \text{mm}^2$$

(70)换向极绕组电流密度。

$$J_K = \frac{I_a}{A_K} = \frac{29.27}{8.637}\ \text{A/mm}^2 = 3.40\ \text{A/mm}^2$$

(71)换向极绕组尺寸。

换向极绕组采用多层扁绕排列，分 9 层，每层 5 匝。

线圈高　$h_{0K} = 3.0$ cm，线圈宽　$b_{0K} = 1.75$ cm。

(72)换向极绕组平均匝长(裸线扁绕时)。

多层线圈时：

$$l_{Kav} = 2(b_{mK} + l_{mK} + 2\Delta_{Kd}) + \pi b_{0K}$$

裸线扁绕时：

$$l_{\mathrm{Kav}}=2(l_{\mathrm{mK}}-2\Delta_{\mathrm{Kd}})+\pi(b_{\mathrm{mK}}+b_{0\mathrm{K}}+2\Delta_{\mathrm{Kd}})$$

式中　Δ_{Kd}——换向极铁芯与换向极绕组内壁之间的距离，$\Delta_{\mathrm{Kd}}=2\ \mathrm{mm}$；

$b_{0\mathrm{K}}$——换向极绕组线圈高度。

本算例

$$\begin{aligned}l_{\mathrm{Kav}}&=2(l_{\mathrm{mK}}-2\Delta_{\mathrm{Kd}})+\pi(b_{\mathrm{mK}}+b_{0\mathrm{K}}+2\Delta_{\mathrm{Kd}})\\&=2\times(10-2\times0.2)\ \mathrm{cm}+3.14(2.0+1.75+2\times0.2)\ \mathrm{cm}\\&=32.231\ \mathrm{cm}\end{aligned}$$

(73)换向极绕组铜重。

$$G_{\mathrm{K}}=2p_{\mathrm{K}}W_{\mathrm{K}}l_{\mathrm{Kav}}A_{\mathrm{K}}\gamma\times10^{-5}=4\times58\times32.231\times8.637\times8.9\times10^{-5}\ \mathrm{kg}=5.748\ \mathrm{kg}$$

式中　P_{K}——换向极极数。

(74)换向极绕组电阻。

$$R_{\mathrm{K}}=\frac{2p_{\mathrm{K}}W_{\mathrm{K}}l_{\mathrm{Kw}}\rho}{100A_{\mathrm{K}}}=\frac{4\times58\times32.231\times0.0245}{100\times8.637}\ \Omega=0.212\ \Omega$$

五、磁路计算

(75)每极气隙主磁通。

$$\Phi_{\mathrm{N}}=\frac{60\,000E_{\mathrm{aN}}a}{Npn_{\mathrm{N}}}=\frac{60\,000\times203.8\times2}{1\,512\times2\times1\,500}\ \mathrm{mWb}=5.391\ \mathrm{mWb}$$

式中，

$$\begin{aligned}E_{\mathrm{aN}}&=U_{\Phi\mathrm{N}}-[I_{\mathrm{a}}(R_{\mathrm{a}}+R_{\mathrm{k}}+R_{\mathrm{c}}+R_{\mathrm{s}})+\Delta U_{\mathrm{b}}]\\&=220\ \mathrm{V}-[29.27\times(0.274+0.212)+2]\ \mathrm{V}\\&=203.8\ \mathrm{V}\end{aligned}$$

(76)气隙磁通密度。

$$B_{\delta}=\frac{\Phi_{\mathrm{N}}\times10}{b_{\mathrm{p}}{}'l_{\mathrm{a}}}=\frac{5.391\times10}{7.787\times10}\ \mathrm{T}=0.692\ \mathrm{T}$$

(77)气隙系数。

$$k_{\delta}=k_{\delta\mathrm{a}}k_{\delta\mathrm{c}}k_{\delta\mathrm{d}}k_{\delta\mathrm{g}}$$

$$k_{\delta\mathrm{a}}=\frac{(5\delta+b_0)t_1}{(5\delta+b_0)t_1-b_0^2}=\frac{(5\times0.15+0.45)\times1.675}{(5\times0.15+0.45)\times1.675-0.45^2}=1.113$$

(78)每极气隙磁动势。

$$F_{\delta}=0.8k_{\delta}\delta B_{\delta}\times10^4=0.8\times1.113\times0.15\times0.692\times10^4\ \mathrm{A}=924.24\ \mathrm{A}$$

(79)齿部磁通密度系数(根据选用的槽形进行计算)。

$$K_{\mathrm{t}/2}=\frac{t_1l_{\mathrm{a}}}{b_{\mathrm{t}/2}K_{\mathrm{Fea}}(l_{\mathrm{a}}-N_{\mathrm{v}}b_{\mathrm{v}})}=\frac{1.675\times10}{0.677\times0.94\times(10-0)}=2.63$$

(80)电枢齿部磁通密度。

$$B_{\mathrm{ta}}=K_{\mathrm{t}/2}B_{\delta}=2.63\times0.692\ \mathrm{T}=1.820\ \mathrm{T}$$

查表 B-7 得：$H_{\mathrm{ta}}=122\ \mathrm{A/cm}$。

(81)齿部磁路计算长度。

$$L_{\mathrm{ta}}=h_1+\frac{2}{3}(r_1+r_2)=2.37\ \mathrm{cm}+\frac{2}{3}(0.44+0.23)\ \mathrm{cm}=2.82\ \mathrm{cm}$$

(82)每极齿部磁动势。

$$F_{\mathrm{ta}}=L_{\mathrm{ta}}H_{\mathrm{ta}}=2.82\times122\ \mathrm{A}=344.04\ \mathrm{A}$$

(83)电枢轭部磁通密度。

$$B_{ja}=\frac{\Phi_N}{2K_{Fea}h_a l_a}\times 10=\frac{5.391\times 10}{2\times 0.94\times 2.28\times 10}\ \mathrm{T}=1.258\ \mathrm{T}$$

式中　h_a——电枢轭部计算高度。

$$h_a=\left(\frac{D_a-D_{ia}}{2}-h_s\right)+\frac{1}{3}r_2=\left(\frac{16-6}{2}-2.8\right)\ \mathrm{cm}+\frac{1}{3}\times 0.23\ \mathrm{cm}=2.28\ \mathrm{cm}$$

查表 B-7 得:$H_{ja}=7.05\ \mathrm{A/cm}$。

(84)电枢轭部磁路长度。

$$L_{ja}=\frac{\pi(D_a-2h_s-h_a)}{4p}=\frac{3.14(16-2\times 2.8-2.28)}{4\times 2}\ \mathrm{cm}=3.19\ \mathrm{cm}$$

(85)每极轭部磁动势。

$$F_{ja}=L_{ja}H_{ja}=3.19\times 7.05\ \mathrm{A}=22.5\ \mathrm{A}$$

(86)主极磁通密度。

$$B_m=\frac{\Phi_m}{K_{Fem}l_m b_m}\times 10=\frac{1.15\times\Phi_N}{0.95\times 10\times 4.7}\times 10\ \mathrm{T}=1.39\ \mathrm{T}$$

式中　l_m——主磁极长度 $l_m=l_a=10\ \mathrm{cm}$;

b_m——主磁极极身宽,

$$b_m=\frac{\sigma\Phi_N}{K_{Fem}l_m B_m'}\times 10=\frac{1.15\times 5.391}{0.95\times 10\times 1.4}\times 10\ \mathrm{cm}=4.7\ \mathrm{cm}$$

式中　σ——磁极漏磁系数,$\sigma=1.15$;

B_m'——磁极极身磁密初选值,$B_m'=1.4\ \mathrm{T}$。

查表 B-7 得:$H_m=11.0\ \mathrm{A/cm}$。

(87)主极磁路长。

$$L_{mt}=h_m=0.25D_a=4\ \mathrm{cm}$$

(88)主极每极磁动势。

$$F_m=L_{mt}H_m=4\times 11.0\ \mathrm{A}=44.0\ \mathrm{A}$$

(89)机座尺寸。

①机座长度。

$$l_j=l_a\times(1.8\sim 2.2)=18\sim 22\ \mathrm{cm},\text{取 }20\ \mathrm{cm}$$

②机座轭部截面积。

$$A_j=\frac{\Phi_N\sigma\times 10}{2B_j'}=\frac{5.391\times 1.15\times 10}{2\times 1.15}\ \mathrm{cm}^2=26.955\ \mathrm{cm}^2$$

③机座轭部磁通密度预计值。

$$B_j'=1.15$$

④机座轭部高。

$$h_j=\frac{A_j}{l_j}=\frac{26.955}{20}\ \mathrm{cm}=1.35\ \mathrm{cm}$$

⑤机座内径。

$$D_{ij}=D_a+2\delta+2h_m=(16+2\times 0.15+2\times 4)\ \mathrm{cm}=24.3\ \mathrm{cm}$$

⑥机座外径。

$$D_j=D_{ij}+2h_j=(24.3+2\times 1.35)\ \mathrm{cm}=27\ \mathrm{cm}$$

(90)机座轭部磁通密度。

$$B_j=\frac{\Phi_N\sigma}{2h_jl_j}\times10=\frac{1.15\times10}{2\times1.48\times24}\times\Phi_N=0.162\Phi_N=1.148\ \text{T}$$

查附录表 B-7 得：$H_j=5.27$ A/cm。

(91)机座轭部磁路长度。

$$L_j=\frac{\pi(D_j-h_j)}{4p}=\frac{3.14\times(27-1.35)}{4\times2}\ \text{cm}=10.07\ \text{cm}$$

(92)机座轭部每极磁动势。

$$F_j=L_jH_j=53.1\ \text{A}$$

(93)每极磁动势。

$$F=F_\delta+F_{ta}+F_m+F_{ja}+F_j=(924.24+344.04+44+22.5+53.1)\ \text{A}=1\ 387.88\ \text{A}$$

(94)空载特性计算(见表 6-2)，在$(0.5\sim1.2)\Phi_N$ 的磁通范围内取 5～6 个不同值计算每极磁动势，绘成 $\Phi=f(\sum F)$空载特性曲线。

表 6-2 空载特性计算

Φ/Φ_N	0.5	0.8	0.9	1	1.05	1.1	1.15
Φ/mWb	2.695 5	4.312 8	4.851 9	5.391	5.661	5.930 1	6.199 65
$B_\delta=0.128\ 36\Phi$/T	0.346 0	0.553 6	0.622 9	0.692	0.726 6	0.761 2	0.795 8
$B_{ta}=2.630B_\delta$/T	0.910	1.456	1.638	1.820	1.911	2.002	2.093
$B_{ja}=0.233\Phi$/T	0.628 1	1.005	1.130	1.258	1.319	1.382	1.445
$B_m=0.257\Phi$/T	0.692 7	1.108 3	1.246 9	1.388	1.455	1.524	1.593
$B_j=0.213\Phi$/T	0.574 1	0.918 6	1.033 5	1.148	1.206	1.263	1.321
H_{ta}/(A/cm)	2.97	14	40	122	170	—	—
H_{ja}/(A/cm)	1.83	3.68	5	7.05	8.39	10.7	13.5
H_m/(A/cm)	2	4.62	6.9	11.0	14.1	19.3	29
H_j/(A/cm)	1.70	3	3.90	5.27	6.13	7.3	8.4
$F_\delta=1\ 335.6B_\delta$/A	462.12	739.39	831.95	924.24	970.45	1 016.39	1 062.87
$F_{ta}=2.82H_{ta}$/A	6.771 6	31.92	91.2	344.04	387.6	—	—
$F_{ja}=3.19H_{ja}$/A	5.837 7	11.739 2	15.95	22.5	26.764 1	34.133	43.065
$F_m=4H_m$/A	8	18.48	27.6	44	56.4	77.2	116
$F_j=10.08H_j$/A	17.136	30.24	39.312	53.1	61.790 4	73.584	84.672
$\sum F$/A	499.87	821.77	1 006.01	1 387.88	1 503.00	—	—

求取额定负载时电枢反应去磁安匝 F_{qdN}，用作图法求得：$H_G=F_{qdN}=200$ A。

六、励磁绕组设计

参考表 6-2 确定电机的励磁方式为并励。

$$F_f=F_N+F_{qdN}=(1\ 387+200)\ \text{A}=1\ 587\ \text{A}$$

(一)采用串励方式时的设计程序

(95)初选串励绕组磁动势。

$$F_s'$$

(96)串励绕组匝数。

$$W_s=\frac{F_s'}{I_a}\text{,取整数}$$

(97)每极串励绕组磁动势。

$$F_s=W_sI_a$$

(98)串励绕组电流密度。

$$J_s=\frac{I_a}{A_s}$$

(99)串励绕组平均匝长。

$$l_{sav}=2(b_m+l_m+2\Delta_m)+\pi b_{sb}$$

式中　Δ_m——主极铁芯表面与线圈内壁之间距离；

b_{sb}——串励线圈宽度。

(100)串励绕组电阻。

$$R_s=\frac{2pW_sl_{sav}\rho}{100A_s}$$

(101)串励绕组导线净重。

$$G_s=2pW_sl_{sav}A_s\gamma\times10^{-5}\ \text{kg}$$

(二)采用并(他)励方式时的设计程序

(102)并励绕组预计平均匝长。

$$l_{fav}'=2(b_m+l_m+2\Delta_m)\times(1.2\sim1.6)=2\times(4.7+10+2\times0.2)\times1.26\ \text{cm}=38.052\ \text{cm}$$

式中　b_m——主极极身宽度，$b_m=4.7$ cm。

(103)预计励磁裕量。

$$K_e'=1.1$$

(104)并励绕组导线预计截面积。

$$A_f'=\frac{2pl_{fav}'K_e'F_f\rho}{100U_{Nf}}=\frac{4\times38.052\times1.1\times1\ 587\times0.024\ 5}{100\times220}\ \text{mm}^2=0.296\ \text{mm}^2$$

(105)并励绕组导线线规。

$$\phi0.59\ \text{mm}/\phi0.62\ \text{mm}$$

(106)并励绕组导线预计截面积。

$$A_f=0.302\ \text{mm}^2$$

(107)励磁电流。

$$I_f=A_fJ_f'=0.302\times3.5\ \text{A}=1.057\ \text{A}$$

式中　J_f'——并励绕组电流密度预计值，对 B 级绝缘铜线，一般取 2.5～4.5 A/mm^2，这里取 $J_f'=3.5$ A/mm^2。

(108)每极励磁匝数。

$$W_f=\frac{F_f}{I_f}=\frac{1\ 587}{1.057}=1\ 501.4\text{，取 }1\ 502$$

(109)并(他)励绕组尺寸(每层匝数 29，厚 52 层)。

绕组高度 $h_f = d_c \times$ 每层匝数 $\times \alpha_h = 0.78 \times 29 \times 1.06 = 24.0\ \text{mm} = 2.4\ \text{cm}$

绕组宽度 $b_f = d_c \times$ 每极绕组层数 $\times \alpha_b = 0.78 \times 52 \times 0.95\ \text{mm} = 38.5\ \text{mm} = 3.85\ \text{cm}$

式中 α_h、α_b——绕组高度、宽度方向的松散系数。

(110)并励绕组实际平均匝长。

$$l_{fav} = 2(b_m + l_m + 2\Delta_m) + \pi b_f = 2 \times (4.7 + 10 + 2 \times 0.2)\ \text{cm} + 3.14 \times 3.85\ \text{cm} = 42.289\ \text{cm}$$

(111)并励绕组电阻。

$$R_{fmax} = \frac{2pW_f l_{fav}\rho}{100A_f} = \frac{4 \times 1\,502 \times 42.289 \times 0.024\,5}{100 \times 0.302}\ \Omega = 206.1\ \Omega$$

(112)并励绕组净重。

$$G_f = 2pW_f l_{fav} A_f \gamma \times 10^{-5} = 4 \times 1\,501 \times 42.289 \times 0.302 \times 8.9 \times 10^{-5}\ \text{kg} = 6.83\ \text{kg}$$

(113)最大励磁电流。

$$I_{fmax} = \frac{U_{Nf}}{R_{fmax}} = \frac{220}{206.1}\ \text{A} = 1.067\ \text{A}$$

(114)额定励磁电流。

$$I_{fN} = \frac{F_f}{W_f} = \frac{1\,587}{1\,502}\ \text{A} = 1.057\ \text{A}$$

(115)并励绕组电流密度。

$$J_f = \frac{I_{fN}}{A_f} = \frac{1.057}{0.302}\ \text{A/mm}^2 = 3.5\ \text{A/mm}^2$$

(116)验算励磁裕量。

$$K_e = \frac{I_{fmax}}{I_{fN}} = \frac{1.067}{1.057} = 1.01$$

七、损耗和效率计算

(117)电枢齿铁重。

$$G_{Fet} = 0.93 \times 7.8 \times Zb_{t\frac{1}{2}} h_s l_a \times 10^{-3} = 0.93 \times 7.8 \times 30 \times 0.677 \times 2.8 \times 10 \times 10^{-3}\ \text{kg} = 4.13\ \text{kg}$$

(118)电枢轭部铁重。

无轴向通风孔：

$$G_{Feja} = 0.93 \times 7.8 \times \pi(D_a - 2h_s - h_s) h_s l_a \times 10^{-3}$$

有轴向通风孔：

$$G_{Feja} = 0.93 \times 7.8 \times \frac{\pi}{4}[(D_a - 2h_s)^2 - D_{ia}^2 - n_v d_v^2] l_a \times 10^{-3}$$

本算例

$$\begin{aligned} G_{Feja} &= 0.93 \times 7.8 \times \pi(D_a - 2h_s - h_s) h_s l_a \times 10^{-3} \\ &= 0.93 \times 7.8 \times 3.14 \times (16 - 2 \times 2.8 - 2.8) \times 2.28 \times 10 \times 10^{-3}\ \text{kg} \\ &= 3.95\ \text{kg} \end{aligned}$$

式中 $h_a = \left(\dfrac{D_a - D_{ia}}{2} - h_s\right) + \dfrac{1}{3} r_2 = \left(\dfrac{16-6}{2} - 2.8\right)\ \text{cm} + \dfrac{0.23}{3}\ \text{cm} = 2.28\ \text{cm}$

(119)齿部铁耗。

$$p_{Fet} = K_{Fet} p_{10/50} \left(\frac{pn}{3\,000}\right)^{1.3} B_{t/2}^2 G_{Fet} = 1.8 \times 2.0 \times \left(\frac{2 \times 1\,500}{3\,000}\right)^{1.3} \times 1.689^2 \times 4.13\ \text{W} = 42.4\ \text{W}$$

(120)轭部铁耗。

$$p_{\rm Feja}=K_{\rm Feja}p_{10/50}\left(\frac{pn}{3\ 000}\right)^{1.3}B_{\rm ja}^2G_{\rm Feja}=1.4\times2.0\times\left(\frac{2\times1\ 500}{3\ 000}\right)^{1.3}\times1.258^2\times3.95\ \rm W=17.5\ W$$

式中　$p_{10/50}$——硅钢片的铁耗系数，查表 6-3；

$K_{\rm Fet}$、$K_{\rm Feja}$——齿部、轭部铁耗增大系数，根据经验，$K_{\rm Fet}=1.7\sim2$，$K_{\rm Feja}=1.3\sim1.5$。

表 6-3　厚度为 0.5 mm 的硅钢片的铁耗系数

硅钢片牌号	DR530—50	DR510—50	DR490—50	D25
$p_{10/50}$	2.2	2.1	2.0	1.8

(121)总损耗。

$$p_{\rm Fe}=p_{\rm Fet}+p_{\rm Feja}=(42.4+17.5)\ \rm W=59.9\ W$$

(122)电刷摩擦损耗。

$$p_{\rm fb}=9.81K_{\rm f}P_{\rm bp}A_{\rm b}v_{\rm K}=9.81\times0.25\times2.8\times3.5\times9.81\ \rm W=235\ W$$

式中　$K_{\rm f}$——电刷摩擦系数，一般为 0.2～0.25；

$P_{\rm bp}$——电刷压力，一般为(1.5～ 4)$\times10^{-2}$ MPa；

$A_{\rm b}$——电刷接触面积，$\rm cm^2$；

$v_{\rm K}$——换向器圆周速度，

$$v_{\rm K}=\frac{\pi D_{\rm K}n_{\rm N}}{6\ 000}=\frac{3.14\times12.5\times1\ 500}{6\ 000}\ \rm m/s=9.81\ m/s$$

(123)总机械损耗。

$$p_{\rm bfv}=p_{\rm fv}+p_{\rm fb}=(105+235)\ \rm W=340\ W$$

式中　$p_{\rm fv}$——轴承通风损耗，查图 D-3 得 $P_{\rm fv}=105$ W。

(124)杂散损耗。

无补偿电机时：

$$p_{\rm s}=0.01P_1$$

有补偿电机时：

$$p_{\rm s}=0.005P_1$$

本算例无补偿，故杂散损耗为

$$p_{\rm s}=0.01P_1=67.078\ \rm W$$

(125)励磁损耗。

$$p_{\rm f}=U_{\rm fN}I_{\rm fN}=220\times1.057\ \rm W=232.54\ W$$

(126)铜耗。

$$p_{\rm a}=I_{\rm a}^2(R_{\rm a}+R_{\rm s}+R_{\rm K}+R_{\rm c})=29.27^2\times(0.274+0.212)\ \rm W=416.37\ W$$

式中　$R_{\rm a}$、$R_{\rm s}$、$R_{\rm K}$、$R_{\rm c}$——电枢绕组、串励绕组、换向极绕组、补偿绕组在标准温度下的电阻。

(127)电刷压降损耗。

$$p_{\rm b}=\Delta U_{\rm b}I_{\rm a}=2\times29.27\ \rm W=58.54\ W$$

式中　$\Delta U_{\rm b}$——一对电刷的接触压降。

(128)总损耗。

$$\begin{aligned}\sum p&=p_{\rm a}+p_{\rm f}+p_{\rm b}+p_{\rm Fe}+p_{\rm bfv}+p_{\rm s}\\&=(416.37+232.54+58.54+59.9+340+67.078)\ \rm W\\&=1\ 174.428\ \rm W\end{aligned}$$

(129)输入功率。

$$P_1=U_N I_N=220\times 30.49\ \text{W}=6\ 707.8\ \text{W}$$

(130)输出功率。

$$P_2=U_N I_N-\sum p=(6\ 707.8-1\ 174.428)\ \text{W}=5\ 533.372\ \text{W}$$

(131)电机效率。

$$\eta_N=\frac{P_2}{P_1}\times 100\%=\frac{5\ 533.372}{6\ 707.8}\times 100\%=82.49\%$$

小　　结

(1)常用小型直流电机主要由定子(由机座、主磁极、换向极及相应的绕组组成)、转子(由电枢铁芯、电枢绕组和换向器组成)、端盖和轴承等部件组成。

(2)直流电机的主要额定值有额定功率 P_N、额定电压 U_N、额定电流 I_N、额定转速 n_N。

(3)励磁方式是指励磁绕组中励磁电流获得的方式。直流电流主要有他励、并励、串励和复励四种励磁方式。其中,复励又分积复励和差复励两种。

(4)在确定电枢直径和气隙磁通密度后,枢中电机气隙总磁通为一定值。极数增加,每极磁通减少,则磁轭用铁量减少,换向器和电枢端部长度缩短,铜重减轻,电机外形尺寸减小;极数增加时,制造更费工时,电枢中交变磁通频率增加,铁耗及温升增加。一般小型直流电机的极数为 2 或 4,电枢直径 $D_a\leqslant 120$ 时,用 2 极;$D_a>120$ 时,则用 4 极。

(5)直流电机的气隙 δ 为主极靴的弧形面与电枢内圆表面之间的间隙,其大小对电机的性能有很大的影响。直流电机的气隙分为削角极弧气隙、偏心气隙、均匀气隙三种。

(6)增加每极下的电枢槽数 $Z/2p$,可改善电机的换向性能,减少由磁通脉振引起的损耗和噪声,但 $Z/2p$ 过大,将使槽利用率降低和制造工时增加。一般小型直流电机常用的每极槽数为 6～12($D_a\leqslant 245$ mm)、7～14(294 mm$<D_a\leqslant 423$ mm)。为减少磁通脉振,常选取 $Z/2p$ 为奇数,有时还采用斜槽,其斜槽度约为齿距 t_a 的 0.5～1.0 倍。

第7章

永磁直流电动机设计

本章导读

永磁直流电动机(见图7-1)是用永磁体建立磁场的一种直流电动机。直流电动机采用永磁励磁后,既保留了电励磁直流电动机良好的调速特性和机械特性,又因省去了励磁绕组和不产生励磁损耗而具有结构工艺简单、体积小、用铜量少、效率高等特点。因而,永磁直流电动机广泛应用于各种便携式电子设备及家用电器中,如VCD机、录音机、电唱机等,也广泛应用于具有良好动态性能的精密速度和位置传动系统中,如录像机、复印机、照相机、精密机床等。

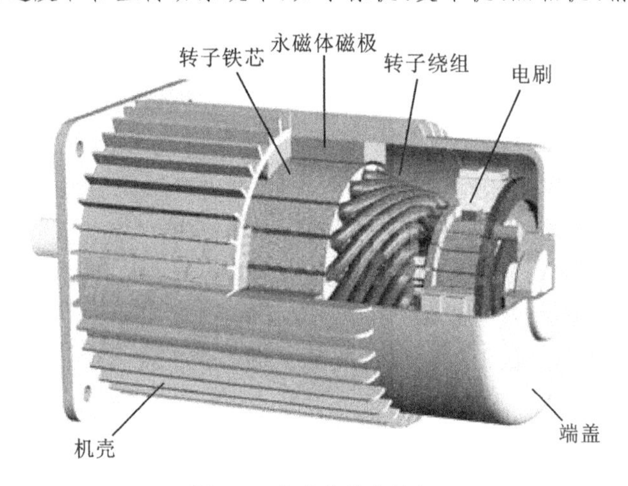

图7-1　永磁直流电动机

本章主要介绍永磁直流电动机的主要结构特点、励磁方式及主要尺寸的确定、电磁计算等。

学习目标

(1)掌握永磁直流电动机的基本结构、特点及磁极分布等。

(2)熟悉永磁直流电动机主要尺寸的确定,包括电枢设计、绕组设计等。

(3)熟悉常用永磁体材料的特性及永磁体磁路设计。

(4)熟悉永磁直流电动机设计流程及设计程序。

7.1　概　　述

电机是以磁场为媒介进行机械能和电能相互转换的电磁装置。建立机电能量转换所必需的气隙磁场可以有两种方法:一种是在电机绕组内通电流产生磁场,这需要有专门的绕组和相应的装置,如普通的直流电机;另一种是由永磁体来产生磁场,既可简化电机结构,又可节约能量,这就是永磁直流电机。直流电动机采用永磁励磁后,既保留了电励磁直流电动机良好的调速特性和机械特性,还因省去了励磁绕组和不产生励磁损耗而具有结构工艺简单、体积小、用铜量少、效率高等特点。因而，从家用电器、便携式电子设备、电动工具到要求有良好动态性能的精密速度和位置传动系统，都大量应用永磁直流电动机。

20 世纪以来，特别是 20 世纪 60、80 年代，铝镍钴永磁材料、铁氧体永磁材料，特别是稀土永磁材料相继问世，它们的大剩磁密度、大矫顽力、大磁能积和优异的磁性能特别适合制造电机。稀土永磁电机不仅可以取代许多传统的电励磁电机，而且具有传统的电励磁电机所难以达到的高性能。与电励磁电机相比，永磁电机，特别是稀土永磁电机具有以下几个显著优点：结构简单，运行可靠；体积小，质量轻；损耗小，效率高；电机的形状和尺寸可以灵活多样等。在 500 W 以下的微型直流电动机中，永磁直流电动机占 92%，而 10 W 以下的微型直流电动机中，永磁直流电动机占 99%以上。

永磁直流电动机的设计基本上与电励磁直流电动机的相同，主要差别在于励磁部分不同及由此而引起的结构形式和参数取值范围有差异，如磁钢材料的选取、结构类型的选定及磁钢工作点的确定等。永磁直流电动机的磁极结构多种多样，磁场分布复杂，计算准确度比电励磁直流电动机的低，而且永磁材料本身的性能在一定范围内波动，直接影响磁场的大小并使电动机性能产生波动。另外，永磁直流电动机制成后难以调节其性能。这些都增加了永磁直流电动机设计、计算的复杂性。除了采用电磁场数值计算等现代设计方法尽可能地提高计算准确性外，设计中要留有一定的裕度，并充分考虑永磁材料性能波动可能带来的影响。

7.2　主要尺寸及电磁参数的选取

一、主要尺寸确定

1. 基本关系式

(1)电枢绕组电势。

$$E_a = \frac{pN_a}{60_a} n_N \Phi_\delta K_p \tag{7-1}$$

式中　K_p——电枢绕组短距系数；

Φ_δ——每极气隙磁通量，Wb，按 $\Phi_\delta = \alpha_p \tau l_{ef} B_\delta \times 10^{-4}$（$\alpha_p$——极弧系数，$l_{ef}$——铁芯有效长度，cm，$\tau$——极距，cm，$\tau = \frac{\pi D}{2p}$）计算。

(2)线负荷。

$$A = \frac{I_a N_a}{2a\pi D} \tag{7-2}$$

式中　I_a——电枢绕组电流。

(3)主要尺寸。

永磁直流电动机的主要尺寸 D 和 l_{ef} 与电磁功率 P_{em} 有密切关系，在电机设计中一般用计算功率 P' 表示 P_{em}，即 $P' = E_a I_a$。

P' 一般根据给定的额定比率计算：

$$P' = \left(\frac{1+2\eta_N}{3\eta_N}\right) P_N \tag{7-3}$$

式中　η_N——效率。

将式(7-1)、式(7-2)与 $P'=E_aI_a$ 联立，整理后得关于电机常数 C_A 的基本关系式为

$$C_A=\frac{D^2l_{ef}n_N}{P'}=\frac{6.1\times10^4}{\alpha_pAB_\delta K_p} \tag{7-4}$$

式中　D^2l_{ef}——近似地表示电枢有效部分的体积。

对功率相同的电机，转速越高，电机尺寸越小；对转速相同的电机，功率越大，电机尺寸越大。在材料和电机温升允许的情况下，B_δ 和 A 选得越大，则电机尺寸就越小。

由于 $P'=\frac{T'n_N}{9.55}$，式(7-4)也可以表示为

$$C_A=\frac{D^2l_{ef}}{T'}=\frac{0.64\times10^4}{\alpha_pAB_\delta K_p} \tag{7-5}$$

2. 电磁负荷

直流电动机的主要尺寸与所选择的电磁负荷有密切关系，电励磁直流电动机可根据设计要求和经济性，经过优化或分析比较多种方案，找到最佳的电磁负荷值。永磁直流电动机则不同，其磁负荷基本上由永磁材料和磁路尺寸决定。当永磁材料和磁极尺寸选定后，B_δ 就基本上被决定了，在设计时变化范围很小。

由式(7-4)可见，AB_δ 乘积越大，电机尺寸将越小，但电机的铜耗和铁耗会增大，使其温度上升，效率下降。在 AB_δ 一定时，如何选择 A、B_δ，与电机的性能有密切关系。

永磁直流电动机中，一般选大的 B_δ 和小的 A，原因有以下几个：

①线负荷 A 减小，电枢绕组铜线截面积、体积减小，质量减轻，节省了用铜量，可以减低成本；

②一般电机的铜耗比铁耗大，选择大的 B_δ 和小的 A，可使铜耗减低、铁耗增大，对提高电机效率和降低电枢绕组温度有利；

③有利于换向，因为换向元件中的电势值与线负荷 A 成正比；

④可以减小电枢反应的去磁磁动势，对磁钢工作点有利。

(1)气隙最大磁密 B_δ 的选择。

气隙最大磁密的选择主要受以下两个因素制约。

①电机的气隙最大磁密 B_δ 主要由所选用的永磁材料的剩余磁密决定。初选时，可根据永磁材料和磁极结构选取，通常情况下，对稀土磁钢，选 $B_\delta=(0.6\sim0.85)B_r$($B_r$ 为磁钢剩余磁密)；对铁氧体磁钢，选 $B_\delta=0.3\sim0.45$ T。

②受电枢齿部和轭部磁密饱和的限制。电枢齿部磁密和轭部磁密与 B_δ 有一定的比例关系，当 B_δ 超过一定值后，齿部磁路最先饱和。在永磁直流电动机中一般取：电枢齿部磁密 $B_{t2}=1.2\sim1.7$ T，电枢轭部磁密 $B_{j2}=1.0\sim1.5$ T。

(2)线负荷 A 的选择。

对连续运行的永磁直流电动机，一般按其功率取线负荷，小功率电机取小值。

①对微型电动机，$A=30\sim100$ A/cm。

②对小型电动机，$A=100\sim300$ A/cm。

电机的热负荷 AJ 决定了电枢绕组的发热状态，因此 A 和 J 的大小受电机温升的制约。对 B 级绝缘的微型永磁直流电动机，一般取：$AJ=100\sim4\ 000$ A^2/cm^3，$J=4.5\sim8$ A/mm^2。

3. 极弧系数 α_p

一般取永磁直流电动机的极弧系数 $\alpha_p=0.6\sim0.75$。为改善电机性能，需要正弦分布绕组磁密时，$\alpha_p\approx0.637$；为提高电机的力能指标和利用率，取 $\alpha_p=0.7\sim0.75$，但 α_p 的增大会造成换

向区的减少、换向条件的恶化和极间漏磁的增大。

4. 细长比 λ_{xc}

细长比 λ_{xc} 为铁芯有效长度 l_{ef} 与电枢直径 D 的比值，λ_{xc} 的选择与电机的性能、质量和成本密切相关。在满足电机技术要求的前提下，对一般小功率永磁直流电动机，$\lambda_{xc}=0.7\sim1.5$；对控制用永磁直流伺服电动机，为了减小机电时间常数，λ_{xc} 取值很大，有的达 2.5。

5. 铁芯有效长度 l_{ef}

铁芯有效长度 l_{ef} 为考虑气隙磁场沿轴向边缘效应后的气隙轴向长度。如图 7-2 所示，对一般永磁直流电机，铁芯有效长度 l_{ef} 与磁钢轴向长度 l_1、电枢轴向长度 l_2 的关系为

$$l_{ef}=\frac{1}{2}(l_1+l_2)\quad 或 \quad l_{ef}=l_2+2\delta \tag{7-6}$$

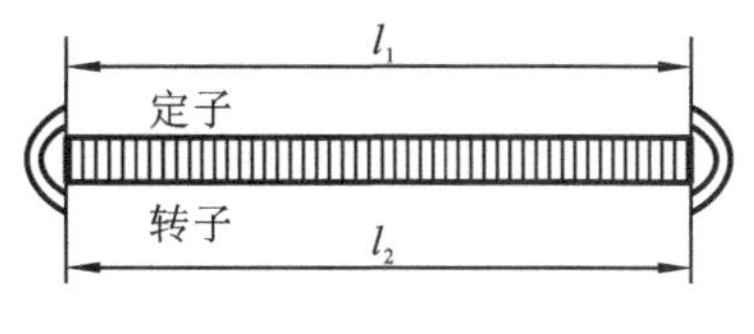

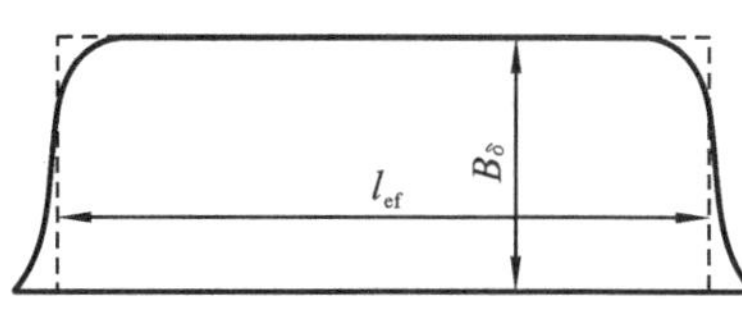

图 7-2　l_{ef} 与 l_1、l_2 的关系

6. 电枢直径 D

由式(7-4)可得

$$D=\sqrt[3]{\frac{6.1\times P'\times10^4}{\alpha_p AB_\delta\lambda_{xc}n_N K_p}} \tag{7-7}$$

由式(7-5)可得

$$D=\sqrt[3]{\frac{0.64\times T'\times10^4}{\alpha_p AB_\delta\lambda_{xc}K_p}} \tag{7-8}$$

式中　T'——$T=k'_T T_N$，k'_T 查表 7-1 可得。

表 7-1　k'_T 的选取

n_N/(r/min)	3 000	6 000	9 000
k'_T	1.2	1.3	1.35

7. 气隙 δ

永磁电机气隙 δ 的大小是影响制造成本和性能的重要设计参数，它的取值范围很宽。永磁直流电机的气隙一般取 $\delta=0.015\sim0.06$ cm，$p=1$ 时，对铁氧体电机，δ 取大值。由于铝镍钴磁钢的矫顽力 H_c 很小，而铁氧体磁钢的 H_c 很大，故对铝镍钴磁钢电机，δ 宜取小些。

二、定子尺寸选取

磁钢如图 7-3 所示。

1. 磁钢外径 D_{Me}

$$D_{Me}=D_{j1}-2\Delta_{j1} \tag{7-9}$$

式中　D_{j1}——机壳直径，cm；

Δ_{j1}——机壳厚度，cm。

2. 磁钢内径 D_{Mi}

$$D_{Mi}=D+2\delta \tag{7-10}$$

3. 磁钢轴向长度 l_1

对铁氧体磁钢，由于其磁钢剩余磁密 B_r 很小，故 l_1 应大些，l_1 与电枢轴向长度 l_2 的关系应为

$$l_1=(1.1\sim1.2)l_2 \tag{7-11}$$

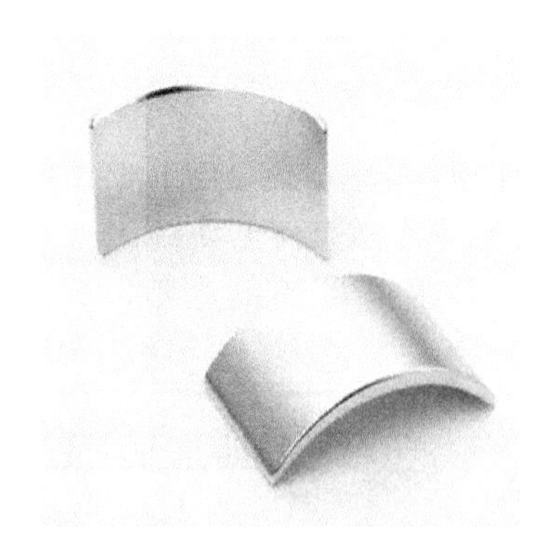

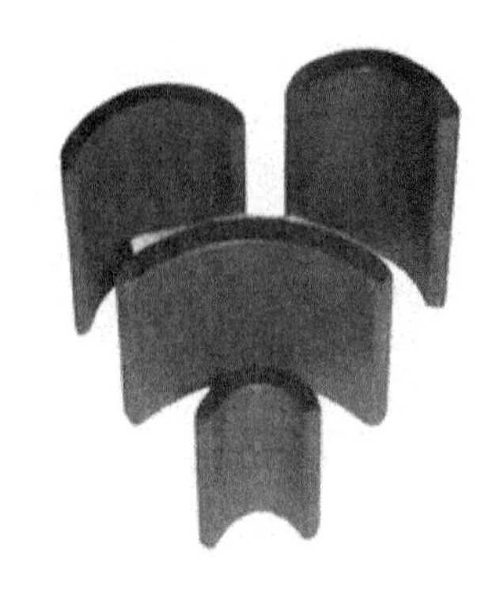

图 7-3　磁钢

对铝镍钴磁钢，由于磁钢剩余磁密 B_r 很大，磁钢截面积 A_M 应取小些，故 l_1 应小些，一般取 $l_1=l_2$。

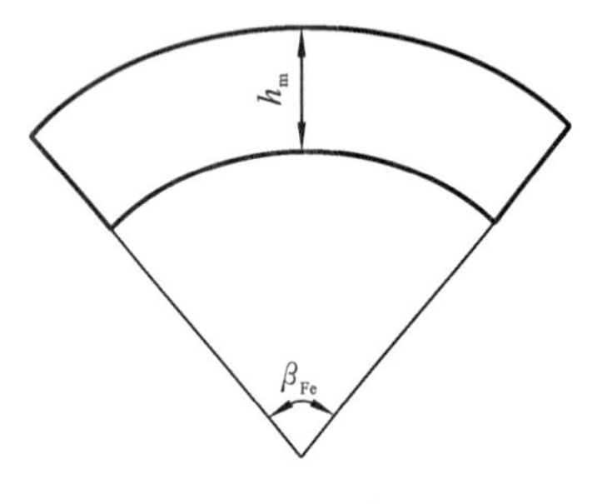

图 7-4　铁氧体磁钢

4. 磁钢磁路长度 L_M

铁氧体的矫顽力 H_c 很大，应选小的磁钢磁路长度、磁钢磁路长度就是磁钢的径向高度 h_m（见图 7-4），即

$$L_M = h_m = \frac{D_{Me}-D_{Mi}}{2} \tag{7-12}$$

h_m 为铁氧体磁钢的主要尺寸之一，$h_m=(6\sim8)\delta$。

5. 磁钢截面积 A_M

对铁氧体磁钢，由于其 B_r 很小，应选择较大的截面积；对铝镍钴磁钢，由于其 B_r 很大，应选较小的截面积。

①对瓦形铁氧体磁钢：

$$A_M = \frac{\alpha_p \pi (D_{Mi}+h_m)}{2p} l_1 \tag{7-13}$$

②对环形铁氧体磁钢：

$$A_M = \frac{\alpha_p \pi (D+h_m)}{2p} l_{ef} \tag{7-14}$$

③对环形铝镍钴磁钢：

$$A_M = \frac{D_{Me}-D_{Mi}}{2p} l_1 \tag{7-15}$$

6. 瓦形铁氧体磁钢弧度角 β_{Fe}

$$\beta_{Fe} = \frac{180°}{p}\alpha_p \tag{7-16}$$

7. 机壳厚度 Δ_{j1}

铁氧体或钕铁硼永磁电机一般采用钢板拉伸机壳。由于机壳是磁路的一部分（定子轭部磁路），在选择厚度时要考虑不应使定子轭部磁密太大，一般应使 $B_{j1}=1.5\sim1.8$ T。

机壳厚度为

$$\Delta_{j1} = \frac{\sigma\Phi}{2l_j B_{j1}} \times 10^4 \tag{7-17}$$

式中　σ——磁极漏磁系数；

l_j——机壳长度。

8. 机壳外径 D_{j1}

$$D_{j1} = (1.4 \sim 1.7)D \tag{7-18}$$

三、电枢冲片尺寸

1. 槽数 Z

一般可根据电机电枢直径 D 的大小选取 $Z=(2\sim4)D$，并通常采用奇数槽，一般选 $Z=3\sim13$，原因有以下两个：

①奇数槽能减小电枢产生的主磁通的脉动，有利于减小定位转矩；

②易于制作接近全距的短距绕组，既能改善换向，又能保证转矩尽量大。

通常，对用于盒式录影机、剃须刀、玩具等的永磁直流电动机，一般都取 $Z=3$。这是因为三槽永磁直流电动机结构简单，便于自动化生产，成本低廉，而性能又能满足使用要求。

2. 槽形尺寸

永磁直流电动机一般采用梨形槽平行齿或半梨形槽平行齿槽形，在容量极小的电机中也有采用圆形槽的。

以下就以梨形槽为例简述槽形部分尺寸的选择和设计。图 7-5 所示为梨形槽结构图。

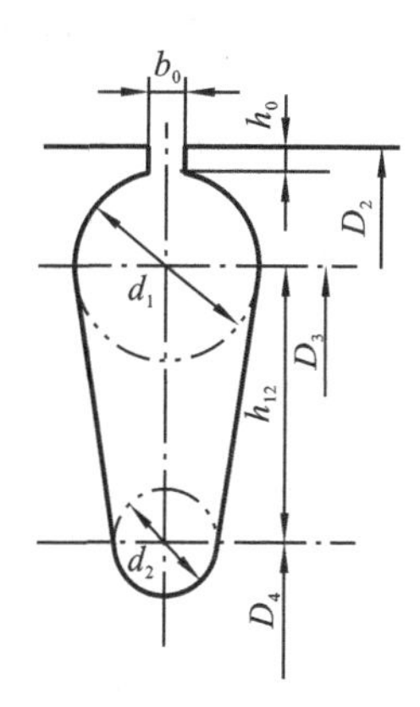

图 7-5　梨形槽结构图

1）槽口宽 b_0

$$b_0 = 0.2\sim0.3\ \text{cm}$$

在保证下线和机械加工便利的条件下，应选取较小的 b_0 值，采用半闭口槽。

2）槽口高 h_0

$$h_0 = 0.08\sim0.20\ \text{cm}$$

3）齿宽 b_{t2}

$$b_{t2} = \frac{B_\delta t_2 l_{ef}}{K_{Fe} B_{t2} l_2} \tag{7-19}$$

式中　t_2——电枢齿距，$t_2=\dfrac{\pi D}{Z}$；

B_{t2}——$B_{t2}=1.3\sim1.7\ \text{T}$；

K_{Fe}——铁芯叠压系数，根据所选用的电枢冲片材料查取。

从机械角度考虑，b_{t2} 一般不得小于 0.1 cm。

4）轭高 h_{j2}

$$h_{j2} = \frac{\Phi_p}{2K_{Fe} B_{j2} l_2} \times 10^4 \tag{7-20}$$

式中　Φ_δ——$\Phi_\delta=\alpha_p \tau l_{ef} B_\delta \times 10^{-4}$，Wb；

B_{j2}——$B_{j2}=1.2\sim1.5\ \text{T}$。

若转子冲片直接压装在转轴上，可认为 1/4 转轴直径导磁。

5）冲片内径 d_0

冲片内径 d_0 应与轴伸端的转轴外径相匹配，取相等或略大数值。轴伸端的转轴外径应符合标准尺寸。

根据 D、b_{t2}、h_{j2} 和 d_0 等尺寸，可按以下公式设计冲片各部分尺寸：

$$h_{t2}=\frac{D-D_4}{2}+\frac{d_2}{2} \tag{7-21}$$

$$b_{t2}=\frac{\pi D_3}{Z}+d_1 \tag{7-22}$$

$$h_{j2}=\frac{D_4-d_2-d_0}{2} \tag{7-23}$$

6)槽面积 A_s

$$A_s=(d_1+d_2)\frac{h_{12}}{2}+\frac{\pi}{8}(d_1^2+d_2^2) \tag{7-24}$$

式中　h_{12}——$h_{12}=\frac{1}{2}(D_3-D_4)$。

四、磁路计算

通过磁路计算，可以确定永磁直流电动机的空载特性曲线、磁钢的去磁特性曲线、初算磁钢工作点及每极气隙磁通，并校核电机各部分磁密选择是否合适，确定一部分有关尺寸。

电机有几个磁极，就有几条闭合回路。磁路计算仅对其中一条平均磁回路进行，算出一对极的磁动势。永磁直流电动机的磁路计算方法通常与一般旋转电机的磁路计算方法类似。

五、换向计算

小功率永磁直流电动机通常采用塑压换向器。

1)换向器工作面直径 D_K

$$D_K=(0.5\sim0.9)D \tag{7-25}$$

2)换向片数 K

$$K=\frac{N_a}{2W_s}\quad 或\quad K=n_dZ=(1\sim3)Z \tag{7-26}$$

式中　n_d——每槽内的虚槽数。

3)换向器片距 t_K

$$t_K=\frac{\pi D_K}{K} \tag{7-27}$$

t_K 一般在 1.5～4.5 mm 之间取值。

4)换向器圆周速度 v_K

$$v_K=\frac{\pi D_K n_N}{60}\times10^{-2} \tag{7-28}$$

5)换向片宽 b_K

$$b_K=t_K-\Delta_K \tag{7-29}$$

式中　Δ_K——换向片片间绝缘厚度，一般取 $\Delta_K=0.04\sim0.05$ cm。

6)电刷宽度 b_b'

$$b'_b=(1\sim3)t_K \tag{7-30}$$

电刷宽度增大，有利于电刷换向器的稳定工作，但会使换向区宽度增大。在微型电动机中，特别是少槽电动机中，电刷宽度常小于换向片距。

7)电刷截面积 A_b

$$A_b = \frac{I_N}{pJ_b} \tag{7-31}$$

式中　J_b——电刷的电流密度,与电刷型号有关。

8)电刷长度 l_b

$$l_b = \frac{A_b}{b_b} \tag{7-32}$$

电刷长度应与手册中的标准长度符合,根据选定的 l_b、b_b 计算 A_b,并校核 J_b。

六、电枢反应去磁磁动势

永磁直流电动机带负载工作时,磁钢工作在回复直线上。在磁铁工作图上用作图法画出磁钢工作回复直线与外磁路空载特性曲线,两者的交点即为空载工作点。由于磁钢磁导率很小,额定负载下电枢反应去磁磁动势很小,在工程计算中,一般可用空载工作点替代额定工作点。根据工作点对应的磁通和磁动势,通过磁能积的校核,检查磁钢的利用程度。在工作点对应的磁通和磁动势基础上,在考虑磁钢的漏磁后,求出气隙磁通,可进一步计算电机的各项参数和性能指标。

对铁氧体磁钢,其去磁曲线大部分(拐点以上段)为近似直线,与工作回复直线基本重合。一般来说,其工作回复直线的起始点在拐点以上,即工作回复直线一般与去磁曲线的直线段重合,因此,铁氧体磁钢不会产生磁钢的不可逆去磁现象。考虑到铁氧体磁钢的负温效应,可以校验工作回复直线的起始点是否在拐点以上,若在拐点以下,则应修改计算,以防不可逆去磁现象的出现。

对稀土钴磁钢,其去磁曲线为近似直线,与回复曲线基本重合,在空气稳磁和最大电枢反应去磁磁动势作用下,不会引起磁钢的不可逆去磁现象,因此,不需要进行工作回复直线及起始点的计算。

永磁直流电动机最大电枢反应去磁磁动势取决于电机所规定的最恶劣运行方式,不同的运行方式有不同的最大瞬时电流和最大电枢反应去磁磁动势。

1. 最大瞬时电流 I_{max}

瞬间堵转:

$$I_{max} = \frac{U_N - \Delta U_b}{R_{2(75\ ℃)}} \tag{7-33}$$

式中　ΔU_b——总电刷压降,一般取 $\Delta U_b = 0.5 \sim 2$ V。

双方向突然反转:

$$I_{max} = \frac{U_N + E - \Delta U_b}{R_{2(75\ ℃)}} \tag{7-34}$$

突然停转:

$$I_{max} = \frac{E - \Delta U_b}{R_{2(75\ ℃)}} \tag{7-35}$$

突然启动:

$$I_{max} = \frac{U_N - \Delta U_b}{R_{2(20\ ℃)}} \tag{7-36}$$

2. 电刷偏离几何中性线直轴电枢反应去磁磁动势 F_d

$$F_d = 2b_\beta A_{max} \tag{7-37}$$

式中　A_{max}——对应于最大瞬时电流的电枢线负荷，A/cm，$A_{max}=\frac{N_a I_{max}}{2\pi D}$；

b_β——电刷相对几何中心线逆旋转方向的偏移距离，cm，$b_\beta=\frac{D}{2}\beta$（β 为电刷偏移几何中心线的角度，rad），一般取 $b_\beta=0.02\sim0.03$ cm。

3. 交轴电枢反应去磁磁动势（一对极）

1）对环形铝镍钴磁钢和瓦形铝镍钴磁钢

$$F_q = F_{qmax}\frac{(1-\frac{\alpha_p}{2})R_{Mq}}{R_\delta + R_{Mq}} \tag{7-38}$$

式中　F_{qmax}——交轴电枢反应最大瞬时磁动势，A，$F_{qmax}=A_{max}(\tau-b_{Kr})$；

R_δ——交轴方向气隙磁阻，H^{-1}，$R_\delta=\frac{2\delta\times10^2}{\mu_0(1-\alpha_p)\tau l_{ef}}$；

R_{Mq}——交轴方向磁钢磁阻，H^{-1}，$R_{Mq}=\frac{L'_M\times10^2}{2\mu_M S'_M}$[$S'_M=\frac{D_{Me}-D_{Mi}}{2}l_1$，$cm^2$，$L'_M=\frac{\pi}{4}(D_{Me}+D_{Mi})\left(1-\frac{\alpha_p}{2}\right)$，cm]。

2）对弧形铝镍钴磁钢

对弧形铝镍钴磁钢，由于其中间为由铁磁材料制成的磁极，且直轴方向和交轴方向的气隙 δ 和 δ' 不相等，其一对极的交轴去磁磁动势为

$$F_q = F_{qmax}\frac{R_{Mq}}{R'_\delta + R_{Mq}} \tag{7-39}$$

式中　R'_δ——$R'_\delta=\frac{2\delta'\times10^2}{\mu_0(1-\alpha_p)\tau l_2}$，$H^{-1}$（$\delta'=\frac{D_{Mi}-D}{2}$，cm）。

3）对少槽直流电动机

在微型永磁直流电动机中，槽数很少，其电枢磁动势与一般直流电动机的不一样，分析时可将其分解为一个交变的交轴电枢反应磁动势分量和一个交变的直轴电枢反应磁动势分量。少槽引起的直轴电枢反应去磁磁动势幅值为

$$F_{ad\theta} = \frac{\pi D A_{max}}{K}\cdot\sin\frac{\alpha_a}{2} \tag{7-40}$$

式中　α_a——$\alpha_a=\begin{cases}\frac{360^\circ}{2K}, & K\text{ 为奇数}\\ \frac{360^\circ}{K}, & K\text{ 为偶数}\end{cases}$；

K——换向片数。

可见，槽数越多，换向片数 K 越大，α_a 越小，则 $F_{ad\theta}$ 越小，有时可忽略不计；槽数越少，α_a 越大，$F_{ad\theta}$ 越大，在考虑总的电枢反应去磁磁动势时，必须计及。

4）换向元件电枢反应去磁磁动势

小功率永磁直流电动机一般没有换向极，属延迟换向，换向元件产生的直轴电枢反应是增磁的。但在电机突然反转时，由于电枢电流方向突然改变而转速却来不及改变，使换向元件的直轴电枢反应瞬时磁动势反向，变为去磁磁动势，其大小为

$$F_K = \frac{b_{Kr}N^2 W_s l_2 n_N I_{max}}{2\times60a\pi D\sum r}\lambda\times10^{-2} \tag{7-41}$$

式中　b_{Kr}——换向区宽度，cm；

$\sum r$——换向回路总电阻，Ω。

5)电枢反应总去磁磁动势

$$\sum F_{am} = F_d + F_q + F_{ad\theta} + F_K \tag{7-42}$$

永磁直流电动机电枢反应总去磁磁动势的大小与电动机的工作状态有关。对永磁直流电动机处于双方向突然正、反转运行状态时，其电枢反应总去磁磁动势最大，即为 $\sum F_{am}$；而永磁直流电动机处于堵转工作状态时，就不存在换向元件电枢反应去磁磁动势 F_K。

6)磁铁工作图

如图7-6所示，曲线1和2分别为磁钢去磁曲线和外磁路空载特性曲线；曲线3为负载时外磁路的特性曲线，由曲线2向左平移电枢反应总去磁磁动势 $\sum F_{am}$ 而得；曲线4为磁钢的工作回复直线，其起始点 Q 为曲线1和曲线3的交点，其斜率为

$$\tan\zeta = \frac{\Delta\Phi}{\Delta F} = \mu_m \cdot \frac{A_M}{0.8L_M} \tag{7-43}$$

曲线2与回复直线4的交点 $P(\Phi_{mP}, F_{mP})$ 即为磁钢的工作点。

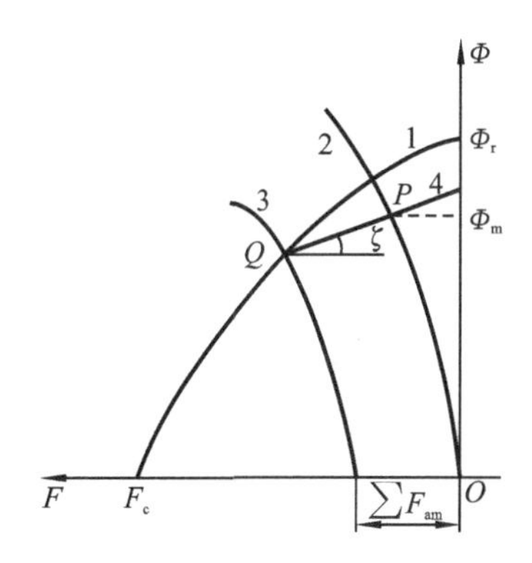

图7-6　磁钢工作图

将 Φ_{mP} 与初设 Φ_m 比较，若相差比较大，应重新计算 $\Phi_\delta = \frac{\Phi_{mP}}{\sigma}$。

7)额定转速检查

$$n_N' = \frac{60aE}{pN_a\Phi_\delta K_p} \tag{7-44}$$

$$\frac{n_N - n_N'}{n_N} \times 100\% < \pm 5\% \tag{7-45}$$

若 $n_N' > n_N$，说明磁钢产生的磁通 Φ_m 偏低；若 $n_N' < n_N$，则说明 Φ_m 偏高，有余量。为此，应对磁钢工作点做相应调整，以满足电动机性能的要求。

8)工作点磁能积校核

$B_P H_P$ 为工作点磁能积，其中，$B_P = \frac{\Phi_{mP}}{A_M}$，$H_P = \frac{F_{mP}}{0.8L_M}$。将 $B_P H_P$ 与手册中的 $(BH)_m$ 比较，若比较接近，说明磁钢利用得较好；若相差很大，说明磁钢利用得很差，应重新计算。对铁氧体磁钢，由于价廉，不必进行该项计算。

9)磁钢工作点的调整

当需要对磁钢工作点进行调整时，可参考表7-2。

表7-2　调整原因及方案

调整原因	方　　案
工作点 P 偏高	①改用 B_r 较高、H_c 较低的磁钢； ②增大磁钢截面积 A_M，减小磁钢磁路长度 L_M

续表

调整原因	方案
工作点 P 偏低	①改用 B_r 较低，H_c 较高的磁钢； ②减小磁钢截面积 A_M，增大磁钢磁路长度 L_M

10)校核可逆去磁现象

运用铁氧体磁钢时，需要校核可逆去磁现象。

校核根据磁铁工作图总的最大去磁磁动势 $\sum F_{ex}$ 和磁场强度 H_{ex} 进行，校核条件是：当(1.2～1.25)$H_{ex} \leqslant H_K$ 时，不会产生不可逆去磁现象。这里 $\sum F_{ex}$ 为最大去磁磁动势；H_{ex} 为磁场强度，$H_{ex}=\dfrac{\sum F_{ex}}{2h_m \times 0.8}$；$H_K$ 为铁氧体磁钢拐点处的去磁磁场强度；1.2～1.25 为考虑铁氧体磁钢低温去磁状态的系数。

4. 工作特性

永磁直流电动机的基本工作特性曲线为 $n=f(T)$、$I=f(T)$、$\eta=f(T)$ 和 $\rho_2=f(T)$ 特性曲线。其中，T 为电动机轴上的输出转矩。

永磁直流电动机的工作特性计算如表 7-3 所示，基本工作特性曲线如图 7-7 所示：

表 7-3　永磁直流电动机的工作特性计算

I/I_N	0.4	0.7	1	1.2	1.3
I/A					
$IR_{2(75℃)}$/V					
ΔU_b/V					
$E=U_N-\Delta U_b-IR_{2(75℃)}$/V					
Φ_δ/Wb					
$n=\dfrac{60aE}{pK_p\Phi_\delta N}$/(r/min)					
$p_{Cu}=I^2R_{2(75℃)}$/W					
$p_{kbe}=I\Delta U_b$/W					
p_{Fe}/W					
$p'_{mec}=p_{mec}\dfrac{n}{n_N}$/W					
$\sum p=p_{Cu}+p_{kbe}+p'_{mec}+p_{Fe}$/W					
$P_1=U_NI$/W					
$P_2=P_1-\sum p$/W					

续表

I/I_N	0.4	0.7	1	1.2	1.3
$\eta=\frac{P_2}{P_1}\times 100\%$					
$T=9.55\ \frac{P_2}{n}\Big/(\text{N}\cdot\text{m})$					

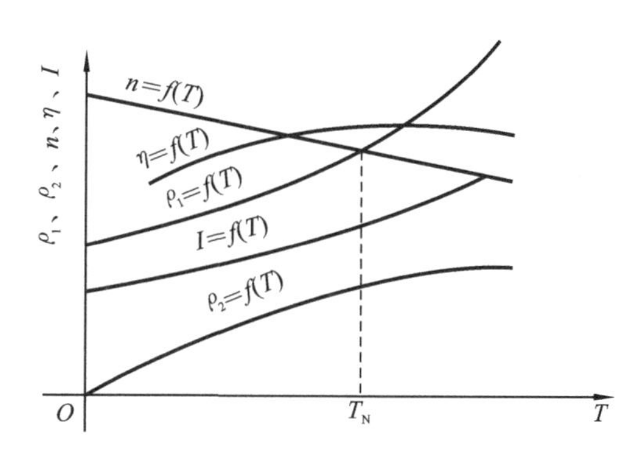

图 7-7　永磁直流电动机的基本工作特性曲线

7.3　永磁直流电动机电磁设计实例

一、额定数据

(1)额定功率。

$$P_N=1\ 400\ \text{W}$$

(2)额定电压。

$$U_N=110\ \text{V}$$

(3)额定转速。

$$n_N=3\ 400\ \text{r/min}$$

(4)额定电流。

$$I_N=17\ \text{A}$$

(5)绝缘等级:B 级。

二、主要尺寸及永磁体尺寸选择

(6)额定效率。

$$\eta_N=\frac{P_N}{U_N I_N}\times 100\%=\frac{1\ 400}{110\times 17}\times 100\%=74.87\%$$

(7)计算功率。

$$P'=\frac{1+2\eta_N}{3\eta_N}P_N=\frac{1+2\times 74.87\%}{3\times 74.87\%}\times 1\ 400\ \text{W}=1\ 557\ \text{W}$$

(8)电枢绕组电势初算值。

$$E_a=\frac{1+2\eta_N}{3}U_N=\frac{1+2\times 74.87\%}{3}\times 110\ \text{V}=91.57\ \text{V}$$

(9)极对数。

$$2p=4$$

(10)永磁材料类型:N38SH。

(11)预计工作温度。

$$t=40\ ℃$$

(12)永磁体剩磁密度。

由于

$$B_{r20}=1.26\ \text{T}$$

所以,在工作温度时的剩磁密度为

$$B_r=[1+(t-20)\alpha_{B_r}]\times(1-IL)B_{r20}=[1+(40-20)\times(-0.07\%)]\times 1.26\ \text{T}=1.24\ \text{T}$$

B_r 的温度系数为

$$\alpha_{B_r}=-(0.07\sim 0.126)\%\text{K}^{-1}=-0.07\%\text{K}^{-1}$$

B_r 的不可逆损失率为 $IL=0$。

(13)永磁体计算矫顽力。

由于

$$H_{c20}=954\ \text{kA/m}$$

所以,工作温度时的矫顽力为

$$\begin{aligned}H_c&=[1+(t-20)\alpha_{B_r}]\times(1-IL)H_{c20}\\&=[1+(40-20)\times(-0.07\%)]\times 954\ \text{kA/m}=940.6\ \text{kA/m}\end{aligned}$$

(14)永磁体相对回复磁导率。

$$\mu_r=\frac{B_r}{\mu_0 H_c}\times 10^{-3}=\frac{1.24}{4\pi\times 10^{-7}\times 940.6}\times 10^{-3}\ \text{H/m}=1.05\ \text{H/m}$$

式中,$\mu_0=4\pi\times 10^{-7}$ H/m。

(15)最高工作温度下退磁曲线的拐点。

$$b_k=0$$

(16)电枢铁芯材料:DR610-50。

(17)线负荷预估值。

$A'=100\sim 300$ A/cm,此处取 $A'=125$ A/cm。

(18)气隙最大磁密预估值。

$$B_\delta'=(0.6\sim 0.85)\times 1.24\ \text{T}=0.744\sim 1.054\ \text{T}$$

此处取 $B_\delta'=1.0$ T。

(19)计算极弧系数。

$\alpha_p'=0.6\sim 0.75$,此处取 $\alpha_p'=0.73$。

(20)细长比预估值。

$\lambda_{xc}=0.6\sim 1.5$,此处取 $\lambda_{xc}=1.2$。

(21)电枢外径。

$$D_a=\sqrt[3]{\frac{6.1P'\times 10^4}{\alpha_p' A' B_\delta' n_N\lambda}}=\sqrt[3]{\frac{6.1\times 1\ 557\times 10^4}{0.73\times 125\times 1.0\times 3\ 400\times 1.2}}\ \text{cm}=6.342\ \text{cm}$$

取 $D_a=6.4$ cm。

(22)电枢长度。

$$L_a=\lambda D_a=(1.2\times6.4)\ \text{cm}=7.68\ \text{cm}$$

(23)极距。

$$\tau=\frac{\pi D_a}{2p}=\frac{\pi\times6.4}{4}\ \text{cm}=5\ \text{cm}$$

(24)气隙。

$\delta=(0.007\sim0.009)D_a=0.0448\sim0.0576\ \text{cm}$,此处取 $\delta=0.055\ \text{cm}$。

(25)永磁磁极结构:瓦片形。

(26)极弧系数。

$$\alpha_p=0.73$$

(27)磁瓦圆心角。

$$\theta_p=\alpha_p\times180°=0.73\times180°=131.4°$$

(28)永磁体厚度。

$h_M=(0.35\sim0.45)D_a=2.24\sim2.88\ \text{cm}$,此处取 $h_M=2.5\ \text{cm}$。

(29)磁钢磁路长度。

$$L_M=L_a=7.68\ \text{cm}$$

(30)铁芯有效长度。

$$l_{ef}=L_a+2\delta=(7.68+2\times0.055)\ \text{cm}=7.79\ \text{cm}$$

(31)磁钢内径。

$$D_{Mi}=D_a+2\delta+2h_p=(6.4+2\times0.055+0)\ \text{cm}=6.51\ \text{cm}$$

本例 $h_p=0$。

(32)磁钢外径。

$$D_{Me}=D_{Mi}+2h_m=(6.51+2\times2.5)\ \text{cm}=11.51\ \text{cm}$$

(33)电枢圆周速度。

$$v_a=\frac{\pi D_a n_N}{6\,000}=\frac{\pi\times6.4\times3\,400}{6\,000}\ \text{m/s}=11.39\ \text{m/s}$$

(34)机座材料:铸钢。

(35)机座轭部磁通长度。

$L_j=(2.0\sim3.0)L_a=15.36\sim23.04\ \text{cm}$,此处取 $L_j=18\ \text{cm}$。

(36)机座厚度。

$$h_j=\frac{\sigma\alpha_p\tau l_{ef}B'_\delta}{2L_jB'_j}=\frac{1.2\times0.73\times5\times7.79\times1.0}{2\times18\times1.6}\ \text{cm}=0.59\ \text{cm}$$

初选机座轭磁密为 $B'_j=(1.5\sim1.8)\text{T}$,此处取 $B'_j=1.6\ \text{T}$。

对小型电机,一般漏磁系数 $\sigma=\sigma_0=1.1\sim1.3$,此处取 $\sigma=1.2$。

(37)机座外径。

$$D_j=D_{Me}+2h_j=(11.51+2\times0.59)\ \text{cm}=12.69\ \text{cm}$$

三、电枢冲片及电枢绕组计算

(38)绕组形式:单波。

(39)绕组并联支路数。

单波绕组:$a=1$。

(40)槽数。

$$Z=17$$

(41)槽距。

$$t_2=\frac{\pi D_a}{Z}=\frac{\pi\times 6.4}{17}\ \text{cm}=1.18\ \text{cm}$$

(42)预计满载气隙磁通。

$$\begin{aligned}\Phi_\delta'&=\alpha_p\tau l_{ef}B_\delta'\times 10^{-4}\\&=0.73\times 5\times 7.79\times 1.0\times 10^{-4}\ \text{Wb}=28.43\times 10^{-4}\ \text{Wb}\end{aligned}$$

(43)预计导体总数。

$$N'=\frac{60aE_a}{p\Phi_\delta' n_N}=\frac{60\times 1\times 91.57}{2\times 28.43\times 10^{-4}\times 3\ 400}=284$$

(44)每槽导体数。

$$N_s'=\frac{N'}{Z}=\frac{284}{17}=16.71$$

(45)每槽元件数。

$$u=2$$

(46)每元件匝数。

$$W_s'=\frac{N_s'}{2u}=\frac{16.71}{2\times 2}=4.18$$

此处取 $W_s=4$。

(47)实际每槽导体数。

$$N_s=2uW_s=2\times 2\times 4=16$$

(48)实际导体总数。

$$N=ZN_s=17\times 16=272$$

(49)换向片数。

$$K=uZ=2\times 17=34$$

(50)实际线负荷。

$$A=\frac{NI_N}{2\pi aD_a}=\frac{272\times 17}{2\pi\times 1\times 6.4}\ \text{A/cm}=115\ \text{A/cm}$$

(51)电枢绕组电流。

$$I_a=\frac{I_N}{2a}=\frac{17}{2\times 1}\ \text{A}=8.5\ \text{A}$$

(52)预计电枢电流密度。

$J_2'=5\sim 13\ \text{A/mm}^2$,此处取 $J_2'=11.2\ \text{A/mm}^2$。

(53)预计导线截面积。

$$A_{Cua}=\frac{I_a}{J_2'}=\frac{8.5}{11.2}\ \text{mm}^2=0.8\ \text{mm}^2$$

根据此截面选用截面积相近的铜(查表 A-1)。

(54)并绕根数。

$$N_t=1$$

(55)导线裸线线径。

$$d_i=1.0\ \text{mm}$$

(56)导线绝缘后线径。

$$d=1.11\ \text{mm}$$

(57)实际导线截面积。

$$A_{\text{Cua}}=\frac{\pi}{4}N_t d_i^2=\frac{\pi}{4}\times 1\times 1.0^2\ \text{mm}^2=0.79\ \text{mm}^2$$

(58)实际电枢电流密度。

$$J_2=\frac{I_a}{A_{\text{Cua}}}=\frac{8.5}{0.79}\ \text{A/mm}^2=10.8\ \text{A/mm}^2$$

(59)实际热负荷。

$$AJ_2=115\times 10.8\ \text{A}^2/(\text{cm}\cdot\text{mm}^2)=1\ 242\ \text{A}^2/(\text{cm}\cdot\text{mm}^2)$$

(60)槽形选择。

选用梨形槽,如图7-8所示。

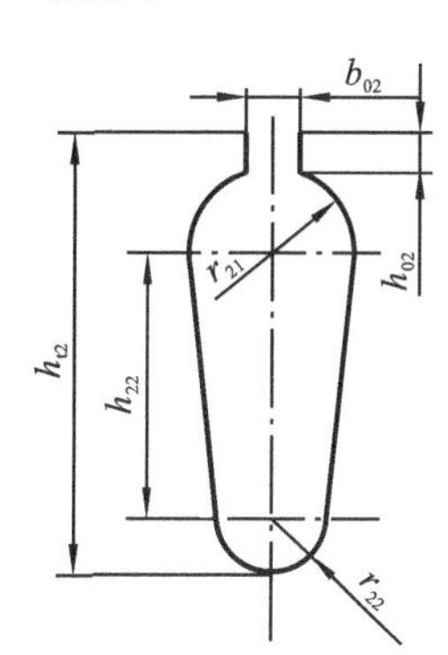

图7-8　电枢槽形结构图

(61)槽口宽。

$b_{02}=0.2\sim0.3$ cm,此处取 $b_{02}=0.22$ cm。

(62)槽口高。

$h_{02}=0.08\sim0.20$ cm,此处取 $h_{02}=0.18$ cm。

(63)齿宽。

$$b_{t2}=\frac{B_\delta t_2 l_{ef}}{K_{Fe}B_{t2}L_a}=\frac{1.0\times 1.18\times 7.79}{0.95\times 1.8\times 7.68}\ \text{cm}=0.7\ \text{cm}>0.1\ \text{cm}$$

(64)槽上部半径。

$$r_{21}=\frac{D_a(t_2-b_{t2})-2t_2h_{02}}{2(D_a+t_2)}=\frac{6.4(1.18-0.7)-2\times 1.18\times 0.18}{2(6.4+1.18)}\ \text{cm}=0.2\ \text{cm}$$

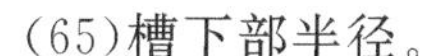

(65)槽下部半径。

$$r_{22}=\left(\frac{1}{2}\sim\frac{2}{3}\right)r_{21}=\frac{1}{2}\times 0.2\ \text{cm}=0.1\ \text{cm}$$

(66)槽上、下半圆圆心距。

$$h_{22}=h_{t2}-(h_{02}+r_{21}+r_{22})=1.6-(0.18+0.2+0.1)\ \text{cm}=1.12\ \text{cm}$$

(67)槽高。

$h_{t2}=1.6$ cm(查《中小型电机设计手册》)

(68)槽净面积。

$$A_s=\frac{\pi}{2}(r_{21}^2+r_{22}^2)+h_{22}(r_{21}+r_{22})-C_i[\pi(r_{21}+r_{22})+2h_{22}]$$

$$=\frac{\pi}{2}(0.2^2+0.1^2)\ \text{cm}^2+1.12(0.2+0.1)\ \text{cm}^2-0.07[\pi(0.2+0.1)+2\times 1.12]\ \text{cm}^2$$

$$=0.22\ \text{cm}^2$$

其中,槽绝缘厚度 $C_i=0.07$ cm。

(69)槽满率。

$$S_f=\frac{N_t N_s d^2}{A_s}\times 100\%=\frac{1\times 16\times 1.11^2}{0.22}\times 100\%=89.6\%$$

(70)绕组平均半匝长度。

$$L_{av}=L_a+K_e D_a=(7.68+1.1\times 6.4)\ \text{cm}=14.72\ \text{cm}$$

其中，当 $p=2$ 时，$K_e=1.10$。

(71)电枢绕组电阻。

$$R_{a20}=\frac{\rho_{20}NL_{av}}{4A_{Cua}a^2}=\frac{0.178\ 5\times10^{-3}\times272\times14.72}{4\times0.79\times1}\ \Omega=0.226\ \Omega$$

其中，$\rho_{20}=0.178\ 5\times10^{-3}\ \Omega\cdot \mathrm{mm}^2/\mathrm{cm}$。

对于 A、E、B 级绝缘 $\rho_{75}=0.217\times10^{-3}\ \Omega\cdot \mathrm{mm}^2/\mathrm{cm}$。

$$R_{a75}=\frac{\rho_{75}NL_{av}}{4A_{Cua}a^2}=\frac{0.217\times10^{-3}\times272\times14.72}{4\times0.79\times1}\ \Omega=0.27\ \Omega$$

(72)预计电枢轭高。

$$h'_{j2}=\frac{\Phi'_\delta}{2K_{Fe}B_{j2}La}=\frac{28.43\times10^{-4}}{2\times0.95\times1.6\times7.68}\ \mathrm{cm}=1.218\ \mathrm{cm}$$

其中，电枢铁芯叠压系数 $K_{Fe}=0.92\sim0.95$，取 $K_{Fe}=0.95$；$B_{j2}=1.2\sim1.6$ T，取 $B_{j2}=1.6$ T。

(73)转子内径。

$$D_{i2}=D_a-2h_{t2}-2h'_{j2}=(6.4-2\times1.6-2\times1.218)\ \mathrm{cm}=0.76\ \mathrm{cm}$$

(74)实际电枢轭高。

$$h_{j2}=\frac{1}{2}(D_a-2h_{t2}-D_{i2})=\frac{1}{2}(6.4-2\times1.6-0.76)\ \mathrm{cm}=1.22\ \mathrm{cm}$$

(75)电枢有效轭高。

$$h_{j21}=h_{j2}+\frac{D_{i2}}{8}=\left(1.22+\frac{0.76}{8}\right)\ \mathrm{cm}=1.315\ \mathrm{cm}$$

转子冲片直接压装在转轴上时，可认为转轴表面是轭高的一部分，一般取 $D_{i2}/8$。

四、磁路计算

(76)气隙系数。

$$\begin{aligned}k_\delta&=\frac{t_2(4.4\delta+0.75b_{02})}{t_2(4.4\delta+0.75b_{02})-b_{02}{}^2}\\&=\frac{1.18(4.4\times0.055+0.75\times0.22)}{1.18(4.4\times0.055+0.75\times0.22)-0.22^2}\\&=1.112\end{aligned}$$

(77)气隙最大磁密。

$$B_\delta=\frac{\Phi'_\delta\times10^4}{\alpha_p\tau l_{ef}}=\frac{28.43\times10^{-4}\times10^4}{0.73\times5\times7.79}\ \mathrm{T}=1.0\ \mathrm{T}$$

(78)每对极气隙磁位差。

$$F_\delta=1.6k_\delta\delta B_\delta\times10^4=1.6\times1.112\times0.055\times1.0\times10^4\ \mathrm{A}=978.56\ \mathrm{A}$$

(79)电枢齿部磁密。

$$B_{t2}=\frac{t_2l_{ef}B_\delta}{b_{t2}L_aK_{Fe}}=\frac{1.18\times7.79\times1.0}{0.7\times7.68\times0.95}\ \mathrm{T}=1.8\ \mathrm{T}$$

(80)电枢齿部磁场强度。

$$H_{t2}=138\ \mathrm{A/cm}\text{(查表 B-4 磁化曲线得)}$$

(81)电枢齿部磁位差。

$$F_{t2}=2h_{t2}H_{t2}=2\times1.6\times138\ \mathrm{A}=441.6\ \mathrm{A}$$

(82)电枢轭部磁密。

$$B_{j2}=\frac{\Phi_\delta'\times10^4}{2K_{Fe}h_{j2}L_a}=\frac{28.43\times10^{-4}\times10^4}{2\times0.95\times1.315\times7.68}\ \text{T}=1.48\ \text{T}$$

(83)电枢轭部磁场强度。

$$H_{j2}=25\ \text{A/cm}(\text{查表 B-4 磁化曲线得})$$

(84)电枢轭部磁位差。

$$F_{j2}=L_{j2}H_{j2}=1.55\times25\ \text{A}=38.75\ \text{A}$$

式中,电枢轭部磁路平均计算长度。

$$L_{j2}=\frac{\pi(D_{i2}+h_{j2})}{2p}=\frac{\pi(0.76+1.22)}{4}\ \text{cm}=1.55\ \text{cm}$$

(85)定子轭部磁密。

$$B_j=\frac{\sigma\Phi_\delta'\times10^4}{2h_jL_j}=\frac{1.2\times28.43\times10^{-4}\times10^4}{2\times0.59\times18}\ \text{T}=1.6\ \text{T}$$

(86)定子轭部磁场强度。

$$H_{j1}=52.9\ \text{A/cm}(\text{查表 B-4 磁化曲线得})$$

(87)定子轭部磁位差。

$$F_{j1}=L_{j1}H_{j1}=9.5\times52.9\ \text{A}=502.55\ \text{A}$$

式中,定子轭部磁路平均计算长度

$$L_{j1}=\frac{\pi(D_j-h_j)}{2p}=\frac{\pi(12.69-0.59)}{4}\ \text{cm}=9.5\ \text{cm}$$

(88)外磁路总磁位差。

$$\begin{aligned}\sum F&=F_\delta+F_{t2}+F_{j2}+F_{j1}\\&=(978.56+441.6+38.75+502.55)\ \text{A}=1\ 961.46\ \text{A}\end{aligned}$$

(89)空载特性计算表。

空载特性计算表如表 7-4 所示。

表 7-4　空载特性计算表

Φ_δ/Wb	0.000 5	0.001	0.001 5	0.002 0	0.002 5	0.003 0
$B_\delta=\frac{\Phi_\delta\times10^4}{\alpha_p\tau L_{ef}}$/T	0.18	0.36	0.54	0.71	0.89	1.07
$F_\delta=1.6k_\delta\delta B_\delta\times10^4$/A	176.1	352.3	528.4	694.8	870.9	1 047.1
$B_{t2}=\frac{t_2l_{ef}B_\delta}{b_{t2}L_aK_{Fe}}$/T	0.32	0.65	0.97	1.28	1.6	1.93
H_{t2}/(A/cm)	1.2	1.94	3.57	8.36	37.8	202
$F_{t2}=2h_{t2}H_{t2}$/A	3.84	6.208	11.424	26.752	120.96	646.4
$B_{j2}=\frac{\Phi_\delta'\times10^4}{2K_{Fe}h_{j2}L_a}$/T	0.26	0.52	0.78	1.04	1.3	1.56
H_{j2}/(A/cm)	1.14	1.62	2.4	4.42	8.9	28.5
$F_{j2}=L_{j2}H_{j2}$/A	1.767	2.511	3.72	6.851	13.795	44.175
$B_j=\frac{\sigma\Phi_\delta'\times10^4}{2h_jL_j}$/T	0.28	0.56	0.84	1.12	1.4	1.68
H_{j1}/(A/cm)	1.16	1.71	2.7	5.21	12.6	64

续表

Φ_δ/Wb	0.000 5	0.001	0.001 5	0.002 0	0.002 5	0.003 0
$F_{j1}=L_{j1}H_{j1}$/A	11.02	16.245	25.65	49.495	119.7	608
$\sum F=F_\delta+F_{t2}+F_{j2}+F_{j1}$/A	192.73	377.14	569.19	777.9	1 125.4	2 345.7
$\Phi_m=\sigma_0\Phi_\delta$/Wb	0.000 6	0.001 2	0.001 8	0.002 4	0.003 0	0.003 6

五、负载工作点计算

(90)气隙主磁导。

$$\Lambda_\delta=\frac{\Phi'_\delta}{\sum F}=\frac{28.43\times10^{-4}}{1\ 961.46}\ \text{H}=14.5\times10^{-7}\ \text{H}$$

(91)磁导基值。

$$\Lambda_b=\frac{B_rA_m}{H_c(h_m)}\times10^{-5}=\frac{1.24\times39.65\times10^{-5}}{940.6\times2\times2.5}\ \text{H}=1.05\times10^{-7}\ \text{H}$$

$$A_m=\frac{\pi}{2p}\alpha_pL_M(D_{Mi}+h_m)=\frac{\pi}{4}\times0.73\times7.68\times(6.51+2.5)\ \text{cm}^2=39.65\ \text{cm}^2$$

(92)主磁导。

$$\lambda_\delta=\frac{\Lambda_\delta}{\Lambda_b}=\frac{14.5\times10^{-7}}{1.05\times10^{-7}}=13.8$$

(93)外磁路总磁导。

$$\lambda_n=\sigma_0\lambda_\delta=1.2\times13.8=16.56$$

(94)直轴电枢去磁磁动势。

$$F_a=F_{adN}+F_{asN}=3.66\ \text{A}$$

$$F_{adN}=b_\beta A=0\ \text{A}$$

$$F_{asN}=b_sA=0.03\times115\ \text{A}=3.45\ \text{A}$$

式中，电刷相对几何中性线逆旋转方向的依稀距离 $b_\beta=0$ cm。

装配偏差　　$b_s=(0.02\sim0.03)\text{cm}=0.03\ \text{cm}$

(95)永磁体负载工作点。

$$b_{mN}=\frac{\lambda_n(1-f'_a)}{1+\lambda_n}=\frac{16.56(1-0.000\ 13)}{1+16.56}=0.943$$

$$h_{mN}=\frac{\lambda_nf'_a+1}{1+\lambda_n}=\frac{16.56\times0.000\ 13+1}{1+16.56}=0.057$$

其中，电枢反应去磁磁动势标幺值为

$$f'_a=\frac{2F_a\times10^{-1}}{\sigma_0H_c(2h_M)}=\frac{2\times3.66\times10^{-1}}{1.2\times940.6\times2\times2.5}=0.000\ 13$$

(96)实际气隙磁通。

$$\Phi_\delta=\frac{b_{mN}B_rA_m}{\sigma}\times10^{-4}=\frac{0.943\times1.24\times39.65}{1.2}\times10^{-4}\ \text{Wb}=38.64\times10^{-4}\ \text{Wb}$$

注：Φ_δ 与 Φ'_δ应接近，若相差较大，应重假设 Φ'_δ，重算第(77)～(96)项。

六、换向计算

(97)电刷尺寸。

电刷长 $l_b=1.6\ \text{cm}$

电刷宽 $b_b=1.25\ \text{cm}$（对单极绕组，电刷宽 $b_b>1.5t_k$）

电刷对数 $p_b=1$

(98)电刷面积。

$$A_b=l_b b_b=1.6\times1.25\ \text{cm}^2=2\ \text{cm}^2$$

(99)每杆电刷数。

$$N_b=\frac{I_a}{pb_b l_b J'_b}=\frac{8.5}{1\times1.25\times1.6\times2.3}=0.92\text{，取 }N_b=1$$

预计电刷电密选用 $J'_b=2.3\ \text{A/cm}^2$。

(100)实际电刷电流密度。

$$J_b=\frac{I_a}{N_b p b_b l_b}=\frac{8.5}{1\times2\times1.25\times1.6}\ \text{A/cm}^2=2.125\ \text{A/cm}^2$$

(101)换向器长度。

$$L_K=N_b(l_b+0.5)+0.5+b_{Ke}=[(1.6+0.5)+0.5+1.82]\ \text{cm}=4.42\ \text{cm}$$

式中 升高片宽度 $b_{Ke}=\dfrac{I_a}{2a3dJ_{Ke}}=\dfrac{8.5}{2\times3\times1.11\times0.7}\ \text{cm}=1.82\ \text{cm}$

其中 $J_{Ke}=0.5\sim0.7\ \text{A/mm}^2$，此处取 $J_{Ke}=0.7\ \text{A/mm}^2$。

(102)一对电刷接触压降。

$$\Delta U_b=2\ \text{V}$$

(103)换向器直径。

$$D_K=(0.6\sim0.85)D_a=3.84\sim5.44\ \text{cm}\text{，取 }D_K=4.5\ \text{cm}$$

(104)换向器圆周速度。

$$v_K=\frac{\pi D_K n_N}{6\ 000}=\frac{\pi\times4.5\times3\ 400}{6\ 000}\ \text{m/s}=8.01\ \text{m/s}$$

(105)换向器片距。

$$t_K=\frac{\pi D_K}{K}=\frac{\pi\times4.5}{34}\ \text{cm}=0.4\ \text{cm}$$

(106)换向元件电抗。

$$e_r=2W_s v_a A L_a\sum\lambda\times10^{-6}=2\times4\times12.06\times115\times7.68\times4.78\times10^{-6}\ \text{V}=0.41\ \text{V}$$

式中 $\sum\lambda=\lambda_s+\lambda_e+\lambda_t=2.69+0.96+1.13=4.78$

槽部比漏磁导为

$$\lambda_s=\frac{h_{02}}{b_{02}}+\frac{h_{22}}{3(r_{21}+r_{22})}+0.63=\frac{0.18}{0.22}+\frac{1.12}{3(0.2+0.1)}+0.63=2.69$$

绕组端部比漏磁导为

$$\lambda_e=(0.5\sim1.0)\frac{L_{av}}{2L_a}=0.48\sim0.96=0.96$$

齿顶比漏磁导为

$$\lambda_t=0.92\log_{10}\frac{\pi t_2}{b_{02}}=0.92\log_{10}\frac{\pi\times1.18}{0.22}=1.13$$

(107)换向元件交轴电枢反应电动势。

$$e_a=2W_s v_a L_a B_{aq}\times10^{-2}=2\times4\times11.39\times7.68\times0.014\times10^{-2}\ \text{V}=0.10\ \text{V}$$

式中，对无换向极的稀土永磁电机，有

$$B_{aq}=\frac{\mu_0 A\tau}{2(\delta+h_m)}\times10^2=\frac{4\pi\times10^{-7}\times115\times5\times10^2}{2(0.055+2.5)}\ \text{T}=0.014\ \text{T}$$

（108）换向元件中合成电动势。

$$\sum e=e_r+e_a=(0.41+0.10)\ \text{V}=0.51\ \text{V}<1.5\ \text{V}(合格)$$

$U_N\geqslant110$ V 时，一般要求 $\sum e<1.5$ V。

（109）换向区宽度。

$$b_{Kr}=b'_b+\left[\frac{K}{Q}+\left(\frac{K}{2p}-y_1\right)-\frac{a}{p}\right]t'_K=1.175\ \text{cm}$$

式中　$b'_b=\frac{D_a}{D_K}b_b=\left(\frac{6.4}{4.5}\times1.25\right)\ \text{cm}=1.78\ \text{cm}$；

$t'_K=\frac{D_a}{D_K}t_K=\left(\frac{6.4}{4.5}\times0.4\right)\ \text{cm}=0.57\ \text{cm}$。

y_1 为以换向片数计的绕组后节距。

（110）换向区宽度检查。

$$\frac{b_{Kr}}{\tau(1-\alpha_p)}=\frac{1.175}{5(1-0.73)}=0.78<0.8(合格)$$

七、最大去磁校核

（111）不同工况时的最大瞬时电流。

$$I_{max}=477.43\ \text{A}$$

突然启动时　$I_{max}=\frac{U_N-\Delta U_b}{R_{a20}}=\left(\frac{110-2.1}{0.226}\right)\ \text{A}=477.43\ \text{A}$

瞬时堵转时　$I_{max}=\frac{U_N-\Delta U_b}{R_{a75}}=\left(\frac{110-2.1}{0.27}\right)\ \text{A}=399.63\ \text{A}$

突然停转时　$I_{max}=\frac{E_a-\Delta U_b}{R_{a75}}=\left(\frac{91.57-2.1}{0.27}\right)\ \text{A}=331.37\ \text{A}$

突然反转时　$I_{max}=\frac{U_N+E_a-\Delta U_b}{R_{a75}}=\left(\frac{110+91.57-2.1}{0.27}\right)\ \text{A}=738.78\ \text{A}$

（112）直轴电枢反应去磁磁动势。

$$F_{ad}=b_\beta A_{max}=0.0\ \text{A}$$

$$F_{as}=b_s A_{max}=(0.02\sim0.03)\times3\ 231\ \text{A}=64.62\sim96.93\ \text{A}，取\ F_{as}=70\ \text{A}$$

式中　$A_{max}=\frac{NI_{max}}{2\pi aD_a}=\left(\frac{272\times477.43}{2\pi\times6.4}\right)\ \text{A/cm}=3\ 231\ \text{A/cm}$

（113）交轴电枢反应去磁磁动势。

$$F_{aq}=\frac{1}{2}\alpha_p\tau A_{max}=\left(\frac{1}{2}\times0.73\times5\times3\ 231\right)\ \text{A}=5\ 896.575\ \text{A}$$

注：F_{aq} 为极尖处最大磁动势。

（114）少槽引起的直轴电枢反应去磁磁动势幅值。

$$F_{ad\theta}=\frac{\pi D_a A_{max}}{2K}\sin\frac{\alpha_a}{2}=\frac{\pi\times6.4\times3\ 231}{2\times34}\sin\frac{360}{2\times34}=85.94\ \text{A}$$

式中　$\alpha_a=\frac{360^\circ}{K}$（$K$ 为偶数）。

（115）换向元件电枢反应去磁磁动势。

$$F_K = \frac{b_{Kr} N^2 W_s L_a n_N I_{max}}{120 a \pi D_a \sum R} \sum \lambda \times 10^{-8}$$

$$= \frac{1.175 \times 272^2 \times 4 \times 7.68 \times 3\ 400 \times 477.43}{120 \times 1 \times \pi \times 6.4 \times 0.16} \times 4.78 \times 10^{-8}\ \text{A} = 537.03\ \text{A}$$

式中　换向回路总电阻

$$\sum r = \frac{2.17 \times 10^{-4} \times 2 W_s L_{av}}{A_{Cua}} + \frac{\Delta U_b}{I_N}$$

$$= \left(\frac{2.17 \times 10^{-4} \times 2 \times 4 \times 14.72}{0.79} + \frac{2.1}{17} \right)\ \text{A} = 0.16\ \text{A}$$

注：如果电机不运行，在突然堵转、反转状态时，则无此去磁磁动势。

(116)电枢反应总去磁磁动势。

$$\sum F_{am} = 2(F_{ad} + F_{as} + F_{aq} + F_{ad\theta} + F_K)$$

$$= 2 \times (0 + 70 + 5\ 896.575 + 85.94 + 537.03)\ \text{A} = 13\ 179.09\ \text{A}$$

(117)最大去磁时磁钢工作点。

$$b_{mh} = \frac{\lambda_n (1 - f'_a)}{1 + \lambda_n} = \frac{16.56 \times (1 - 0.235)}{1 + 16.56} = 0.72$$

$$h_{mh} = \frac{\lambda_n f'_a + 1}{\lambda_n + 1} = \frac{16.56 \times 0.235 + 1}{16.56 + 1} = 0.28$$

其中，电枢去磁磁动势标幺值

$$f'_a = \frac{\sum F_{am} \times 10^{-1}}{\sigma_0 H_c (2 h_m)} = \frac{13\ 250.71 \times 10^{-1}}{1.2 \times 940.6 \times 2 \times 2.5} = 0.235$$

(118)可逆退磁校核。

应使 $b_{mh} > b_K$，即 $0.72 > 0$(合格)。

八、工作特性

(119)电枢绕组铜耗。

$$p_{cua} = I_N^2 R_{a75} = 17^2 \times 0.27\ \text{W} = 78.03\ \text{W}$$

(120)电刷接触电阻损耗。

$$p_b = I_N \Delta U_b = 17 \times 2.1\ \text{W} = 35.7\ \text{W}$$

(121)电枢铁耗。

$$p_{Fe} = K p_{10/50} \left(\frac{f}{50} \right)^{1.3} \times [m_{t2} B_{t2}^2 + m_{j2} B_{j2}^2]$$

$$= 2 \times 2.1 \times \left(\frac{113}{50} \right)^{1.3} \times [1.16 \times 1.8^2 + 0.43 \times 1.48^2]\ \text{W}$$

$$= 57.0\ \text{W}$$

式中　$K = 2 \sim 3$，取 $K = 2$；铁耗系数 $p_{10/50} = 2.1\ \text{W/kg}$；$f = \frac{p n_N}{60} = \frac{2 \times 3\ 400}{60}\ \text{Hz} = 113\ \text{Hz}$。

电枢齿质量为

$$m_{t2} = 7.8 K_{Fe} L_a \left\{ \frac{\pi}{4} [D_a^2 - (D_a - 2 h_{t2})^2] - Q A_s \right\} \times 10^{-3}$$

$$= 7.8 \times 0.95 \times 7.68 \times \left\{ \frac{\pi}{4} [6.4^2 - (6.4 - 1.6 \times 2)^2] - 17 \times 0.22 \right\} \times 10^{-3}\ \text{kg}$$

$$= 1.16\ \text{kg}$$

电枢轭质量为

$$m_{j2}=7.8K_{Fe}L_a\frac{\pi}{4}\times[(D_a-2h_{t2})^2-D_{i2}^2]\times10^{-3}$$

$$=7.8\times0.95\times7.68\times\frac{\pi}{4}\times[(6.4-2\times1.6)^2-0.76^2]\times10^{-3}\text{ kg}$$

$$=0.43\text{ kg}$$

(122)电刷对换向器的摩擦损耗。

$$p_{Kbm}=2\mu_K p_b A_b p_s V_K=266.84\text{ W}$$

式中　电刷单位面积压力 $p_s=2\sim6\text{ N/cm}^2$,取 $p_s=3\text{ N/cm}^2$;摩擦系数 $\mu_K=0.2\sim0.3$,取 $\mu_K=0.25$。

(123)轴承摩托车摩擦和电枢对空气摩擦损耗。

$$p_{Bf}+p_{Wf}\approx0.04P_N=56\text{ W}$$

(124)总机械损耗。

$$p_{fw}=p_{Kbm}+p_{Bf}+p_{Wf}=(266.84+56)\text{ W}=322.84\text{ W}$$

(125)总损耗。

$$\sum p=p_{Cua}+p_b+p_{Fe}+p_{fw}=(78.03+35.7+57.0+322.84)\text{ W}=493.57\text{ W}$$

(126)输入功率。

$$P_1=P_N+\sum p=(1\,400+493.57)\text{ W}=1\,893.57\text{ W}$$

(127)效率。

$$\eta=\frac{P_N}{P_1}\times100\%=\frac{1\,400}{1\,893.57}\times100\%=73.93\%$$

(128)电流校核。

$$I_N'=\frac{P_1}{U_N}=\frac{1\,893.57}{110}\text{ A}=17.2\text{ A}$$

应使$\frac{I_N-I_N'}{I_N}=\frac{17.2-17}{17}\times100\%=1.2\%<\pm5\%$,否则,需要重新计算。

(129)实际感应电动势。

$$E_a=U_N-\Delta U_b-IR_{a75}=110-2.1\text{ V}-17\times0.27\text{ V}=103.31\text{ V}$$

(130)满载实际转速。

$$n=\frac{60aE_a}{p\Phi_\delta N}=\frac{60\times1\times103.31}{1\times38.64\times10^{-4}\times272}\text{ r/min}=2\,998.0\text{ r/min}$$

(131)启动电流。

$$I_{st}=\frac{U_N-\Delta U_b}{R_{a20}}=\left(\frac{110-2.1}{0.226}\right)\text{ A}=477.43\text{ A}$$

(132)启动电流倍数。

$$\frac{I_{st}}{I_N}=\frac{477.43}{17}=28.1$$

(133)启动转矩。

$$T_{st}=\frac{pN\Phi_\delta}{2\pi a}I_{st}=\frac{2\times272\times38.64\times10^{-4}}{2\pi}\times477.43\text{ N}\cdot\text{m}=159.8\text{ N}\cdot\text{m}$$

(134)启动转矩倍数。

$$\frac{T_{st}}{T_N}=\frac{159.8}{4}=39.95$$

式中　$T_N = 9.549\dfrac{P_N}{n_N} = \left(9.549 \times \dfrac{1\,400}{3\,400}\right)\ \text{N} \cdot \text{m} = 4\ \text{N} \cdot \text{m}$

(135)工作特性曲线计算。

工作特性曲线如图 7-9 所示。

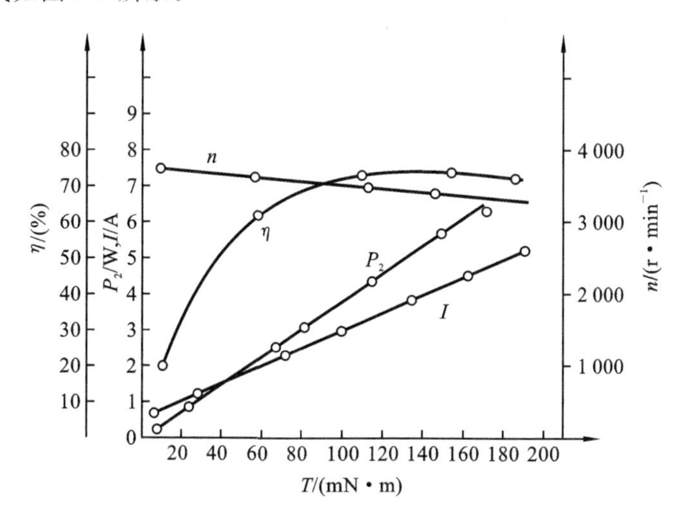

图 7-9　工作特性曲线

小　结

(1)直流电动机采用永磁励磁后,既保留了电励磁直流电动机良好的调速特性和机械特性,还因省去了励磁绕组和不产生励磁损耗而具有结构工艺简单、体积小、用铜量少、效率高等特点。

(2)永磁直流电动机中,一般选大的 B_δ 和小的 A,原因是线负荷 A 减小,电枢绕组铜线截面积、体积和质量减小,节省用铜,可减低成本;一般电机的铜耗比铁耗大,选择大的 B_δ 和小的 A,可使铜耗减低、铁耗增大,对提高电机效率和降低电枢绕组温度有利;有利于换向,因为换向元件中的电势值遇线负荷 A 成正比;可以减小电枢反应的去磁磁动势,对磁钢工作有利。

(3)一般取永磁直流电动机的极弧系数 $\alpha_p = 0.6 \sim 0.75$。为改善电机性能,需要正弦分布绕组磁密时,$\alpha_p \approx 0.637$;为提高电机的力能指标和利用率,则取 $\alpha_p = 0.7 \sim 0.75$,但 α_p 的增大会造成换向区的减少、换向条件的恶化和极间漏磁的增大。

(4)一般可根据电机电枢直径 D 的大小选取 $Z = (2 \sim 4)D$,并通常采用奇数槽,一般选 $Z = 3 \sim 13$。奇数槽能减小电枢产生的主磁通的脉振,有利于减小定位转矩;易于实现接近全距的短距绕组,既改善换向,又能保证转矩尽量大。

第8章

单相串激电动机设计

本章导读

单相串激电动机(见图8-1)的结构与小功率直流电动机的相似,但它能在直流电源或单相交流电源下使用,故又称为通用电机。由于具有使用方便、转速高、体积小、启动转矩大、过载能力强等优点,单相串激电动机非常适合用于电动工具、搅拌机、吸尘器等产品。

图8-1 单相串激电动机

本章主要介绍单相串激电动机的工作原理、结构特点及主要尺寸的确定、电磁计算等。

学习目标

(1)掌握单相串激电动机的基本结构及工作原理等。

(2)熟悉单相串激电动机的设计特点、要求及主要尺寸的确定等。

(3)熟悉单相串激电动机的设计程序。

8.1 概 述

单相串激电动机由于具有使用方便、转速高、启动转矩大、过载能力强等优点,非常适用于电动工具、园林工具、医疗器械及家用电器中。如今,单相串激电动机广泛用于电钻、砂光机、电刨、割草机、牙床机、吸尘器、榨汁机等中。单相串激电动机具有以下特点。

(1)可交流、直流两用。

(2)转速高,一般为8 000~35 000 r/min。

(3)调速方便(调压调速),且转速与电源频率无关。

(4)启动转矩大,为 4～6 倍的额定转矩。

(5)机械特性较软,过载能力强。

(6)体积小,用料省。

(7)不足:电刷和换向器易磨损、换向易产生火花、易受到电磁干扰等。

单相串激电动机的结构虽与小功率直流电动机的相似,但它可交流、直流两用。当使用交流电源供电时,单相串激电动机的工作原理为旋转力矩的原理,但仍可以用直流电动机的运转原理来解释(见图 8-2)。当单相串激电动机工作在交流电的正半波时,电流先流经上部定子线圈,产生一向上的磁场,然后经电刷进入换向器,在转子绕组中分成上、下并联支路流过,换向器使转子中的电流始终保持上、下对称、连续,最后从另一个电刷出来进入下部定子。由于上部与下部定子线圈绕线方向一致,所以下部定子线圈也产生向上的磁场,致使上、下定子产生的磁场同向。导流的转子线圈两边在外部磁场作用下产生两个方向相反的电磁力,形成力矩,从而使转子逆时针转动,如图 8-2(a)所示。

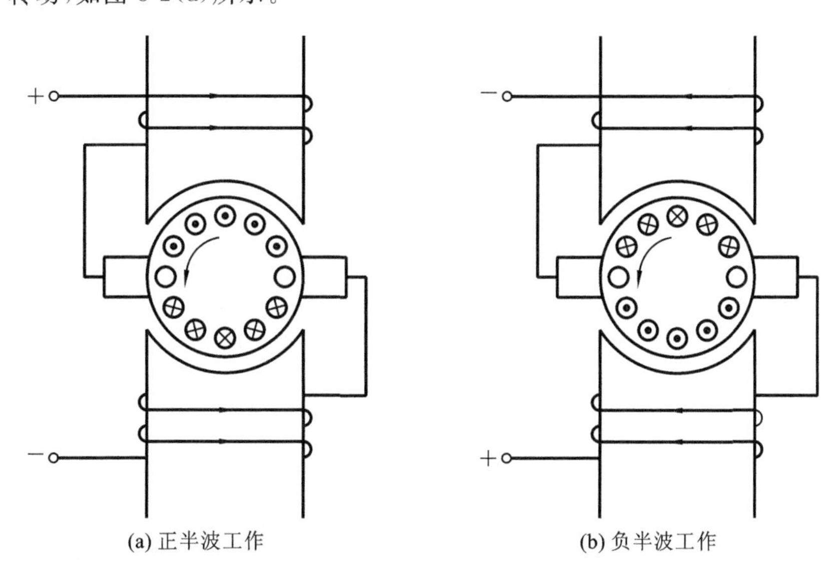

(a) 正半波工作　　(b) 负半波工作

图 8-2　单相串激电动机工作示意图

如图 8-2(b)所示,当工作在交流电的负半波时,由于电流方向改变,这时定子上、下线圈均产生向下的磁场,同时转子绕组上、下两部分并联支路电流的方向也发生改变,这样转子线圈两边在外部磁场作用下的产生电磁力矩的方向仍然不变,转子依然逆时针转动。而换向器的换流作用,使得电动机不论工作在交流电的正半波、负半波下还是工作在恒定直流电下,电磁转矩的方向都是一致的。

为适应电动工具及小型家用电器的应用需要,单相串激电动机设计得到了长足进步。这主要体现在以下几个方面。

1. 提高电动机转速

对于其他交流电动机来说,转速与电源的频率有关,当电源的频率为 50 Hz 时,转速不会超过 3 000 r/min,但单相串激电动机的转速不受电源频率的限制,大多数为 8 000～35 000 r/min,因此可以通过提高电动机转速的办法来减小电动机的体积,提高电动机的功率。例如,电动工具用单相串激电动机的额定转速已从 12 000 r/min 提高到 18 000 r/min。

2. 增大转子直径

增大转子直径，可以增大转子线圈的作用半径，因而使转矩增大，直接提高电机的输出功率。目前，单相串激电动机转子外径与定子外径的比值已由以往的0.52～0.56提高到0.54～0.59。单相串激电动机定子铁芯、转子铁芯及冲片图如图8-3所示。增大转子外径，也促使定子绕组和转子绕组的温升趋于接近，可以改善转子绕组温升偏高、定子绕组温升偏低的情况。

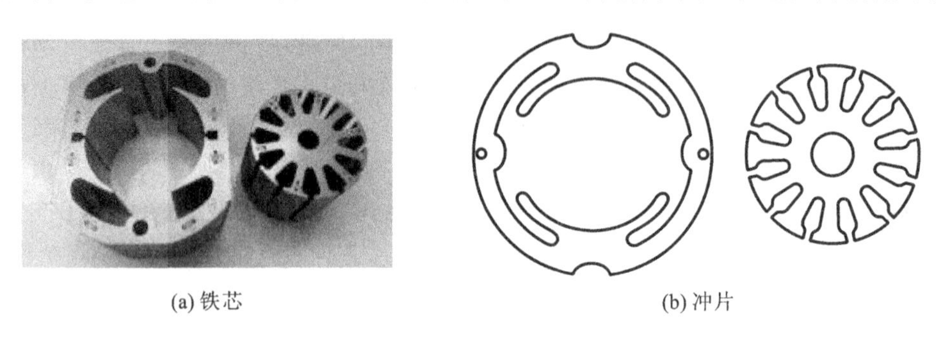

(a) 铁芯　　(b) 冲片

图8-3　串激电动机定子铁芯、转子铁芯及冲片图

3. 采用深槽定子

深槽定子结构是随着定子自动绕线机的采用而发展起来的。所谓深槽定子，是指冲片槽比一般的冲片槽深些的定子。深槽定子冲片（局部）与铁芯如图8-4所示。由于定子极身磁密较小，因此可将定子槽向极身中心靠近，不会增加过多的激磁安匝。采用深槽的设计，并不仅仅是为了增加放定子线圈的窗口面积，以便多放定子线圈，更重要的是为了增大转子的直径，而不致过多减小放定子线圈的窗口面积。试验表明，由于增大了转子的直径，并又缩短了定子线圈的匝长，电机的功率提高了10%～20%。

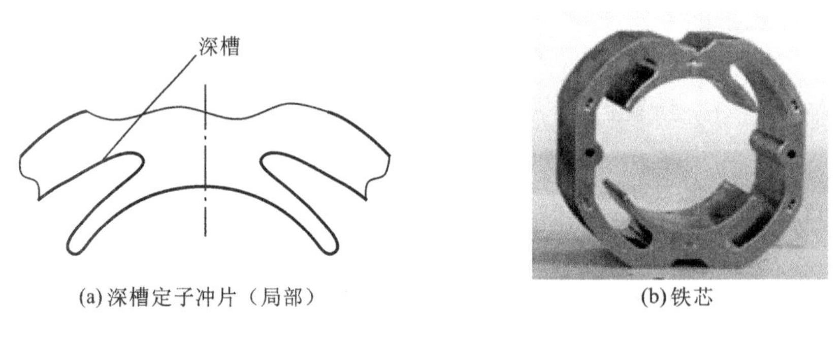

(a) 深槽定子冲片（局部）　　(b) 铁芯

图8-4　深槽定子冲片（局部）及铁芯

4. 提高磁通密度

通过增加激磁安匝，可以适当提高磁通密度。增加激磁安匝，不但可以缩小磁路系统的结构尺寸，而且可以改善换向，并使机械特性趋硬，降低空载转速。

5. 提高电动机冲片的通用性

单相串激电动机主要用于电动工具和家用电器，生产批量很大，为了适应全自动、半自动生产线的大批量生产的需要，降低制造成本，必须减少对电动机冲片的规定，提高通用性，尽量用一种冲片甚至一种功率的电动机去配用不同的产品。

8.2　单相串激电动机的设计特点及参数选取

一、单相串激电动机设计的基本要求

1. 功率要求

设计单相串激电动机时，要综合考虑效率、温升、体积等要求，选取适当的功率。

2. 效率和功率因数的要求

电动机效率的大小直接关系到电动机用户的耗电量，尤其是用量很大的电动机，效率是很重要的指标。同时，功率因数的大小直接关系到无功分量的大小，在电磁计算中也要予以保证。

3. 其他额定指标

其他额定指标包括启动转矩、最小转矩、最大转矩等。

二、单相串激电动机的设计特点

1. 额定工作点

为了保证额定输出转矩时，电动机的转速不得低于额定转速，当设计电动机时，往往提高额定转速（提高 5%～10%）来进行电磁计算。

2. 控制换向火花

单相串激电动机的换向条件比直流电动机的严格，而换向火花无法计算，故要求严格控制与换向火花相关的各设计参数。

3. 其他设计要求

由于单相串激电动机在性能上及使用上的一些特点，往往某些指标不做考核，有些指标允许有较大的偏差，如：其启动转矩、最大转矩都比一般交流电动机的大得多，因此往往省略计算；由于其功率因数一般都在 0.9 以上，可不做严格考核；另外，对效率指标，由于单相串激电动机的功率小，一般也不做严格考核指标。功率和效率虽然不是严格考核的指标，但在电动机设计时仍须严格核算。

三、单相串激电动机的主要尺寸及电磁负荷

1. 主要尺寸定子外径 D_1、电枢外径 D_2 及铁芯有效长度 l_{ef}

确定电机主要尺寸，一般从计算 $D_2^2 l_{ef}$ 入手。

$$D_2^2 l_{ef} = \frac{P_i \times 6 \times \sqrt{2} \times 10^4}{\alpha_p B_\delta A n} \tag{8-1}$$

式中　P_i——电磁内功率，即通常所说的电磁功率；

α_p——极弧系数，取 0.6～0.7；

B_δ——气隙最大磁密，T，可按图 8-5 选取；

A——线负荷，A/cm，可按图 8-5 选取；

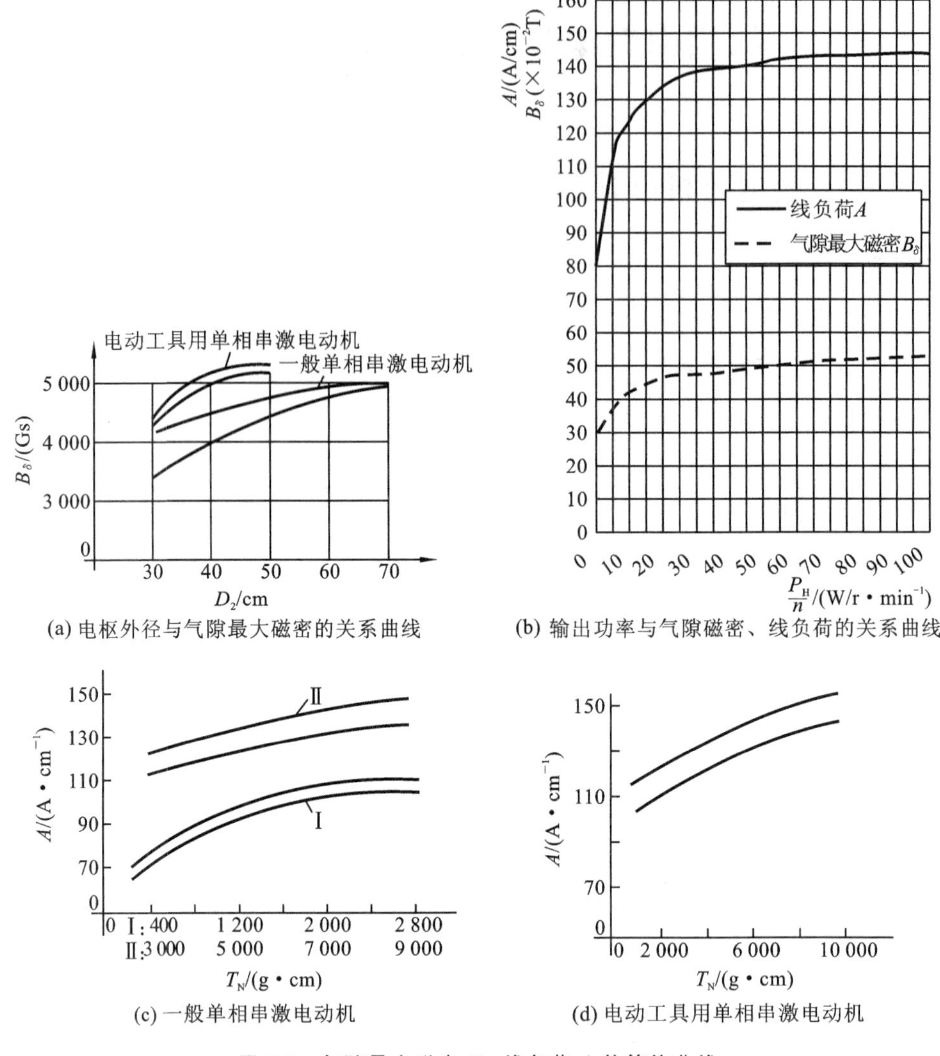

(a) 电枢外径与气隙最大磁密的关系曲线

(b) 输出功率与气隙磁密、线负荷的关系曲线

(c) 一般单相串激电动机

(d) 电动工具用单相串激电动机

图 8-5　气隙最大磁密 B_δ、线负荷 A 估算值曲线

n——转速，r/min。

从式(8-1)看出，AB_δ 取值越大，电动机的尺寸越小，但 AB_δ 取值受到其他因素的制约，详见后述。转速 n 越大，电动机的尺寸也越小，电动机的转速同样受到机械性能、换向等因素的制约。在此处，可用额定转速代入式中做计算。电磁功率 P_i 为通过气隙磁场、从定子侧传递到转子的功率，可用下面经验公式计算：

①当 $\eta \leqslant 50\%$时：

$$P_i = P_H\left(\frac{1+\eta}{2\eta}\right) \tag{8-2}$$

②当 $\eta > 50\%$时：

$$P_i = P_H\left(\frac{4+5\eta}{9\eta}\right) \tag{8-3}$$

式(8-2)、式(8-3)中 P_H 为输出功率，可按额定输出功率代入计算；η 为电动机的效率，可按额定效率代入计算，当需要计算者确定时，可按图 8-6 选取。

对短时定额运行的电动机或采用耐热等级更高绝缘的电动机，效率值应减小。

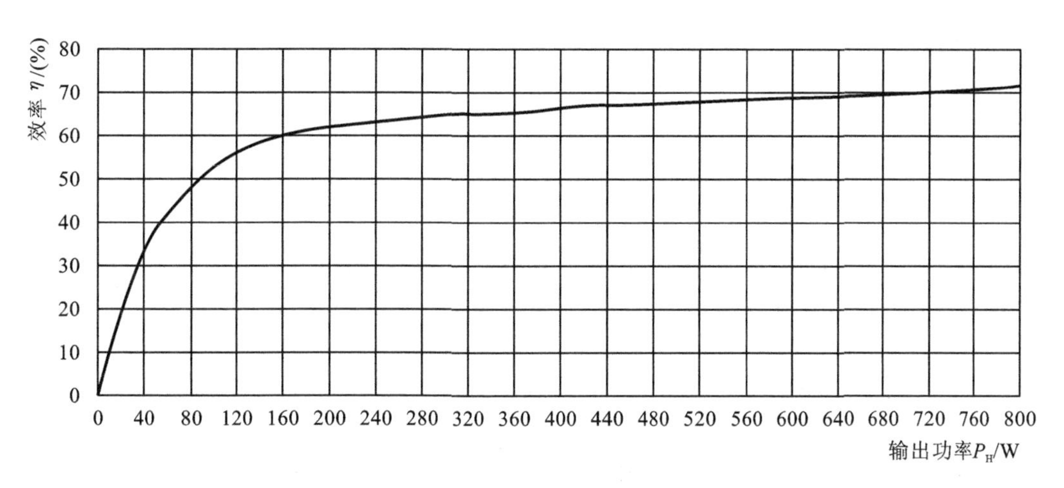

图 8-6　效率与输出功率的关系

确定 $D_2^2 l_{ef}$ 后，接着可确定电枢外径 D_2。确定 D_2 时，应综合考虑电动机的使用条件、通用性和派生的要求，同时考虑合适的细长比 l_{ef}/D_2（通常为 0.5～1.5）。较大的 D_2 值使电动机细长，铜利用率较高，但是制造工艺性较差，绕组挠度大，冷却差，漏抗大，换向不利。确定 D_2 后，可以确定铁芯叠长 L。

D_2/D_1 的比值可在 0.54～0.59 之间选取，较大值适合于深槽转子。D_2/D_1 比值确定后，可以确定定子外径 D_1。

2. 线负荷 A 及气隙最磁密 B_δ

电枢线负荷 A 表示电枢外径圆周单位长度上的安匝。A 越大，电动机的尺寸越小，铜耗越大，从而导致因线匝增多而使换向恶化。因此，A 的增大是有限制的。

从式(8-1)来看，当 $D_2^2 l_{ef}$ 一定时，AB_δ 也是定值，B_δ 取得大，A 就取得小，反之亦然。但二者的取值都是受其他因素制约的，初步设计时可参照图 8-5 选取，该图中的曲线适用于连续负载 E、B 级绝缘单相串激电动机。

四、磁路参数的选取

1. 定转子安匝比和铁芯各部分磁密

定转子安匝比 $8W_1/N$ 是一个重要的磁路控制参数，W_1 为一个极的定子线圈匝数，N 为电枢总导体数。定子、转子安匝比表示定子磁场、转子磁场的相对强弱情况，其值的大小对电机性能、换向情况、机械特性硬度及损耗效率都有影响，简单分析如下。

(1)定转子安匝比大，定子主磁场强，电枢磁场相对弱，磁场畸变小，利于换向。

(2)定转子安匝比大，定子主磁场强，磁路的饱和程度高，利于稳定转速、提高机械硬度。

(3)定转子安匝比大，铜耗增大，温升增高，效率下降，定子电抗增大，功率因数减小。

实际上，定转子安匝比应维持在合理范围内，过大、过小都没有意义。当磁场足够饱和时，再增加定子激磁安匝，定子磁场也不会明显增强，不仅失去了积极方面的意义，还使铜耗增加了。定转子安匝比推荐范围为 0.85～1.3。对于功率小的电动机，定转子安匝比取大值；对于功率大(400 W 以上)的电动机，定转子安匝比取较小的值。

磁路的饱和程度是由铁芯各部分磁密的大小来决定的。由于结构的需要，各部分磁密不同，正常设计的电动机，各部分磁密的范围一般如下。

(1)定子极身磁密 B_p:0.6～0.9 T、1.0～1.4 T(深槽定子)。

(2)定子轭部磁密 B_{c1}:1.6～1.75 T。

(3)电枢齿部磁密 B_t:1.65～1.8 T。

(4)电枢轭部磁密 B_{c2}:1.35～1.65 T。

2. 极弧系数 α_p 和气隙 δ

极弧系数 α_p 是极弧长度和极距的比值。极弧系数越大,电动机的尺寸越小。但极弧系数过大会影响到换向区域,对火花不利。当定子磁势为矩形波时,从傅里叶级数分析,可看出各分量谐波随 α_p 值的变化情况如图 8-7 所示。从图可见,当 α_p 为 0.667 时,三次分量为 0,所以一般 α_p 取0.667～0.7,若气隙采用不均匀设计时,α_p 可取较大的值。

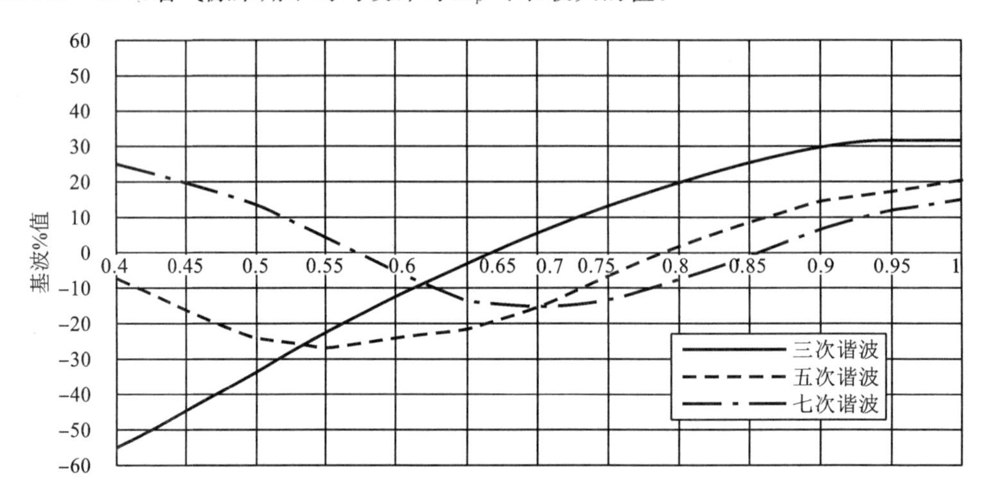

图 8-7 极弧系数 α_p

气隙 δ 也是磁路的重要参数,气隙中所分担的激磁磁动势占全部激磁磁动势的40%～50%。δ 越大,磁动势消耗得越多,这使得定子绕组的匝数增多,铜耗增加,并因定子电感增大,功率因数减小。δ 增大也有好处,δ 增大可减弱电枢反应,利于换向,并且也能减弱齿槽效应,降低损耗,弱化定子、转子偏心带来不利的影响。单相串激电动机的 δ 通常取为 0.3～0.9 mm,小型电动机取较小值。δ 的计算式如下。

$$\delta = 0.3\frac{\tau \cdot A}{B_\delta} \cdot 10^{-4} \tag{8-4}$$

式中

$$\tau = \frac{\pi D_2}{2} \tag{8-5}$$

A、B_δ 可按图 8-5 选取,为了改善换向,电动机可采用非均匀气隙,非均匀气隙通过极弧偏心来实现(见图 8-8)。其偏心量由下式计算:

$$e = \frac{\delta_2 - \delta_1}{1 - \cos\frac{\beta}{2}} \tag{8-6}$$

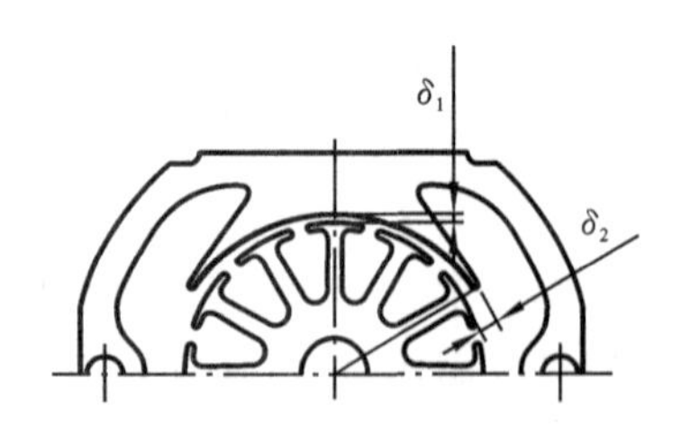

图 8-8 不均匀气隙示意图

不均匀气隙的等效气隙按下式计算:

$$\delta' = \frac{2k_\delta}{k_\delta + 1}\delta_1 \tag{8-7}$$

式中

$$k_\delta = \frac{\delta_2}{\delta_1} \tag{8-8}$$

五、槽数的选择

电枢槽数 Z 对电机性能、价格和制造工艺等都有很大的影响。增多槽数有很多优点，主要体现在以下几个方面。

(1)使电枢导体在电枢圆周上分布得比较均匀，利于电机的启动，利于减小转矩的脉振和电机的振动、噪声。

(2)当电枢总导体数 N 和每槽内的并列元件数不变时，槽数增多，使元件匝数减小，有利于减小换向电势，改善换向。

(3)槽数增多，每槽内的导体数减少，使每槽发热量减小，能降低电枢绕组温升。

增多槽数也会带来许多不利因素，主要体现在以下两个方面。

(1)增加了槽绝缘材料的用量，降低了铁芯的利用率。

(2)增加了模具制造的困难和冲槽、嵌线等工时，增加了电机的成本。

一般单相串激电动机和电动工具用单相串激电动机采用奇数槽。奇数槽可减少磁场脉振，改善启动性能。奇数槽还可实现接近全距的短距绕组，既能消除一槽内同时换向的上层、下层导体所产生的互感电势、改善换向，又能使电磁转矩减小。

采用机械化自动下线或高转速的单相串激电动机(如吸尘器用电动机)采用偶数槽。偶数槽可使电枢结构均匀，有利于转子动平衡，减小电机的振动、噪声，利于换向。选用偶数槽的单相串激电动机，可采用双头绕线机自动绕制的转子线圈。

目前，一般单相串激电动机和电动工具用单相串激电动机，选用的电枢槽数为：$Z=9\sim19$；吸尘器电动机的电枢槽数一般为：$Z=20$、22、24。电枢槽数的近似计算公式为

$$Z = (3 \sim 4)D_2 \tag{8-9}$$

式中，小容量电动机的电枢槽数取小值，电枢直径 D_2 的单位为 cm。

六、绕组温升控制

绕组温升有限值的规定，限值是按照所使用的绝缘材料的耐热等级和使用寿命的需要而确定的。通过热计算来控制绕组温升，计算上反复且正确性差，所以工程上通过控制和绕组温升相关的参数来间接控制绕组温升。实践证明，这是合理可行的。

1. 限制 AJ_2 值以控制电枢绕组温升

电枢绕组铜耗直接影响电机发热，所以线负荷 A 和电枢电流密度 J_2 的乘积可以用来控制电枢绕组温升。为了控制电枢绕组温升不超过某一数值，只需要控制 AJ_2 值不超过某一值即可。

为了给电磁设计提供合理的 AJ_2 值，应按照电机的主要尺寸来计算 AJ_2 的限值。下式是计算 AJ_2 值的经验公式：

$$AJ_2 = K_a D_2^2 l_{ef} n \cdot 10^{-4} \tag{8-10}$$

式(8-10)中，系数 K_a 可根据额定输出功率 P_H 从图 8-9 中选取，此曲线适用于连续运行、额定温升不超过 70 K 的扇冷结构的电机。

应该指出的是，在实际工程中，温升控制参数宜低于限值并留有裕度，以适应批量生产中的

离散性。

2. 限制 I^2r_1 的数值以控制定子绕组温升

直接影响定子绕组温升的因素是定子铜耗 I^2r_1（I 是电机的主电流，r_1 是定子的电阻）。因此，只要控制定子铜耗就能控制定子绕组温升。定子绕组温升往往低于转子绕组温升，这是正常的，是由电机结构和散热特点所决定的。但二者不可相差过大，否则说明材料利用不合理。

同样可用电机的主要尺寸来计算定子铜耗的限值，计算公式如下：

$$I^2r_1 = K_S D_2^2 Ln \cdot 10^{-4} \tag{8-11}$$

系数 K_S 可根据定子外径 D_1 从图 8-10 选取。此曲线适用于连续运行、额定温升不超过 60 K 的扇冷结构的电机。

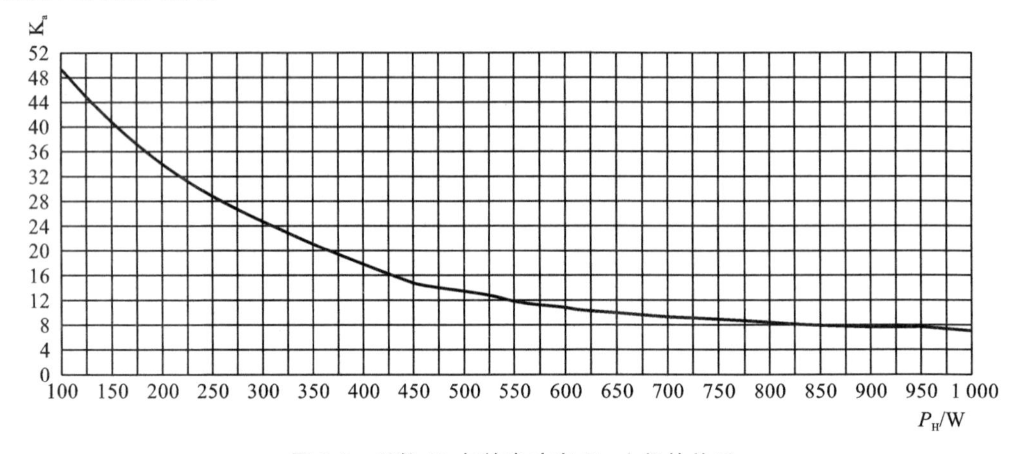

图 8-9　系数 K_a 与输出功率 P_H 之间的关系

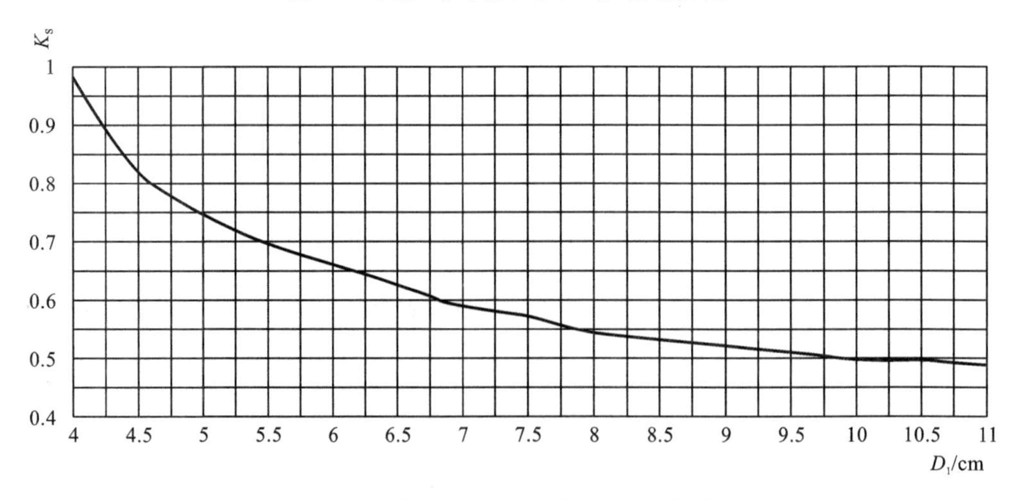

图 8-10　系数 K_S 与定子外径 D_1 之间的关系

8.3　单相串激电动机电磁设计实例

一、程序简介

本程序主要用于输出功率为 60～1 200 W、负载转速为 6 000～18 000 r/min 的单相串激电动机的设计计算。经实际使用验证，具有较高的计算正确性，但超出适用范围使用时，计算正确性会受到一定影响。

本程序属于校算分析程序，设计者的经验对设计方案的优劣会有影响。

本程序在步骤安排上，已考虑了尽可能减少计算上的反复，为此首先计算出转子，从而推算磁通，然后进行磁路计算、损耗计算、端电压校算、功率因数校算、功率校算。具体的设计计算方法及详细说明在程序中介绍。

二、电磁设计程序

（一）额定数据

（1）额定输出功率（等于输出功率）。

$$P_H = 300\ \text{W}$$

（2）额定转速。

$$n_H = 13\ 000\ \text{r/min}$$

（3）额定输出转矩。

$$M_H = \frac{9.55 P_H}{n_H} = 0.22\ \text{N} \cdot \text{m}$$

（4）额定电压。

$$U_H = 220\ \text{V}$$

（5）额定频率。

$$f_H = 50\ \text{Hz}$$

（6）额定效率。

$$\eta_H = 62.7\%$$

（7）额定功率因数。

$$\cos\varphi_H = 0.93$$

额定数据是对计算任务所提出的要求，电磁计算的最终结果，就是在保证达到额定数据要求的前提下，确定定子绕组、转子绕组及有关的结构参数。

（二）结构参数

定子冲片、转子冲片的外形如图 8-11 所示。

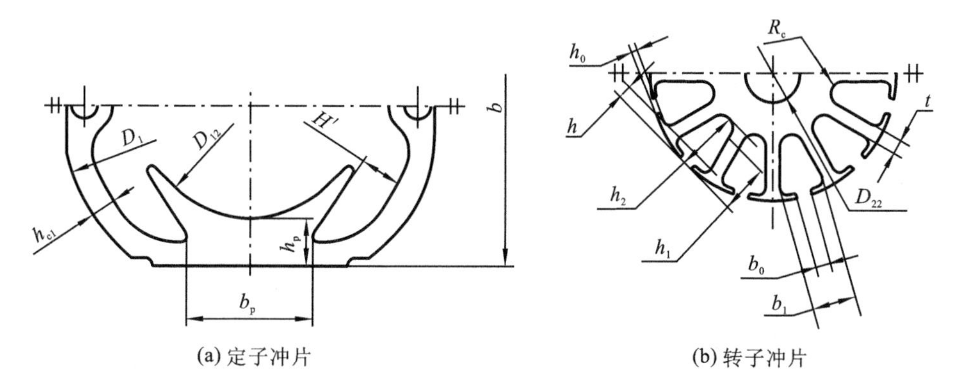

图 8-11　定子冲片、转子冲片的外形

(8)定子外径。

$$D_1=7.1\ \text{cm}$$

(9)定子内径。

$$D_{12}=3.9\ \text{cm}$$

(10)转子外径(电枢外径)。

$$D_2=3.81\ \text{cm}$$

(11)转子内径。

$$D_{22}=1.05\ \text{cm}$$

(12)铁芯长度。

$$L=4.4\ \text{cm}$$

(13)气隙。

$$\delta=0.045\ \text{cm}$$

(14)定子极宽。

$$b_p=3.1\ \text{cm}$$

(15)定子极高。

$$h_p=0.9\ \text{cm}$$

(16)定子轭高。

$$h_{c1}=0.685\ \text{cm}$$

如非平行轭，h_{c1}取靠近最狭处的1/3处的轭高。

(17)定子槽宽。

$$H'=0.72\ \text{cm}$$

(18)转子槽口宽。

$$b_0=0.25\ \text{cm}$$

(19)转子槽上部宽。

$$b_1=0.724\ \text{cm}$$

(20)转子槽口高。

$$h_0=0.065\ \text{cm}$$

(21)转子槽楔厚度。

$$h=0.08\ \text{cm}$$

(22)转子槽上部深。

$$h_1=0.52\ \text{cm}$$

(23)转子槽芯深度。

$$h_2=0.795\ \text{cm}$$

(24)转子槽底半径。

$$R_c=0.21\ \text{cm}$$

(25)转子齿宽。

$$t=0.326\ \text{cm}$$

对于非平行齿，t取靠近最小齿宽的1/3处的齿宽。

(26)转子槽数。

$$Z=11$$

(27)换向器外径。

$$D_c=2.6\ \text{cm}$$

(28)换向器片数。

$$K=33$$

(29)电刷长度。

$$l_b=0.8\ \text{cm}$$

(30)电刷宽度。

$$b_b=0.63\ \text{cm}$$

结构参数是根据上章所述的设计原则以及运用几何、三角的计算公式而提出的，通过电磁计算，结合绕组参数的设计，最后确定结构参数。在电磁计算过程中，如果发现已提出的结构参数不符合原先设想的设计原则，不能保证额定数据的要求，则要修改原先提出的结构参数，如修改定子槽形、转子槽形，放长铁芯等。结构参数也可能由于通用化的要求而确定的，如需要通用定子冲片、转子冲片，此时，在电磁计算中，不允许改变冲片的任何尺寸，只能改变铁芯长度来满足额定数据的要求。

(三)计算

(31)负载电流。

$$I=\frac{P_H}{U_H\eta_H\cos\varphi_H}=\frac{300}{220\times0.627\times0.93}\ \text{A}=2.338\ \text{A}$$

(32)转子绕组导线线规。

$$d_2'/d_2=0.39\ \text{mm}/0.33\ \text{mm}$$

式中　d_2'——绝缘导线外径；

d_2——铜线直径。

结合下步要计算的电流密度 J_2 和槽满率 f_s 的设计要求，按计算程序表 A-1 可初步选定绕组导线线规。

(33)转子导线截面积。

$$S_2=0.0855\ \text{mm}^2$$

(34)转子绕组电流密度。

$$J_2=\frac{I}{2S_2}=\frac{2.338}{2\times0.0855}\ \text{A/mm}^2=13.67\ \text{A/mm}^2$$

(35)转子线负荷。

$$A=118.2\ \text{A/cm}$$

A 按对 AJ_2 的设计要求算得。

(36)转子总导体数。

$$N_2=\frac{2\pi D_2A}{I}=\frac{2\pi\times3.81\times118.2}{2.338}=1\ 210$$

(37)转子每槽导体数。

$$N_s=\frac{N_2}{Z}=\frac{1\ 210}{11}=110$$

(38)转子槽满率。

$$f_s=\frac{N_s d'^2_2\cdot 10^{-2}}{[1/2(b_1+2R_c)-2\Delta](h_1-h-2\Delta)+1.57\,(R_c-\Delta)^2}\times 10\%$$

$$=\frac{110\times 0.39^2\times 10^{-2}}{\left[\frac{1}{2}(0.724+2\times 0.21)-2\times 0.025\right](0.52-0.08-2\times 0.025)+1.57\,(0.21-0.025)^2}\times 100\%$$

$$=70\%$$

Δ 为槽绝缘厚度与间隙之和。对于一层槽绝缘，间隙为 0.005 mm。

f_s 应不大于 76%，如用自动绕线机绕制，则不宜大于 65%。

(39)转子绕组平均半匝长。

$$l_2=L+K_e D_2=(4.4+0.95\times 3.81)\text{ cm}=8.02\text{ cm}$$

当 D_2 小于 4 cm，$K_e=0.95$；当 D_2 大于 4 cm，$K_e=1$。

(40)转子绕组电阻。

$$r_2=\frac{5.35N_2 l_2}{S_2}\cdot 10^{-5}=\frac{5.35\times 1\,210\times 8.02\times 10^{-5}}{0.085\,5}\ \Omega=6.1\ \Omega$$

(41)损耗比例系数。

$$a_s=\frac{\left(\frac{2.3I^2 r_2+2.4I}{P_H}+0.034\right)\eta_H}{1-\eta_H}$$

$$=\frac{\left(\frac{2.3\times 2.338^2\times 6.1+2.4\times 2.338}{300}+0.034\right)0.627}{1-0.627}$$

$$=0.51$$

返算后，a_s 修正为 0.5。

此 a_s 数值仅用于初算 P_i。

(42)电磁内功率(电磁功率)。

$$P_i=\frac{P_H}{\eta_H}[1-a_s(1-\eta_H)]=\frac{300}{0.027}[1-0.5(1-0.627)]\text{ W}=389.23\text{ W}$$

(43)旋转电势。

$$E=\frac{P_i}{I}=\frac{389.23}{2.338}\text{ V}=166.48\text{ V}$$

(44)电机常数。

$$C_A=\frac{D_2^2 L n_H}{P_i}=\frac{3.81^2\times 4.4\times 13\,000}{300}=2\,767.74$$

(45)极距。

$$\tau=\frac{\pi D_2}{2}=\frac{3.14\times 3.81}{2}\text{ cm}=5.98\text{ cm}$$

(46)极弧系数。

$$\alpha_p=0.65$$

(47)计算极距。

$$\tau_0=\alpha_p\tau=0.65\times 5.98\text{ cm}=3.887\text{ cm}$$

(48)实槽节距。

$$y_s=\frac{Z}{2}-\varepsilon=\frac{11}{2}-0.5=5$$

(49)短距系数。

$$K_p=\sin\left(\frac{y_s}{Z}\cdot 180°\right)=\sin\left(\frac{5}{11}\times 180°\right)=0.99$$

(50)磁通。

$$\Phi_d=\frac{60\sqrt{2}E}{K_p n_H N_2}=\frac{60\sqrt{2}\times 166.48}{0.99\times 13\ 000\times 1\ 210}\ \text{Wb}=9.07\times 10^{-4}\ \text{Wb}$$

(51)虚槽节距。

$$y_1=\frac{K}{2}-\frac{K}{Z}\cdot\varepsilon=\left(\frac{33}{2}-\frac{33}{11}\times 0.5\right)\ \text{mm}=15\ \text{mm}$$

(52)前节距。

$$y_2=y_1-1=(15-1)\ \text{mm}=14\ \text{mm}$$

(53)换向器线速度。

$$v_c=\frac{\pi D_c n_H}{60}\cdot 10^{-2}=\frac{\pi\times 2.6\times 13\ 000}{60}\times 10^{-2}\ \text{m/s}=1\ 769\ \text{m/s}$$

(54)转子线速度。

$$v_a=\frac{\pi D_2 n_H}{60}\cdot 10^{-2}=\frac{\pi\times 3.81\times 13\ 000}{60}\times 10^{-2}\ \text{cm}=2\ 600\ \text{cm}$$

(55)换向器片距。

$$t_K=\frac{\pi D_c}{K}=\frac{\pi\times 2.6}{33}=0.247\ \text{cm}$$

(56)换向区域宽度。

$$U_z=\frac{K}{Z}=\frac{33}{11}=3$$

$$b_K=b_b'+\left(U_z+\frac{K}{2}-y_1-1\right)t_K'=0.923\ \text{cm}+\left(3+\frac{33}{2}-15-1\right)\times 0.362\ \text{cm}=2.19\ \text{cm}$$

$$b_b'=b_b\frac{D_2}{D_c}=0.63\times\frac{3.81}{2.6}\ \text{cm}=0.923\ \text{cm}$$

$$t_K'=t_K\frac{D_2}{D_c}=0.247\times\frac{3.81}{2.6}\ \text{cm}=0.362\ \text{cm}$$

核算 $b_K<1.2(\tau-\tau_0)$。

(57)电刷电密。

$$J_b=\frac{I}{l_b b_b}=\frac{2.338}{0.8\times 0.63}\ \text{A/cm}^2=4.64\ \text{A/cm}^2$$

(58)转子齿距。

$$t_m=\frac{\pi D_2}{Z}=\frac{\pi\times 3.81}{11}\ \text{cm}=1.087\ \text{cm}$$

(59)转子外齿宽。

$$t_1=t_m-b_0=1.087-0.25=0.837\ \text{cm}$$

(60)转子槽宽。

平行齿：
$$t_s=\frac{\pi(D_2-2h_0-h_1)}{Z}-t$$

非平行齿：
$$t_s=\pi\left(D_2-2h_0-\frac{4}{3}h_1\right)-t$$

(61)转子槽形系数。

$$K_s=\frac{t_s}{0.96t}=\frac{0.576}{0.96\times 0.326}=1.84$$

(62)转子单位比漏磁导。

$$\lambda_2=\frac{1.2h_2}{b_1+2R}+K_e\frac{D_2}{L}+0.92\log_{10}\frac{\pi t_m}{b_0}=\frac{1.2\times 0.795}{0.72+2\times 0.2}+0.95\times\frac{3.81}{4.4}+0.92\log_{10}\frac{\pi\times 1.087}{0.25}=2.67$$

(63)转子每元件匝数。

$$W_2=\frac{N_2}{2K}=\frac{1\ 210}{2\times 33}=18.3\text{，取 }W_2=19$$

(64)换向元件中电抗电势。

$$e_x=2W_2L\lambda_2Av_a\cdot 10^{-6}=2\times 19\times 4.4\times 2.67\times 118.2\times 26\times 10^{-6}\ \text{V}=1.37\ \text{V}$$

(65)换向元件中变压器电势。

$$e_t=4.44f_HW_2\Phi_d=4.44\times 50\times 19\times 9.07\times 10^{-4}\ \text{V}=3.83\ \text{V}$$

(66)换向元件中电枢反应电势。

$$\begin{aligned}e_a&=\frac{0.8\pi W_2A\tau Lv_a}{\tau-\tau_0}\cdot 10^{-6}\\&=\frac{0.8\times\pi\times 19\times 118.2\times 5.98\times 4.4\times 26\times 10^{-6}}{5.98-3.99}\ \text{V}\\&=1.94\ \text{V}\end{aligned}$$

(67)转子轭高。

$$\begin{aligned}h_{c2}&=\frac{D_2-(2h_2+\psi_2D_{22})}{2}+\frac{1}{3}R\\&=\frac{3.81-\left(2\times 0.795+\frac{5}{6}\times 1.05\right)}{2}\ \text{cm}+\frac{1}{3}\times 0.21\ \text{cm}\\&=0.743\ \text{cm}\end{aligned}$$

转轴复有绝缘层： $\psi_2=1$

转轴不复绝缘层： $\psi_2=\frac{5}{6}$

(68)定子轭部磁密。

$$B_{c1}=\frac{1.07\Phi_d}{1.92h_{c1}L}\cdot 10^4=\frac{1.07\times 9.07\times 10^{-4}\times 10^4}{1.92\times 0.685\times 4.4}\ \text{T}=1.68\ \text{T}$$

(69)电枢轭部磁密。

$$B_{c2}=\frac{\Phi_d}{1.92h_{c2}L}\cdot 10^4=\frac{9.07\times 10^{-4}\times 10^4}{1.92\times 0.743\times 4.4}\ \text{T}=1.44\ \text{T}$$

(70)定子极身磁密。

$$B_p=\frac{1.08\Phi_d}{0.96b_pL}\cdot 10^4=\frac{1.08\times 9.07\times 10^{-4}\times 10^4}{0.96\times 3.1\times 4.4}\ \text{T}=0.75\ \text{T}$$

(71)气隙最大磁密。

$$B_\delta=\frac{\Phi_d}{\tau_0L}\cdot 10^4=\frac{9.07\times 10^{-4}\times 10^4}{3.99\times 4.4}\ \text{T}=0.52\ \text{T}$$

(72)电枢齿部磁密。

$$B_t=\frac{B_\delta t_m}{0.96t}\cdot 10^4=\frac{0.52\times 1.087\times 10^4}{0.96\times 0.326}\ \text{T}=1.81\ \text{T}$$

(73)定子轭磁场强度。

$$at_{c1}=43.4\ \text{A/cm}$$

查表 8-1 得 B_{c1}。

表 8-1 D_{22} 表硅钢片交流 50 Hz 磁化特性曲线 $B=f(H)$

H \ B	0	0.01	0.02	0.03	0.04	0.05	0.06	0.07	0.08	0.09
0.5	1.5	1.65	1.8	1.95	2.1	2.25	2.4	2.55	2.7	2.85
0.6	3	3.2	3.4	3.6	3.8	4	4.2	4.4	4.6	4.8
0.7	5	5.2	5.4	5.6	5.8	6	6.2	6.4	6.6	6.8
0.8	7	7.2	7.4	7.6	7.8	8	8.2	8.4	8.6	8.8
0.9	9	9.2	9.4	9.6	9.8	10	10.2	10.4	10.6	10.8
1	11	11.2	11.4	11.6	11.8	12	12.2	12.45	12.7	12.95
1.1	13.2	13.4	13.6	13.8	14	14.2	14.4	14.65	14.9	15.15
1.2	15.4	15.6	15.8	16	16.2	16.4	16.8	17	17.2	17.4
1.3	17.6	17.8	18.1	18.4	18.8	19.2	19.6	20	20.4	20.8
1.4	21.2	21.6	22	22.4	22.8	23.2	23.6	24	24.4	24.9
1.5	25.5	26.1	26.7	27.3	28	28.8	29.7	30.5	31.3	32.1
1.6	32.9	33.6	35.4	36.9	38.4	39.9	41.4	42.9	43.4	45.9
1.7	47.4	48.9	50.4	51.9	53.4	55	56.6	58.2	60	61.8
1.8	63.6	65.4	67.2	69	71	73	75	77	80	83

注:B 的单位为 T,H 的单位为 A/cm。

(74)定子极磁场强度。

$$at_{p}=6\ \text{A/cm}$$

按 B_p 查表 8-1 得 at_p。

(75)转子轭磁场强度。

$$at_{c2}=22.8\ \text{A/cm}$$

按 B_{c2} 查表 8-3 得 at_{c2}。

(76)转子齿磁场强度。

$$at_{t}=65.4\ \text{A/cm}$$

按 B_t 查表 8-1 得 at_t。

(77)定子轭磁路长度。

$$l_{c1}=\frac{\pi(D_1-h_{c1})-b_p}{2}=\frac{\pi(7.1-0.685)-3.1}{2}\ \text{cm}=8.52\ \text{cm}$$

(78)转子轭磁路长度。

$$l_{c2}=\frac{\pi(\psi_2 D_{22}+h_{c2})}{2}=\frac{\pi\left(\frac{5}{6}\times1.05+0.743\right)}{2}\text{ cm}=2.54\text{ cm}$$

转轴复有绝缘层：　　　　　　　$\psi_2=1$

转轴不复绝缘层：　　　　　　　$\psi_2=\frac{5}{6}$

(79)转子齿磁路长度。

$$l_t = 2h_1+\frac{2}{3}R=(2\times0.52+\frac{2}{3}\times0.21)\text{ cm}=1.18\text{ cm}$$

(80)气隙系数。

$$k_\delta=\frac{t_m+10\delta}{t_1+10\delta}=\frac{1.087+10\times0.045}{0.837+10\times0.045}=1.19$$

(81)气隙激磁磁势。

$$AT_\delta=1.6B_\delta k_\delta\delta\cdot10^4=1.6\times0.52\times1.19\times0.045\times10^4\text{ A}=446\text{ A}$$

(82)定子轭激磁磁势。

$$AT_{c1}=at_{c1}l_{c1}=43.4\times8.52\text{ A}=369.8\text{ A}$$

(83)定子极激磁磁势。

$$AT_p=2at_p h_p=2\times6\times0.9\text{ A}=10.8\text{ A}$$

(84)转子轭激磁磁势。

$$AT_{c2}=at_{c2}l_{c2}=22.8\times2.54\text{ A}=57.9\text{ A}$$

(85)转子齿激磁磁势。

$$AT_c=at_c l_t=65.4\times1.18\text{ A}=77.2\text{ A}$$

(86)借偏去磁磁势。

$$AT_\beta=K_\beta D_2\beta_e A=0.33\times3.81\times\frac{2\pi\times1.5}{33}\times118.2\text{ A}=42.42\text{ A}$$

虚三槽电机：　　　　　　　$K_\beta=0.33$

虚两槽电机：　　　　　　　$K_\beta=0.625$

β_e 为电刷偏离几何中心线的角度，单位为 rad。当采用接线借偏方式时，β_e 按下式计算：

$$\beta_e=\frac{2\pi s_\beta}{K}$$

式中　s_β——接线借偏片数。

(87)换向增磁磁势。

$$\begin{aligned}AT_c&=0.069\left(\frac{b_b}{t_c}\right)^2(e_x+e_a)W_2 I\\&=0.069\times\left(\frac{0.63}{0.248}\right)^2\times(1.46+1.94)\times19\times2.338\text{ A}\\&=67\text{ A}\end{aligned}$$

(88)电枢反应磁势。

$$AT_a=\frac{\sqrt{2}(x-y)\tau_0 A}{3(x+y)}=\frac{\sqrt{2}(9-2.2)471}{3(9+2.2)}\text{ A}=134.8\text{ A}$$

x、y 的数值从过渡特性曲线 $B_\delta=f\left(\frac{AT_\delta+AT_t}{2}\right)$ 中求得，如图 8-12 所示。画曲线时，可用标幺值来画，以磁通为 Φ_d 时的 B_δ 值，计算出此时的 $(AT_\delta+AT_t)/2$，以此作为计算标幺值时的

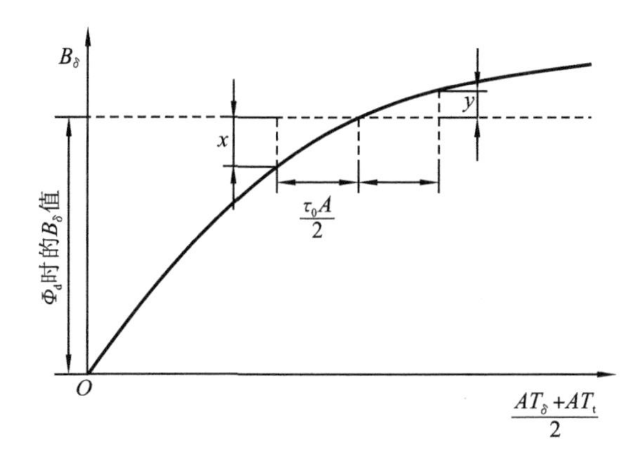

图 8-12 利用过渡特性曲线 $B_\delta=f\left(\frac{AT_\delta+AT_t}{2}\right)$求 x、y 值

基值(分母),如表 8-2 所示。

表 8-2

	$0.5\Phi_d$/Wb	$0.8\Phi_d$/Wb	Φ_d/Wb	$1.15\Phi_d$/Wb	$1.25\Phi_d$/Wb
B_δ/H			0.484		
B_δ^*	0.5	0.8	1	1.15	1.25
B_t/H	0.91	1.45	1.81	2.08	2.3
at_t/(A/cm)	32.7	52.32	65.4	75.2	81.8
AT_t/A	38.6	61.7	77.2	88.8	96.5
AT_δ/A	223	356.8	446	512.9	557.5
$\left(\frac{AT_\delta+AT_t}{2}\right)$/A	120.3	193.6	261.6	300.8	327
$\left(\frac{AT_\delta+AT_t}{2}\right)^*$	0.46	0.74	1	1.39	1.83
$\frac{\tau_0 A}{2}$/A	$\frac{3.98\times118.2}{2}=235.2$				
$\left(\frac{\tau_0 A}{2}\right)^*$	$\frac{235.2}{261.6}=0.9$				

利用画过渡特性曲线 $B_\delta=f\left(\frac{AT_\delta+AT_t}{2}\right)$的方法来求得电枢反应安匝,是常用的方法。

电枢反应,也即转子磁场的作用,使得定子极下一侧增磁,一侧去磁,同时由于磁路饱和的原因,增磁抵消不了去磁,从而使得总磁通量降低。所以,要增加一部分定子磁势,这部分增加的定子磁势称为电枢反应磁势。

利用 $B_\delta=f\left(\frac{AT_\delta+AT_t}{2}\right)$曲线来求取电枢反应磁势是有很多假设条件的,它假定转子所产生的磁势,只影响气隙磁势和转子齿磁势。实际上转子所产生的磁势也影响定子轭与转子轭,尤其是当轭部磁密较高时,所以只考虑 AT_δ、AT_t,是不够精确的。画曲线时,发现$\frac{\tau_0 A}{2}$比值比较大,甚至其标幺值$\left(\frac{\tau_0 A}{AT_\delta}+AT_t\right)^*$大于 1,也是这个原因。但经过较多设计案例与实样对比,这个偏差对整体设计结果影响不大，故在此不做修正。

(89)总激磁安匝。

$$\begin{aligned}AT &= AT_{\delta}+AT_{c1}+AT_{c2}+AT_{t}+AT_{p}+AT_{\beta}+AT_{a}-AT_{c}\\ &=(446+369.8+57.9+77.2+10.8+42.42+134.8-67)\ \mathrm{A}\\ &=1\ 072\ \mathrm{A}\end{aligned}$$

(90)定子每极匝数。

$$W_1=\frac{AT}{2.828I}=\frac{1\ 072}{2.828\times 2.338}=162.1\text{（取 163，取整数）}$$

(91)定子线圈线规。

$$d_1'/d_1=0.53\ \mathrm{mm}/0.47\ \mathrm{mm}$$

式中　d_1'——绝缘导线外径，$d_1'=0.53$ mm；

d_1——铜线直径，$d_1=0.47$ mm。

结合下步要计算的电流密度 J_1 或定子铜耗的限值要求，核对定子线圈宽度 b_m 在定子槽内安放的可能性，按设计计算程序可初步选定导线线规。

(92)定子导线截面积。

$$S_1=0.173\ 5\ \mathrm{mm}^2$$

(93)定子线圈电密。

$$J_1=\frac{I}{S_1}=\frac{2.338}{0.173\ 5}\ \mathrm{A/mm^2}=13.475\ \mathrm{A/mm^2}$$

(94)定子、转子安匝比。

$$f_w=\frac{8W_1}{N}=\frac{8\times 163}{1\ 210}=1.08$$

(95)定子线圈线模宽。

$$\begin{aligned}a_m &=(10D_{12}+K_m)\sin(90^\circ\cdot\alpha)\\ &=(10\times 3.9+5)\sin(90^\circ\times 0.65)\ \mathrm{mm}=37\ \mathrm{mm}\text{，取整数}\end{aligned}$$

当 D_{12} 小于 3 cm 时，　　$K_m=3$

当 D_{12} 大于 3 cm 时，　　$K_m=5$

(96)定子线圈线模长。

$$L_m=10L+2r_m-2=(10\times 4.4+2\times 4-2)\ \mathrm{mm}=50\ \mathrm{mm}$$

r_m 的取值如表 8-3 所示。

表 8-3　r_m 的取值

铜线标称直径 d_1/mm	r/mm
<0.45	3
0.45 ~ 0.5	4
>0.5	5

(97)定子线圈线模高。

$$H=10H'-1=(10\times 0.72-1)\ \mathrm{mm}=6.2\ \mathrm{mm}$$

(98)定子线模每层匝数。

$$W'=\frac{H}{d_1'+\varepsilon'}-0.5=\frac{6.2}{0.53+0.05}-0.5=10\text{（取 0.5 的整数）}$$

当 $d_1'>0.5$ 时，$\varepsilon'=0.05$；当 $d_1'<0.5$ 时，$\varepsilon'=0.03$。

(99)定子线圈宽度。

$$b_{\mathrm{m}}=\frac{W_1+1}{W'}(d'_1+\varepsilon')=\frac{163+1}{10}\times(0.53+0.05)\ \mathrm{mm}=9.5\ \mathrm{mm}$$

b_{m} 用来检验定子窗口能否安放。

(100)定子线圈平均每匝长度。

$$\begin{aligned}l_1&=2(a_{\mathrm{m}}+L_{\mathrm{m}}-4r_{\mathrm{m}})+\pi(2r_{\mathrm{m}}+b_{\mathrm{m}})\\&=2(37+50-4\times4)\ \mathrm{mm}+\pi(2\times4+9.5)\ \mathrm{mm}\\&=197\ \mathrm{mm}\end{aligned}$$

(101)定子绕组电阻。

$$r_1=\frac{4.28W_1l_1}{S_1}\cdot10^{-5}=\frac{4.28\times163\times197}{0.1735}\times10^{-5}\ \Omega=8\ \Omega$$

(102)定子绕组电阻压降。

$$U_{\mathrm{r1}}=Ir_1=2.338\times8\ \mathrm{V}=18.7\ \mathrm{V}$$

(103)转子绕组电阻压降。

$$U_{\mathrm{r2}}=Ir_2=2.338\times6.07\ \mathrm{V}=14.2\ \mathrm{V}$$

(104)定子漏抗压降。

$$Ix_1=0.5f_{\mathrm{H}}W_1\Phi_{\mathrm{d}}=0.5\times50\times163\times9.07\times10^{-4}\ \mathrm{V}=3.7\ \mathrm{V}$$

(105)转子漏抗压降。

$$\begin{aligned}Ix_2&=\frac{\pi f_{\mathrm{H}}N^2\lambda_2LI}{2Z}\cdot10^{-8}\\&=\frac{\pi\times50\times1210^2\times2.67\times4.4\times2.338}{2\times11}10^{-8}\ \mathrm{V}\\&=2.9\ \mathrm{V}\end{aligned}$$

(106)定子绕组自感电势。

$$E_{\mathrm{d}}=8.88f_{\mathrm{H}}W_1\Phi_{\mathrm{d}}=8.88\times50\times163\times9.07\times10^{-4}\ \mathrm{V}=65.6\ \mathrm{V}$$

(107)电枢绕组自感电势。

$$\begin{aligned}E_{\mathrm{q}}&=\frac{0.0472f_{\mathrm{H}}\tau LIN^2\alpha_{\mathrm{p}}^2}{k_\delta\delta}\cdot10^{-8}\\&=\frac{0.0472\times50\times5.98\times4.4\times2.338\times1210^2\times0.65^2}{1.19\times0.045}10^{-8}\ \mathrm{V}\\&=16.8\ \mathrm{V}\end{aligned}$$

(108)定子轭部质量。

$$\begin{aligned}W_{\mathrm{c1}}&=15.5(D_1-h_{\mathrm{c1}})h_{\mathrm{c1}}L\cdot10^{-3}\\&=15.5(7.1-0.685)\times0.685\times4.4\times10^{-3}\ \mathrm{kg}\\&=0.3\ \mathrm{kg}\end{aligned}$$

(109)定子极身质量。

$$W_{\mathrm{p}}=14.8h_{\mathrm{p}}b_{\mathrm{p}}L\cdot10^{-3}=14.8\times0.9\times3.1\times4.4\times10^{-3}\ \mathrm{kg}=0.182\ \mathrm{kg}$$

(110)转子轭部质量。

$$\begin{aligned}W_{\mathrm{c2}}&=5.8(D_2-h_2)^2h_{\mathrm{c1}}L\cdot10^{-3}\\&=5.8\times(3.81-2\times0.795)^2\times4.4\times10^{-3}\ \mathrm{kg}\\&=0.126\ \mathrm{kg}\end{aligned}$$

(111)转子齿部质量。

$$W_t = 7.4Zth_2L \cdot 10^{-3} = 7.4 \times 11 \times 0.326 \times 0.795 \times 4.4 \times 10^{-3}\ \text{kg} = 0.1\ \text{kg}$$

(112)转子旋转频率。

$$f_2 = \frac{n_H}{60} = \frac{13\ 000}{60}\ \text{Hz} = 216.7\ \text{Hz}$$

(113)定子轭和极身单位铁耗。

$$p_{c1} = 2\varepsilon\left(\frac{f_H}{100}\right) + 2.5\rho\left(\frac{f_H}{100}\right)^2 = 2 \times 3.5 \times \frac{50}{100}\ \text{W/kg} + 2.5 \times 4.4 \times \left(\frac{50}{100}\right)^2\ \text{W/kg} = 6.25\ \text{W/kg}$$

(114)转子轭单位铁耗。

$$p_{c2} = 2\varepsilon\left(\frac{f_2}{100}\right) + 2.5\rho\left(\frac{f_2}{100}\right)^2 = 2 \times 3.5 \times \left(\frac{216.7}{100}\right)\ \text{W/kg} + 2.5 \times 4.4 \times \left(\frac{216.7}{100}\right)^2\ \text{W/kg} = 66.82\ \text{W/kg}$$

(115)转子齿单位铁耗。

$$p_t = 1.5\varepsilon\left(\frac{f_2}{100}\right) + 3\rho\left(\frac{f_2}{100}\right)^2 = 1.5 \times 3.5 \times \left(\frac{216.7}{100}\right)\ \text{W/kg} + 3 \times 4.4 \times \left(\frac{216.7}{100}\right)^2\ \text{W/kg} = 74.36\ \text{W/kg}$$

(116)定子极身铁耗。

$$p_p = p_{c1} B_p^2 W_p = 6.25 \times 0.75^2 \times 0.182\ \text{W} = 0.64\ \text{W}$$

(117)定子轭部铁耗。

$$p_{c1} = p_{c1} B_{c1}^2 W_{c1} = 6.25 \times 1.68^2 \times 0.3\ \text{W} = 5.3\ \text{W}$$

(118)转子轭部铁耗。

$$p_{c2} = p_{c2} B_{c2}^2 W_{c2} = 66.82 \times 1.44^2 \times 0.126\ \text{W} = 17.5\ \text{W}$$

(119)转子齿部铁耗。

$$p_t = p_t B_t^2 W_t = 73.36 \times 1.81^2 \times 0.1\ \text{W} = 24\ \text{W}$$

(120)总铁耗。

$$p_{Fe} = p_p + p_{c1} + p_{c2} + p_t = (0.64 + 5.3 + 17.5 + 24)\ \text{W} = 47.44\ \text{W}$$

(121)磁通相角正弦值。

$$\sin\theta_c = \frac{K_c p_{Fe} + p_{c1} + p_p}{E_d I} = \frac{0.15 \times 47.44 + 5.3 + 0.64}{65.6 \times 2.338} = 0.09$$

当 $n_H \leqslant 10\ 000$ r/min 时，$K_c=0.2$；当 $n_H > 10\ 000$ r/min 时，$K_c=0.15$。

(122)磁通相角余弦值。

$$\cos\theta_c=\sqrt{1-\sin^2\theta_c}=\sqrt{1-0.09^2}=0.99$$

(123)端电压有功分量。

$$\begin{aligned}U_r &=U_{r1}+U_{r2}+2.4+E_d\sin\theta_c+E\cos\theta_c\\&=(18.7+14.2+2.4+65.6\times0.09+166.48\times0.99)\ \text{V}\\&=206.2\ \text{V}\end{aligned}$$

(124)端电压无功分量。

$$\begin{aligned}U_x &=Ix_1+Ix_2+E_q+E_d\cos\theta_c-E\sin\theta_c\\&=(3.7+2.9+16.8+65.6\times0.99-166.48\times0.09)\ \text{V}\\&=73.4\ \text{V}\end{aligned}$$

(125)计算端电压。

$$U'=\sqrt{U_r^2+U_x^2}=\sqrt{206.2^2+73.4^2}\ \text{V}=219\ \text{V}$$

U' 与 U_H 偏差应不大于 1%，否则调整 E 等有关参数并重新计算。

(126)计算功率因数。

$$\cos\varphi'=\frac{U_r}{U'}=\frac{206.2}{219}=0.94$$

φ' 与 $\cos\varphi_H$ 偏差应不大于 2%，否则调整有关参数并重新计算。

(127)定子铜耗。

$$p_{Cu1}=I^2r_1=2.338^2\times8\ \text{W}=43.7\ \text{W}$$

(128)转子铜耗。

$$p_{Cu2}=I^2r_2=2.338^2\times6.97\ \text{W}=33.2\ \text{W}$$

(129)风摩机械损耗。

$$p_m=47\ \text{W}$$

采用轴流式风扇时，可根据风扇外径 D_v 按风摩机械损耗曲线（见图 8-13）查取。当采用离心式风扇时，应将查得的数乘以 1.2。

(130)总损耗。

$$\begin{aligned}\sum p &= p_{Cu1}+p_{Cu2}+2.4I+p_m+(1+K_c)p_{Fe}\\&=(43.7+33.2+2.4\times2.338+47+1.15\times47.44)\ \text{W}\\&=184\ \text{W}\end{aligned}$$

(131)计算效率。

$$\begin{aligned}\eta' &= \frac{U_H I\cos\varphi_H-\sum P}{U_H I\cos\varphi_H}\\&=\frac{220\times2.338\times0.93-184}{220\times2.338\times0.93}\\&=0.62\end{aligned}$$

η' 与 η_H 的偏差应不大于 1%，否则，调整有关参数并重新计算。

(132)硅钢片质量。

$$W_{Fe}=7.41bDL\cdot10^{-3}=7.41\times5.7\times7.1\times4.4\times10^{-3}\ \text{kg}=1.316\ \text{kg}$$

(133)定子绕组用铜量。

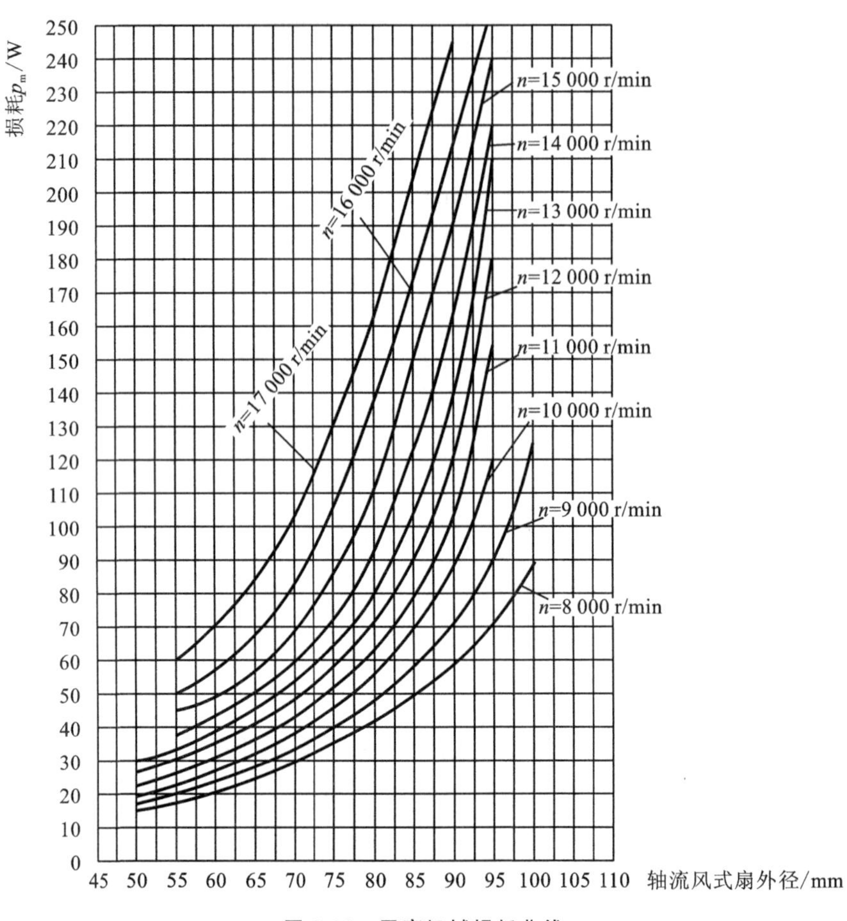

图 8-13　风摩机械损耗曲线

$$W_{Cu1}=18.7W_1S_1l_1\cdot10^{-6}=18.7\times163\times0.173\,5\times197\times10^{-6}\ \text{kg}=0.104\ \text{kg}$$

(134)转子绕组用铜量。

$$W_{Cu2}=9.35N_2S_2l_2\cdot10^{-5}=9.35\times1\,210\times0.085\,5\times8.02\times10^{-5}\ \text{kg}=0.08\ \text{kg}$$

小　　结

(1)对于其他交流电动机来说,转速都与电源频率有关,当电源频率为 50 Hz 时,转速不会超过 3 000 r/min,但单相串激电动机的转速不受电源频率的限制,大多数在 8 000～35 000 r/min,因此可以通过提高电机转速的办法来缩小体积,提高电机功率。

(2)单相串激电机的启动转矩大、过载能力强、机械特性软。

(3)由于单相串激电机在性能上及使用上的一些特点,往往某些指标不做考核,有些指标允许有较大的偏差,如启动转矩、最大转矩都比一般交流电机的大得多,因此往往省略计算;由于功率因数一般都 0.9 以上,可不做严格考核;还有效率指标,因为电机的功率小,一般也不做严格考核指标。

(4)定子、转子安匝比 $8W_1/N$ 是一个重要的磁路控制参数,W_1 为一个极的定子线圈匝数,N 为电枢总导体数,定子、转子安匝比表示定子磁场、转子磁场的相对强弱情况,其值的大小对电机性能、换向情况、机械特性硬度以及损耗效率都有影响。

(5)极弧系数 α_p 是极弧长度和极距的比值。极弧系数越大,电机尺寸越小。但极弧系数过大会影响到换向区域，对火花不利，一般 α_p 取 0.667～0.7，若气隙采用不均匀设计时，α_p 可放大。

(6)气隙 δ 也是磁路的重要参数，气隙中所分担的激磁磁势占全部激磁磁势的 40%～50%。δ 越长，磁势消耗越多，使定子绕组匝数增多，铜耗增加，并因定子电感增大，而使功率因数下降。δ 增长也有好处，δ 增长可减弱电枢反应，利于换向，并且也减弱齿槽效应，降低损耗，弱化定转子偏心带来不利的影响。单相串激电机 δ 通常取为 0.3～0.9 mm，小电机取较小值。

第3篇 计算机软件在电机设计中的应用

第9章 ANSYS Maxwell 16/RMxprt 在电机设计中的应用

本章导读

在电机设计中采用计算机软件快速自动修改并重复分析计算，可较快地得到适合给定要求的设计方案。目前，广泛应用于电机电磁场分析、设计的有限元软件主要有ANSYS、Ansoft、MAGNET、JMAG等。本章以ANSYS Maxwell 16.0/RMxprt模块为例，讲述RMxprt旋转电机分析专家模块（简称RMxprt模块）对一台三相感应电机的仿真、分析等。

学习目标

（1）了解电机电磁设计中常用的计算机设计仿真软件。

（2）了解ANSYS Maxwell 16.0/RMxprt模块在电机电磁设计仿真、分析的步骤及应用。

9.1 概　　述

从20世纪50年代起，电子计算机就开始应用在电机电磁场设计中了，通过计算机软件的自动修改并重复分析计算，可以较快地得到满足给定要求的设计方案。目前，广泛应用于电机电磁场分析、设计的有限元软件主要有ANSYS、Ansoft、MAGNET、JMAG等。由于篇幅有限，本章以ANSYS Maxwell 16.0为例，讲述RMxprt旋转电机分析专家模块的使用方法。该模块是基于电机等效电路、磁路来进行设计计算的，采用等效电路、磁路的设计方法具有建立模型简单、参数输入方便、方案调整快捷等优点，虽然其计算精度不如Maxwell 2D/3D的计算精度，但对工程实践来说够用了。另外，它还为进一步的Maxwell 2D/3D有限元求解奠定了基础。

本章通过对RMxprt旋转电机分析专家模块对实际应用中的一台三相感应电机进行分析，介绍了RMxprt模块的应用。该模块能分析很多种类的电机。希望通过本章的学习，大家不仅可以初步掌握ANSYS Maxwell 16.0的使用方法，而且可以针对不同的实际问题迅速准确地建立其数值计算模型。

9.2 RMxprt 模块在电机设计中的应用

ANSYS Maxwell 16.0/RMxprt旋转电机分析专家模块可设计常用的13类电机，本章无法一一列举，仅通过对典型的三相感应电动机进行设计、分析，来介绍RMxprt模块的应用。RMxprt模块可分析、设计的13类电机如图9-1所示。

（1）Adjust-Speed Synchronous Machine——变频永磁同步电机。

（2）Brushless Permanent-Magnet DC Motor——永磁无刷直流电机。

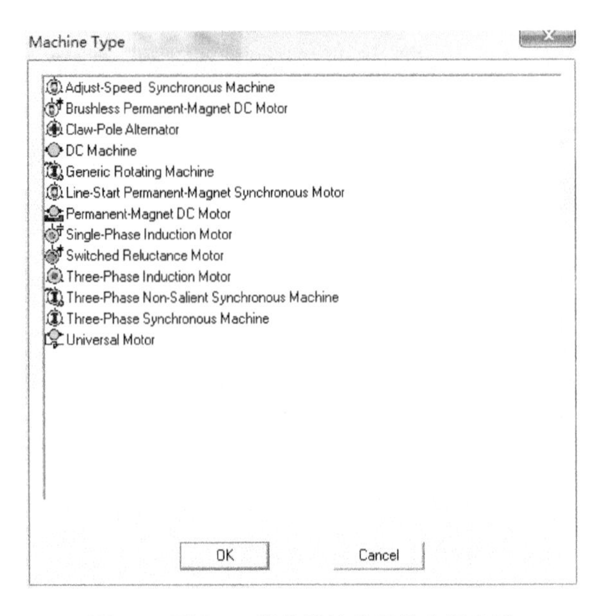

图 9-1 RMxprt 模块能够分析的电机类型

(3)Claw-Pole Alternator——爪极发电机。

(4)DC Machine——普通电励磁直流电机。

(5)Generic Rotating Machine——通用旋转电机。

(6)Line-Start Permanent-Magnet Synchronous Motor——自启动永磁同步电动机。

(7)Permanent-Magnet DC Motor——普通永磁直流电动机。

(8)Single-Phase Induction Motor——单相感应电动机。

(9)Switched Reluctance Motor——开关磁阻电动机。

(10)Three-Phase Induction Motor——三相感应电动机。

(11)Three-Phase Non-Salient Synchronous Machine——三相隐极同步电机。

(12)Three-Phase Synchronous Machine——三相凸极同步电机。

(13)Universal Motor——串极整流子电动机。

其中,DC Machine(普通电励磁直流电机)、Three-Phase Synchronous Machine(三相凸极同步电机)和 Three-Phase Non-Salient Synchronous Machine(三相隐极同步电机)既包括电动机,又包括发电机。

一、三相感应电动机给定参数

本设计分析以三相感应电动机为实例,按 RMxprt 模块的顺序要求一一输入相应参数,建立基本电机模型并计算、分析。三相感应电动机具体指标如下。

(1)额定功率:0.55 kW。

(2)额定电压:380 V(Y 接)。

(3)额定频率:50 Hz。

(4)额定电流:1.5 A。

(5)额定转速:1 380 r/min。

(6)效率:73%。

(7)功率因数:0.76。

(8)最大转矩倍数:2.1。

(9)启动转矩倍数:2.0。

(10)中心高:65 mm。

另外,其定子槽数为24、转子槽数为22,定子和转子的铁芯轴向长度为90 mm,铁芯材料采用冷轧硅钢片DW310-35。定子绕组采用三相60°相带,线规为ϕ0.69 mm(铜线),每槽28匝,节距为1～6 mm;定子绕组采用三角形接法;机座采用铸铁材料,转轴采用不锈钢材料,两者均不导磁,不作为电机的主磁路部分。

二、RMxprt 模块仿真设计

(一)确定仿真电机类型

单击工具栏上按钮,软件会自动弹出如图9-2所示的提示框,其中列出了共13大类可分析的电机。我们选择Three-Phase Induction Motor(三相感应电动机),单击提示框下方的"OK"按钮,进入三相感应电动机仿真设计界面。

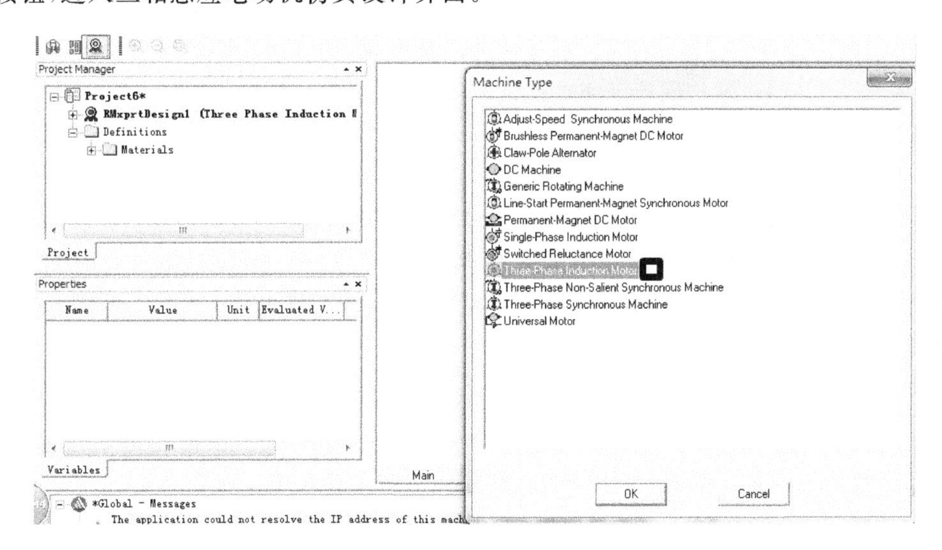

图9-2 RMxprt电机模块可分析的13大类电机

(二)电机的参数设定

新建一个RMxprt工程文件后,用户可以在软件左侧的Project Manager中看到,新生成的电机模型工程树为分析Three-Phase Induction Motor,这说明方针电机的类型是正确的。在Machine、Stator、Rotor等项前有个"+",单击"+"可打开下层工程树,进行所含子项的参数设定,如图9-3所示。

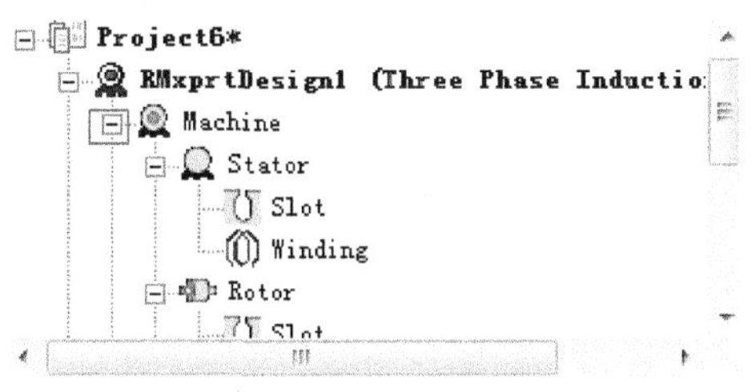

图9-3 Project Manager中的RMxprt工程树

1. Machine **项设置**

(1)步骤1:用鼠标左键双击图9-3工程树中的Machine项,弹出如图9-4所示的对话框,该对话框中显示的参数为对应Machine项所需要设定的电机参数。

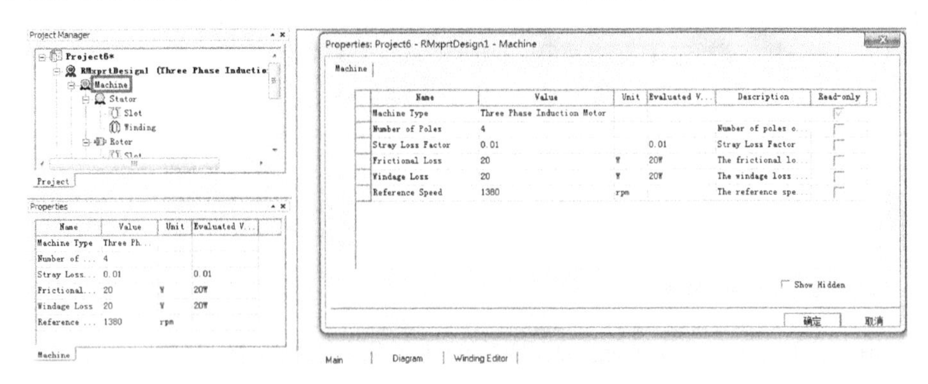

图9-4　Machine **项中的参数设定**

在图9-4左半部分所示的对话框中,第一列为各个参数的名称,如Machine Type、Number of Poles;第二列为需要设定的参数值;第三列为该参数对应的单位;第四列为参数预设值;第五列为该参数的英文释意;第六列为当前数据读取的状态。

(2)步骤2:针对该电动机的设计,其Machine项各参数的数值大小如图9-4所示。其中,Number of Poles指电机的极数,而不是极对数,该参数等于4。另外,Stray Loss Factor指电机杂散损耗百分比,该电机取0.01;Frictional Loss项指电机的机械摩擦损耗,初步取值120 W;Windage Loss指电机的风摩损耗,这里给定为20 W;Reference Speed代表计算时的初始转速,该参数的值不能高于同步转速的值,此处选取1 380 r/min。将上述数值设定完毕后,点击“确定”按钮退出该对话框即可。

2. Stator **项设置**

(1)步骤1:设置完Machine项后,接着需要设定Stator项,用鼠标左键双击图9-5中的Stator项,会弹出如图9-6所示的对话框,在此完成对定子铁芯主要参数的给定。

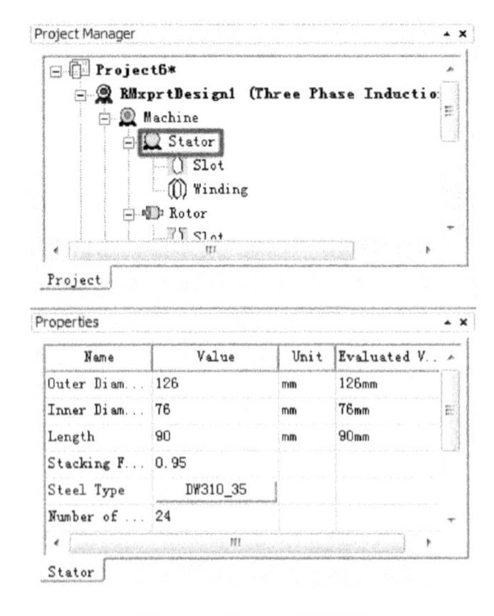

图9-5　Stator **项菜单**

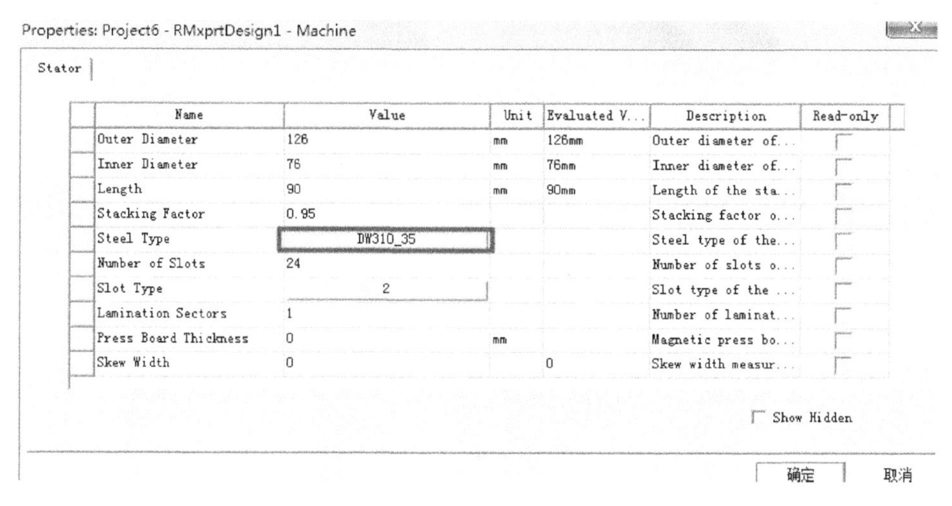

图 9-6　Stator 项中的参数设定

图 9-6 中的参数介绍如下。

①Outer Diameter 为电机定子铁芯外径，设定为 ϕ126 mm。

②Inner Diameter 为电机定子铁芯内径，设定为 ϕ76 mm。

③Length 为电机定子铁芯的实际轴向长度，设定为 90 mm。

④Stacking Factor 为电机定子铁芯叠压系数，设定为 0.95。

⑤Steel Type 为电机定子铁芯冲片材料，设定为 DW310-35。

⑥Number of Slots 为电机定子槽数，为 24。

⑦Slot Type 为定子槽形代号，设定为 2，2 号槽形对应的是梨形槽。

⑧Lamination Sectors 为定子冲片的扇形分瓣数，设定为 1，即定子冲片是一个整体。

⑨Press Board Thickness 为定子端部压板厚度，设定为 0，即不考虑定子端部压板的导磁性对电机端部漏抗的影响。

⑩Skew Width 为定子的斜槽数，设定为 0，即定子不斜槽。三相感应电动机通常采用定子直槽而转子斜槽，因而该值为 0。若采用定子斜槽，则需要输入该参数，该参数可以为小数。

(2)步骤 2：当单击图 9-6 中 Steel Type 时，会弹出如图 9-7 所示的对话框，即要求选择相应电机定子冲片材料，在对话框的右上角，可看到两个系统材料库，分别为[sys]Materials 和[sys]RMxprt。第一个材料库是软件默认的，也就是有限元软件自带的材料库，第二个材料库是 RMxprt 电机模块材料库。这里需要选择[sys]RMxprt 电机模块材料库，用鼠标单击[sys]RMxprt，会发现[sys]RMxprt 电机模块材料库材料显示在屏幕之上。在[sys]RMxprt 电机模块材料库中选择 DW310-35 作为定子冲片材料，选择之后单击“确定”按钮即可退出材料定义对话框。

若对话框右上角没有[sys]RMxprt 电机模块材料库，则需要自行添加。单击 Tools/ Configure Libraries 项，如图 9-8(a)所示，此时会弹出图 9-8(b)中所示的对话框，选中其中左侧菜单的 RMxprt，按下按钮将其添加到右侧空白栏中，并点击“OK”按钮即可。按此方法也可添加其他预先定义的材料库。

(3)步骤 3：在图 9-6 中，单击 Slot Type，会出现定子槽形对话框，如图 9-9 所示，定子槽形共有 6 种，每种槽形都有对应的代号，梨形槽的代号为 2。

其中，前四种槽形主要应用在中小型三相感应电机中，而后两种槽形主要应用在大型感应

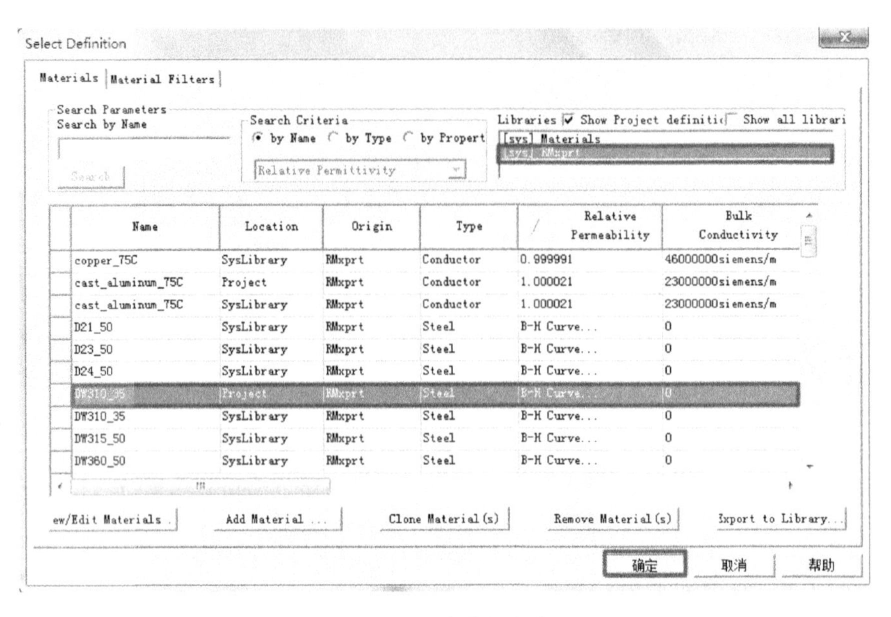

图 9-7　定子冲片材料参数

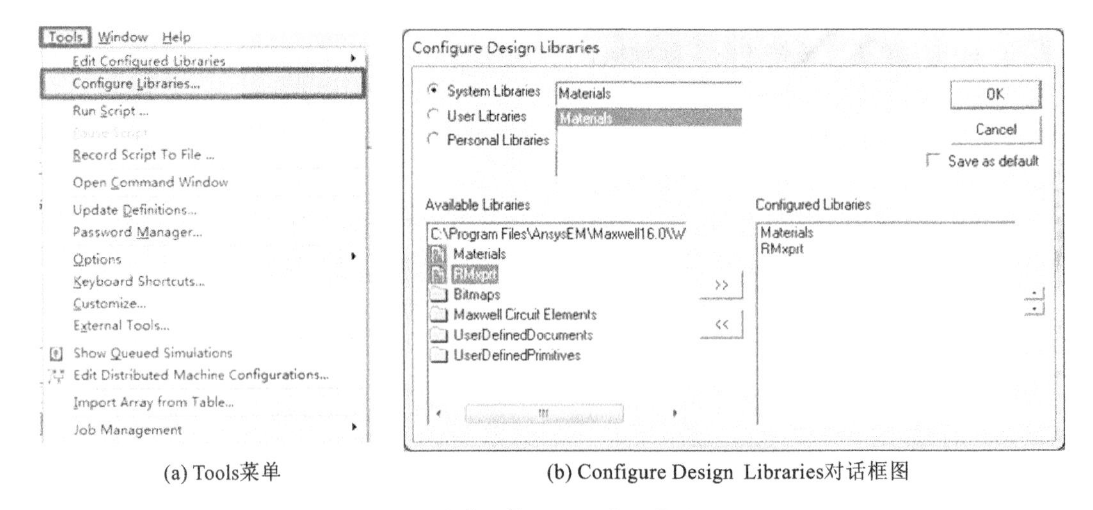

(a) Tools菜单　　(b) Configure Design Libraries对话框图

图 9-8　添加[sys]RMxprt 电机模块材料库

电机中。

1)Slot 槽形项设置

(1)步骤 1:点击 Project Manager 中工程树 Stator 项前的“+”号,会在工程树中出现下一级子项。Stator 下的子项包括两个:Slot 槽形项和 Winding 定子绕组项,如图 9-10 所示,先介绍 Slot 槽形项。

(2)步骤 2:双击工程树 Stator 项下 Slot 槽形项,会出现如图 9-11 所示的槽形参数对话框。

需要注意的是,若需要自己设计槽形,则第一项 Auto Design 后的单选框不用选,并按图 9-9(b)各参数输入相应数值,默认为非平行齿,如果是平行齿,则选择 Parallel Tooth 项即可。如果需要软件进行槽形的自动设计,则只需要选择第一项 Auto Design,再输入另外 3 项参数即可。

2)Winding 定子绕组项设置

(1)步骤 1:双击工程树 Stator 项下 Winding 定子绕组项,会弹出图 9-12 所示的绕组设置

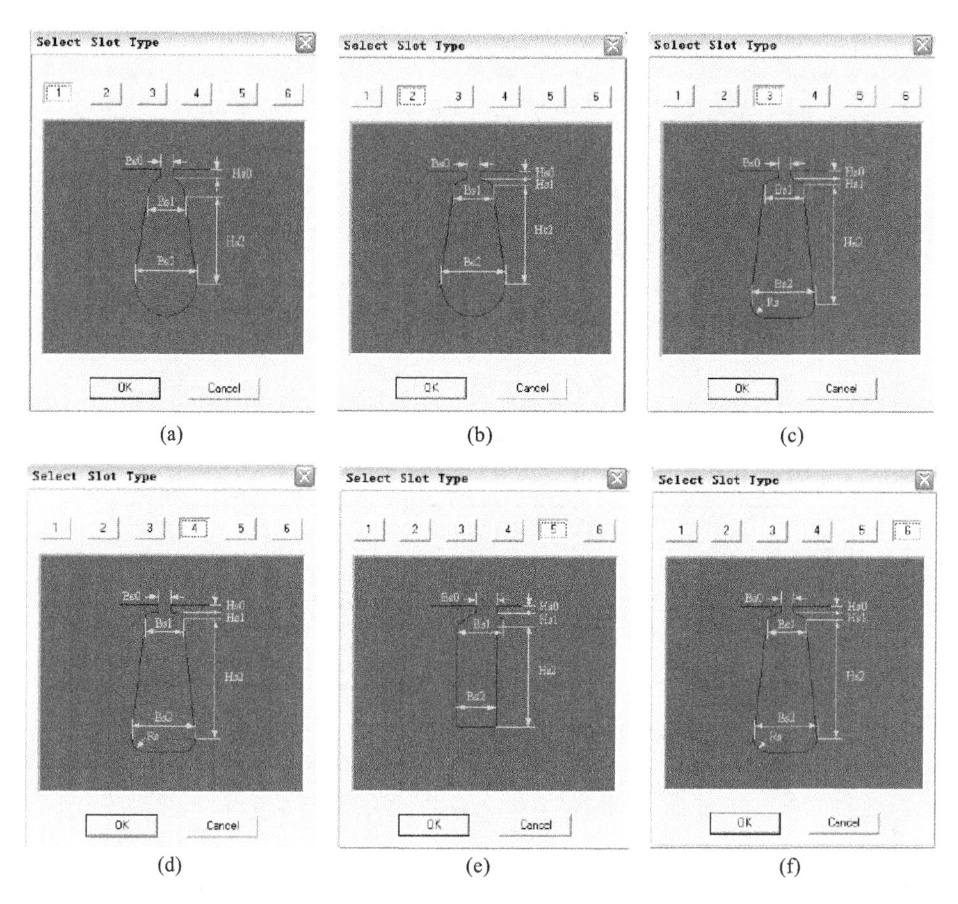

(a)　(b)　(c)

(d)　(e)　(f)

图 9-9　定子槽形选项

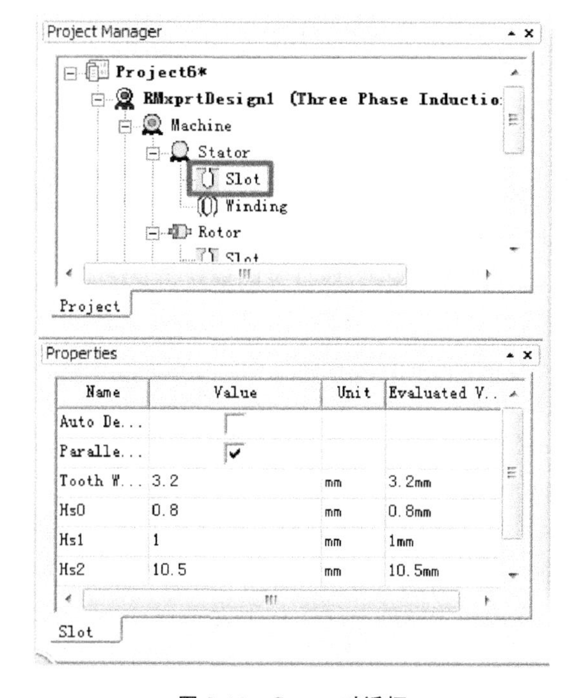

图 9-10　Stator 对话框

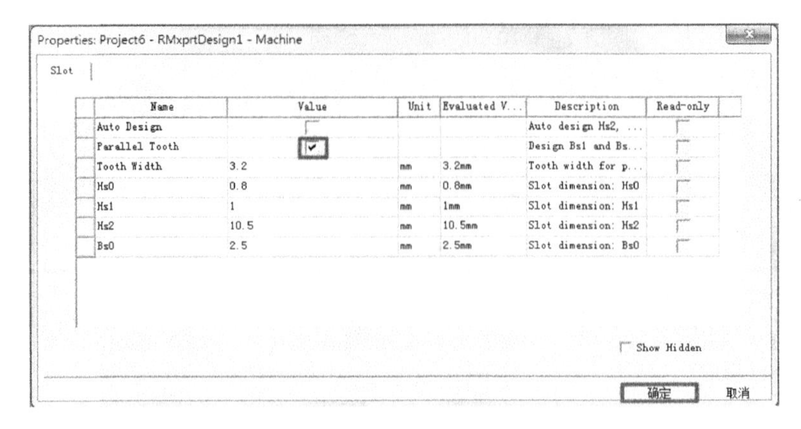

图 9-11　槽形参数对话框

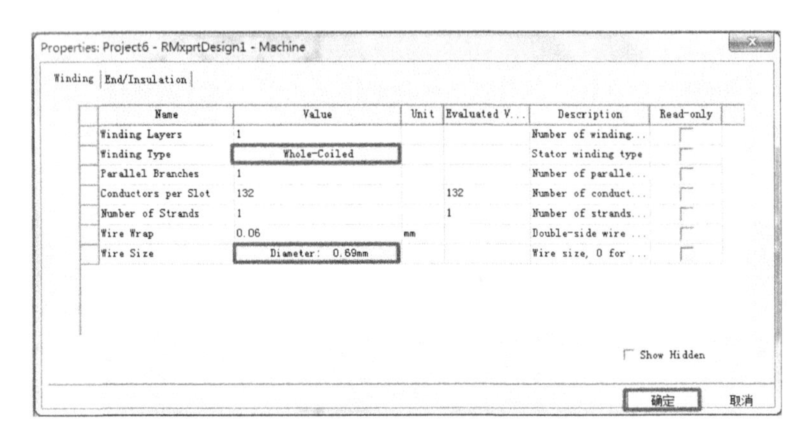

图 9-12　定子绕组设置对话框

对话框。

图 9-12 中参数如下。

①Winding Layers(绕组层数):单层绕组为 1,双层绕组为 2。本方案采用单层绕组,设定为 1。

②Winding Type(绕组的匝间连接方式):绕组的匝间连接方式分为三种,分别为用户自定义、全极式和半极式。点击该行第三列单元格后会出现定子绕组类型对话框,在此选择全极式,如图 9-13 所示,选择好后,点击“OK”按钮,即可关闭该对话框。

用户自定义可允许用户自己排绕组,以形成一些比较复杂的绕组,如正弦绕组。样机为单层全极式绕组。

③Parallel Branches(绕组的并联支路数):按照样机绕组参数,设定为 1。

④Conductors per Slot(每槽匝数):样机为单层绕组,每槽 132 匝。如果为双层绕组,则应该是一个槽内两层绕组的总匝数。

⑤Number of Strands(一匝线圈的并绕根数):有时为了减小线圈的绕制、嵌线和端部整形的工艺难度,会将多根细铜线并绕作为一匝粗铜线,该值表述的就是这个并绕根数。

⑥Wire Wrap(漆包线双边漆绝缘的厚度):设定为 0.06 mm,此数值可根据绝缘要求更改,它影响定子槽满率。

⑦Wire Size(所用的铜导线线规):点击该行第二列单元格后出弹出导线选择对话框,如图 9-14 所示。

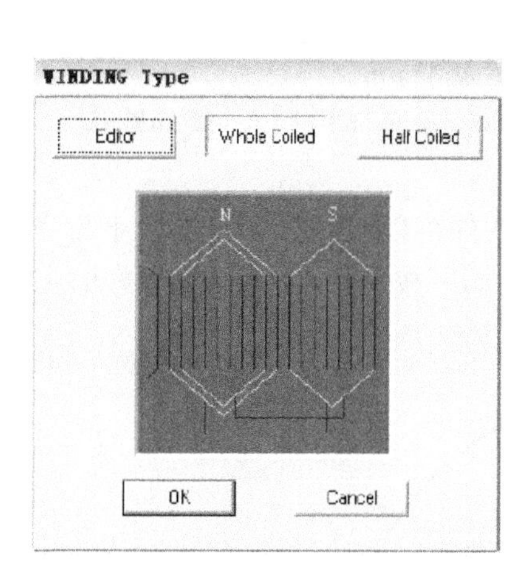

图 9-13 定子绕组类型对话框

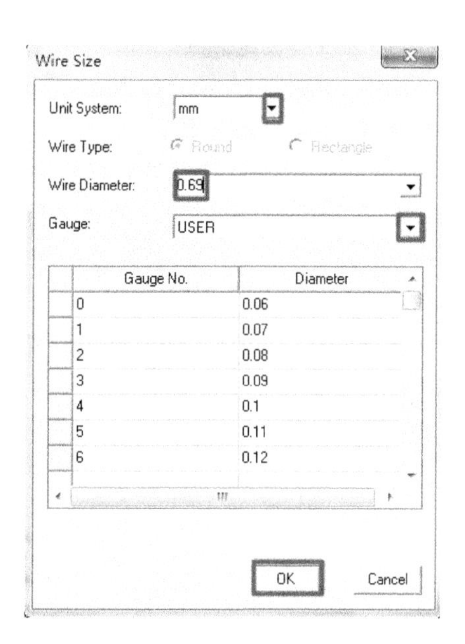

图 9-14 导线选择对话框

(2)步骤 2:线径默认单位为 mm,绕组导线分为圆形导线和矩形导线两种,其中,矩形导线多用于大型电机。此方案选择圆形导线,一股绕组作为一匝。若多股等直径的绕组作为一匝的话,可在线径栏和数量栏填入相应的数字;若为混合直径,则在 Guage 项的下拉菜单中选择 MIXED。该功能支持不等股且不等外径导线的定义。

需要注意的是,系统默认线规为美国国标线规,也可以手工输入所需的线规,但对自动选线,自动优化等软件仍需要一个线规库文件才能正常计算。因此,需要手工更改系统默认的导线库,改用我国国标线规。在弹出的对话框中,点击 System Libraries,在下拉菜单中选中 Chinese 项,然后单击“确定”按钮退出即可。

(3)步骤 3:在图 9-12 中,点击图左上角的 **End/Insulation** 按钮,就会出现如图 9-15 所示的对话框。

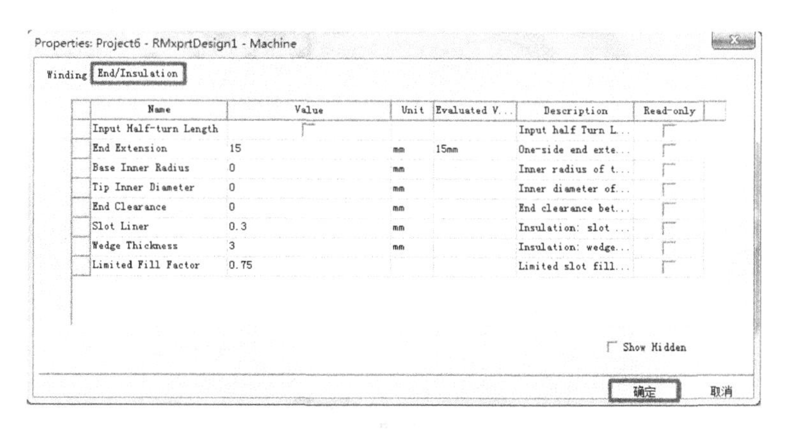

图 9-15 导线设置对话框

图 9-15 中的参数介绍如下。

①Input Half-turn Length(用户手工输入定子绕组半匝长度):当对话框被选中,即会出现半匝长度输入对话框。

②End Extension(绕组伸出铁芯端面外的直线段长度):它是工艺尺寸,主要是用来调节半

匝长度的，初始可设定为 15 mm。

③Base Inner Radius、Tip Inner Diameter 和 End Clearance 均为端部绕组限定尺寸，用户不用修改，软件会自动计算。

④Slot Liner(槽绝缘厚度)：样机采用的是单层绝缘，设定为 0.3 mm。

⑤Wedge Thickness(定子槽楔厚度)：在这里设定厚度为 3 mm。

⑥Limited Fill Factor(最高定子槽满率)：对中小型电机，该值不宜过大，软件默认 0.8，本方案设定为 0.75。

以上是定子铁芯及三相绕组的设置，为了便于检查，软件可以实时显示模型尺寸及绕组结果。选中工程树中的 Stator 项，再单击主界面中部中的"Main"按钮，会出现已设置好的定子冲片横截面图，如图 9-16 所示。

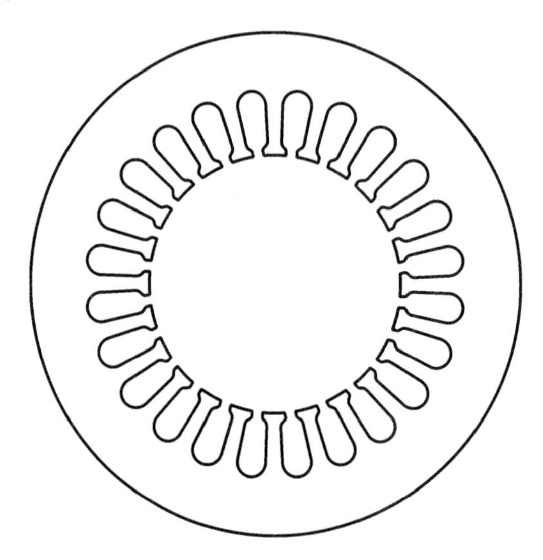

图 9-16 定子冲片横截面图

若单击 Winding Editor 按钮，会出现定子绕组排列图，如图 9-17 所示。

图 9-17 定子绕组排列图

3. Rotor 项设置

(1)步骤1:用鼠标左键双击工程树中的Rotor项,会弹出图9-18所示的Rotor参数输入对话框。

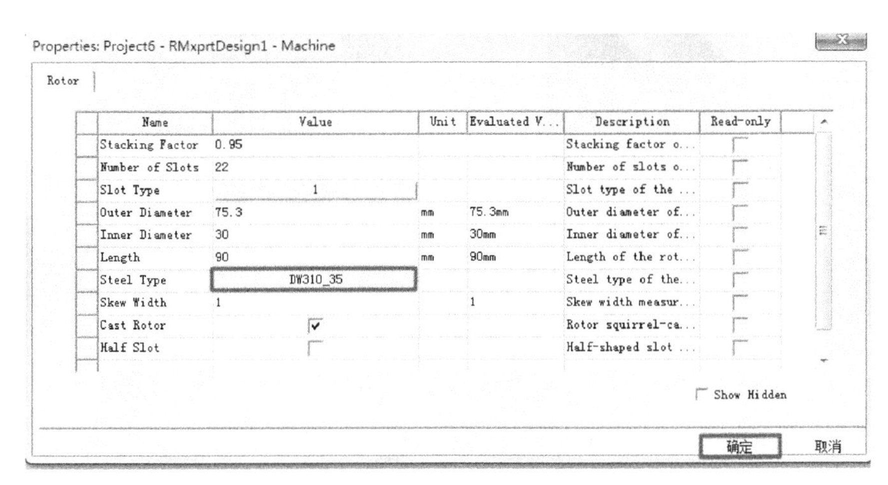

图9-18 Rotor参数输入对话框

图9-18中的参数介绍如下。

①Stacking Factor(电机转子铁芯叠压系数):设定为0.95。

②Number of Slots(转子槽数):该电动机的转子槽数为22。

③Slot Type(转子槽形代号):在这里选择1号槽形。

④Outer Diameter(转子外径):设定为75.3 mm。

⑤Inner Diameter(转子内径):该电动机转子内径为30 mm。

⑥Length(转子轴向长度):设定为90 mm。

⑦Steel Type(转子冲片材料类型):选择DW310-35。

⑧Skew Width(斜槽数):为了消除气隙中的高次谐波成分,转子通常选用斜槽结构。软件中的斜槽以所斜过槽的个数为计量单位,输入1则表示转子斜过了1个齿槽的距离。

⑨Cast Rotor(铸造转子):选择此项表示转子为铸铝结构;若采用转子嵌入铜条做成鼠笼结构,则该项不选择。

⑩Half Slot(转子半槽设定):常用于功率较大的感应电动机。若选定该项,则转子槽形尺寸要按照全槽尺寸输入,但生成模型的时候仅留下了右侧的一半。

⑪Double Cage(双笼结构):为了提高启动转矩,电机有时采用双笼结构,上层笼为启动笼,下层笼为运行笼,此时上层笼、下层笼的槽形可以分别设置。

(2)步骤2:设定完Rotor项参数后,点击工程树中Rotor项前的加号,会出现Slot槽形项和Winding转子绕组项。在RMxprt感应电动机设定中,共有4种转子槽形,如图9-19所示,本方案选定1号槽形。

①由于Rotor项中已选择1号槽形,所以用鼠标左键双击工程树中的Slot项,软件会弹出图9-20所示的对话框,可直接输入各项参数。

需要注意的是,在Slot项设置中,软件提供了转子闭口槽结构,Hs01参数描述的就是槽口距转子外径的距离,若为开口槽结构,则该值为0,该方案转子冲片如图9-21所示。

②Rotor中Winding转子绕组项是指转子的鼠笼设置,用鼠标左键双击工程树中的Winding项,出现图9-22所示对话框。

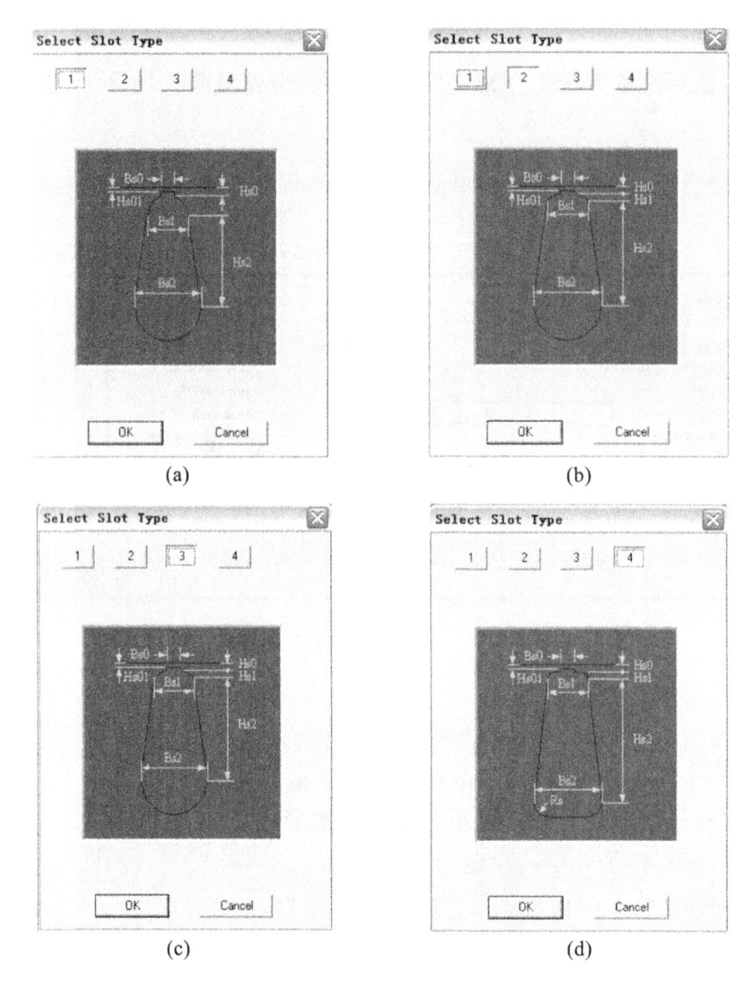

图 9-19　Rotor 项冲片参数设定

Properties: Project6 - RMxprtDesign1 - Machine

Slot

Name	Value	Unit	Evaluated V...	Description	Read-only
Hs0	0.8	mm	0.8mm	Slot dimension: Hs0	
Hs01	0.8	mm	0.8mm	Slot dimension: Hs01	
Hs2	8	mm	8mm	Slot dimension: Hs2	
Bs0	0.6	mm	0.6mm	Slot dimension: Bs0	
Bs1	5	mm	5mm	Slot dimension: Bs1	
Bs2	3.8	mm	3.8mm	Slot dimension: Bs2	

Show Hidden

确定　取消

图 9-20　Slot 项中的参数设定对话框

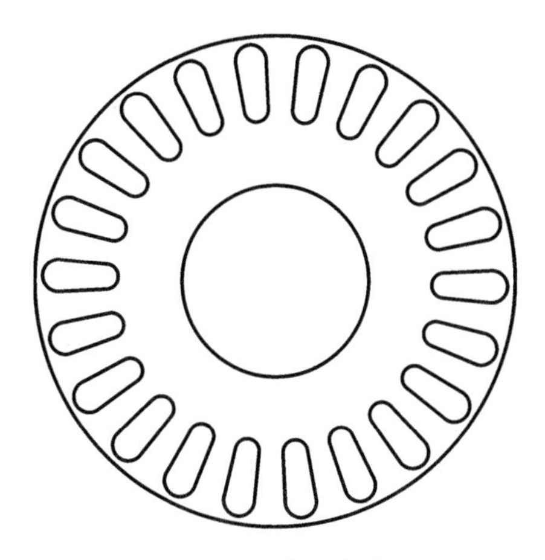

图 9-21　转子冲片

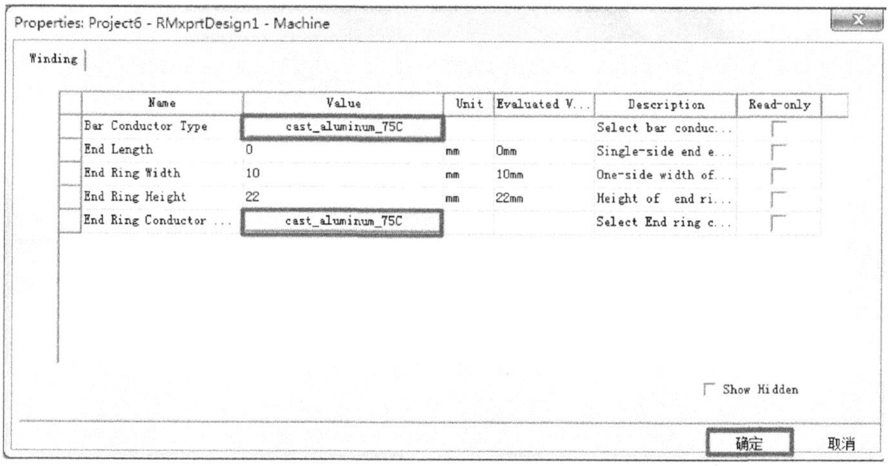

Properties: Project6 - RMxprtDesign1 - Machine

Winding

Name	Value	Unit	Evaluated V...	Description	Read-only
Bar Conductor Type	cast_aluminum_75C			Select bar conduc...	
End Length	0	mm	0mm	Single-side end e...	
End Ring Width	10	mm	10mm	One-side width of...	
End Ring Height	22	mm	22mm	Height of end ri...	
End Ring Conductor ...	cast_aluminum_75C			Select End ring c...	

Show Hidden

确定　取消

图 9-22　Winding 转子绕组项参数设定

图 9-22 中的参数介绍如下。

a. Bar Conductor Type(转子鼠笼导条材料):选择 RMxprt 材料库自带的 cast_alumium_75C。

b. End Length(转子鼠笼导条高于转子端面的长度):对嵌入铜条结构式,为了方便焊接导条与端环,铜条一般要高于转子端面;在铸铝转子中,该项应该为 0。

c. End Ring Width(端环的轴向厚度):设定为 10 mm。

d. End Ring Height(端环的径向长度):设定为 22 mm。

e. End Ring Conductor Type(转子端环材料):与鼠笼导条材料一样。

4. Shaft 项设置

Shaft 项定义相对比较简单,如图 9-23 所示。参数 Magnetic Shaft 即为转轴是否导磁,因为转轴导磁,等于增大了转子轭部厚度,故需要对计算结果进行修正。而转轴不导磁,则不需要修正。通常采用 45 号钢,其导磁性相对于定子冲片材料、转子冲片材料要弱,因此不选择转轴导磁,点击“确定”按钮即可退出本对话框。

点击主界面左下角的 Main 按钮,可以预览已设计好的定子、转子冲片截面图,如图 9-24 所示。

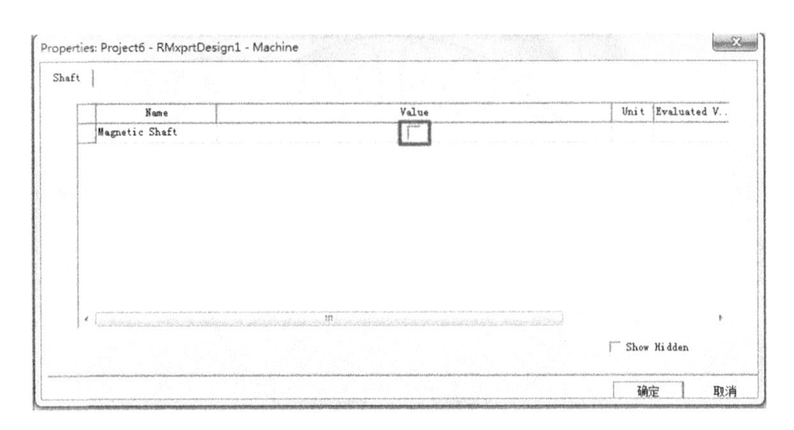

图 9-23　Shaft 项参数设定

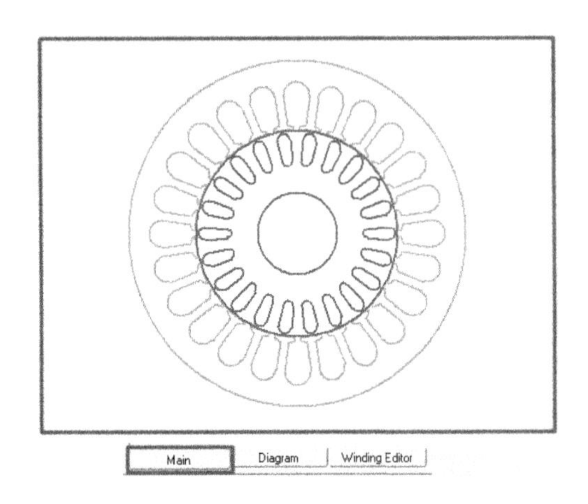

图 9-24　定子、转子冲片截面图

到此为止，样机的所有模型参数全部设定完毕，可以进入仿真设定阶段。

三、电机仿真设定

在以上内容中，已将仿真样机的系统参数、定子参数、转子参数及转轴设定完毕，现在对样机进行仿真参数设定并求解。选择菜单栏中 RMxprt/Analysis Setup/Add Solution Setup 选项，如图 9-25 所示。点击后软件会自动弹出求解设置选项，如图 9-26 所示。在弹出的选项卡中，输入全部的电机仿真状态参数，就可以开始仿真了。仿真参数的设定至关重要，这意味着将要计算前面输入的电机模型在该状态下的工况，一般是将额定工作状态设定为分析对象。

图 9-26(a)仿真参数设置中，需要用户定义的参数如下。

(1)Load Type(电机负载类型)：软件设有 Const Power(恒功率负载)、Const Speed(恒转速负载)、Const Torque(恒转矩负载)、Linear Torque(线性转矩负载)和 Fan Load(风扇类负载)，共五种常用的负载类型供用户选择。本方案选定 Const Power，即恒功率负载形式。

(2)Rated Output Power(电机的额定输出功率)：设定仿真的额定输出功率为 550 W。

(3)Rated Voltag(额定电压)：额定电压指电机的线电压，在此为 380 V。

(4)Rated Speed(额定转速)：设定为 1 380 r/min。

(5)Operating Temperature(工作温度)：电机为 B 级绝缘，设定工作温度为 75 ℃。

图 9-26(b)仿真参数设置中，需要用户定义的参数如下。

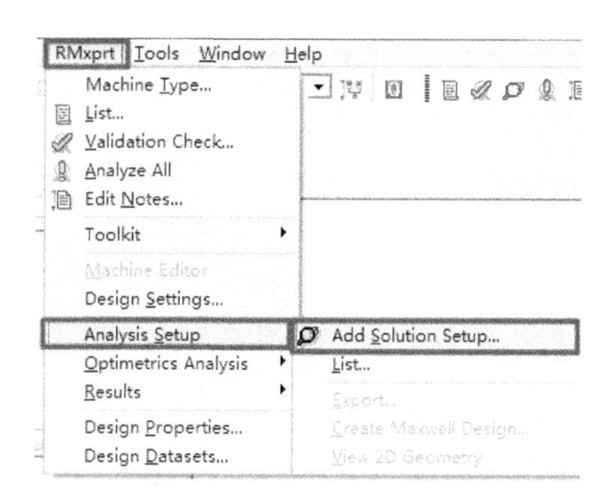

图 9-25 仿真参数设定选项

(a)

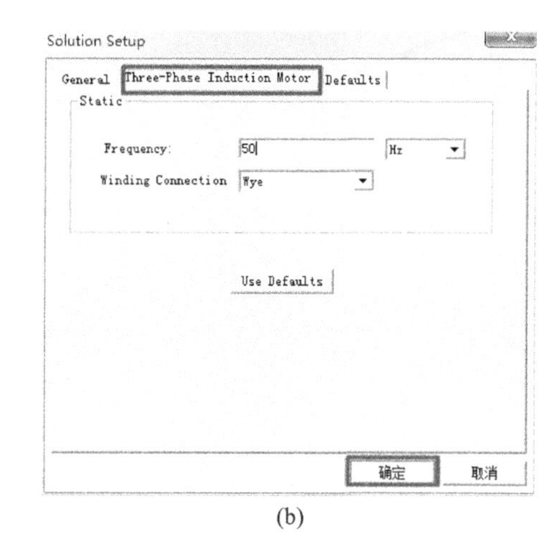

(b)

图 9-26 仿真参数设置

(1)Frequency(电源频率):为 50 Hz。

(2)Wingding Connection(定子绕组的连接方式):共有两种:一种是 Delta(三角形连接方式);另一种是 Wye(星形连接方式)。此处选择 Wye 连接方式。

所有的仿真设定参数全部输入完毕,单击"确定"按钮退出选项卡。

四、电机仿真求解及分析

在电机仿真求解之前,需要先检查模型是否正确无误。软件具有自动检测模型的功能,单击工具栏上的按钮,会弹出图 9-27 所示的检测窗口,各检测项前均有一个对号图标,说明对应步骤设置正确。必须保证检测结果均为对号,才可以进行仿真,仿真的具体步骤如下。

(1)步骤 1:检测完毕后,可单击工具栏上的按钮进行求解,由于采用的是等效电路法计算模型,计算周期非常短暂。

(2)步骤 2:单击工具栏上的 RMxprt/Results/Solution Data 选项,软件会弹出如图 9-28 所示的计算结果栏。

在计算结果栏中主要包括以下三个部分。

1. Performance(各类参数项)

(1)Break-Down Operation——最大转矩点数据。

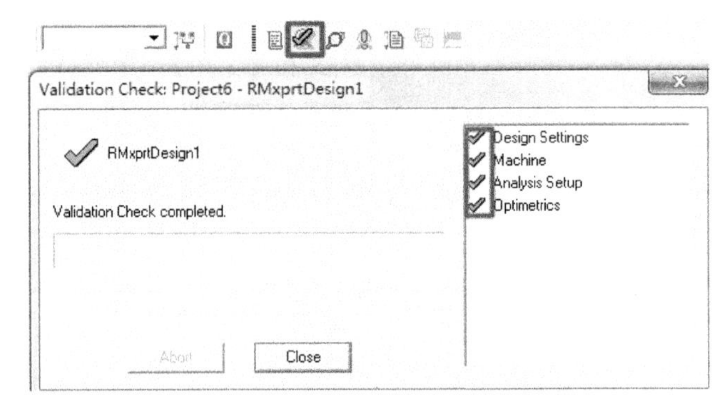

图 9-27　软件模型自动检测窗口

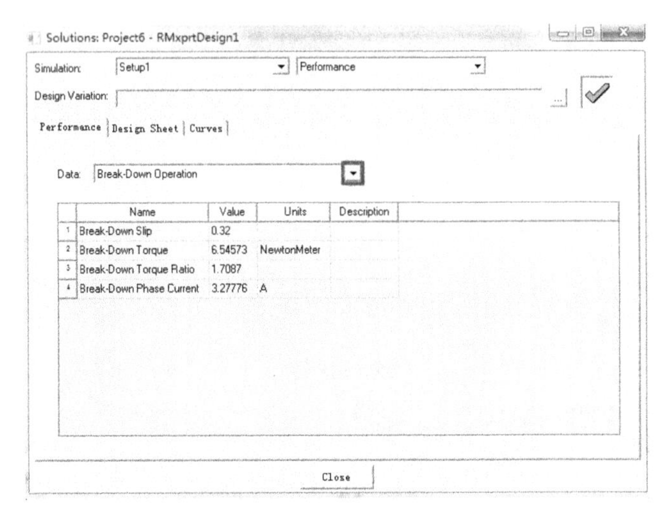

图 9-28　计算结果栏

(2)FEA Input Data——有限元仿真数据。

(3)Locked-Rotor Operation——启动点数据。

(4)Material Consumption——材料属性数据。

(5)No-Load Operation——空载数据。

(6)Rated Electric Data——额定点的电负荷数据。

(7)Rated Magnetic Data——额定点的磁负荷数据。

(8)Rated Parameters——额定点的阻抗参数。

(9)Rated Performance——额定点的性能指标。

(10)Stator Slot——定子槽形数据。

(11)Stator Winding——定子绕组数据。

2. Design Sheet(设计表单)

Design Sheet(设计表单)包含 Performance 项中的所有内容,同时还包括其他未收录于 Performance 项中的数据,如转子参数等,它可以直接打印出来。

3. Curves(性能曲线)

Curves(性能曲线)包含典型的电机性能曲线。

(1)Input Current vs Speed——速度与输入相电流之间的曲线。

(2)Efficiency vs Speed——速度与效率之间的曲线。

(3)Output Power vs Speed——速度与输出功率之间的曲线。

(4)Power Factor vs Speed——速度与功率因数之间的曲线。

(5)Output Torque vs Speed——速度与输出转矩之间的曲线。

通过这些数据和曲线,可以非常直观地展现电机在各个状态下的工作情况和性能指标。由于篇幅有限,这里不一一列出相关计算参数及曲线。

RMxprt模块是基于磁路法的电机设计模块,由于采用磁路的等效,同时许多参数也由软件自动查表得到,所以,其电机设计精度较低。若电机的设计精度要求较高或要分析电机的内部磁密分布及启动运行等,可将RMxprt模块中已经建立好的电机模型导入至Ansoft V12的Maxwell 2D和Maxwell 3D模块,进行后续的有限元计算仿真,具体内容可参见相关参考书籍。

小　结

本章主要介绍了ANSYS Maxwell 16.0版本中RMxprt旋转电机分析专家模块,并以一台实际中的三相感应电动机为例,通过电机参数中Machine项、Stator项、Rotor项及仿真参数设定、电机仿真求解结果分析等几方面详细介绍了RMxprt模块中感应电动机模块的使用方法及整套计算流程。RMxprt模块下包含了13种电机,三相感应电动机是比较典型的电机,其他类型电机参数设定流程与其参数设定流程有相似之处,希望本章起到以点带面的效果。

附录A

导线规格表

表 A-1　漆包线常用规格结构尺寸电阻及质量参考表

导体直径/mm		漆膜最小厚度/mm		漆包线最大外径/mm		电阻(20℃)/(Ω/m)		截面积/mm²
标称	偏差±	1级	2级	1级	2级	最小	最大	
0.1	0.003	0.008	0.016	0.017	0.125	2.034	2.33	0.007 85
0.13	0.003	0.011	0.021	0.15	0.161	1.22	1.361	0.013 27
0.15	0.003	0.012	0.023	0.172	0.148	0.922	1.016	0.017 67
0.17	0.003	0.013	0.025	0.194	0.207	0.721 3	0.787 4	0.022 7
0.19	0.003	0.014	0.027	0.216	0.229	0.579 6	0.627 9	0.028 35
0.2	0.003	0.015	0.029	0.226	0.239	0.511 1	0.551 9	0.031 42
0.21	0.003	0.015	0.029	0.236	0.249	0.475 8	0.512 4	0.034 64
0.23	0.003	0.017	0.032	0.26	0.272	0.397 6	0.426 1	0.041 55
0.25	0.003	0.017	0.032	0.281	0.297	0.334 5	0.362 8	0.049 09
0.27	0.003	0.018	0.033	0.302	0.319	0.281 3	0.308	0.057 26
0.29	0.003	0.018	0.033	0.324	0.342	0.251 4	0.266 6	0.066 05
0.31	0.004	0.019	0.035	0.344	0.362	0.218 9	0.234 4	0.075 48
0.35	0.004	0.02	0.038	0.387	0.406	0.172 2	0.183 4	0.096 21
0.38	0.004	0.021	0.04	0.419	0.439	0.146 4	0.155 3	0.113 4
0.4	0.004	0.021	0.04	0.439	0.459	0.131 6	0.140 7	0.125 6
0.41	0.005	0.021	0.04	0.449	0.469	0.125 3	0.133 8	0.132 0
0.44	0.005	0.022	0.042	0.481	0.503	0.109	0.116	0.152 0
0.45	0.005	0.022	0.042	0.491	0.513	0.104 2	0.110 9	0.159 0
0.47	0.005	0.023	0.043	0.514	0.536	0.095 68	0.101 5	0.173 5
0.49	0.005	0.024	0.045	0.534	0.556	0.088 11	0.093 35	0.188 6
0.5	0.005	0.024	0.045	0.544	0.566	0.084 62	0.089 59	0.196 3
0.51	0.006	0.025	0.047	0.554	0.576	0.081 08	0.086 45	0.204 3
0.53	0.006	0.025	0.047	0.576	0.6	0.075 14	0.079 97	0.220 6
0.55	0.006	0.025	0.047	0.596	0.62	0.069 83	0.074 2	0.237 6
0.57	0.006	0.027	0.05	0.616	0.64	0.065 07	0.069 3	0.225 2
0.59	0.006	0.027	0.05	0.639	0.664	0.060 77	0.064 38	0.273 4
0.6	0.007	0.027	0.05	0.649	0.674	0.058 79	0.062 33	0.282 7
0.63	0.007	0.027	0.05	0.679	0.704	0.053 35	0.056 38	0.311 5

续表

导体直径/mm		漆膜最小厚度/mm		漆包线最大外径/mm		电阻(20℃)/(Ω/m)		截面积/mm²
标称	偏差±	1级	2级	1级	2级	最小	最大	
0.64	0.007	0.027	0.053	0.689	0.714	0.051 57	0.054 8	0.321 7
0.67	0.007	0.028	0.053	0.722	0.749	0.047 1	0.049 95	0.352 5
0.69	0.007	0.028	0.053	0.742	0.769	0.044 44	0.047 07	0.373 7
0.71	0.008	0.028	0.053	0.762	0.789	0.041 98	0.044 42	0.395 9
0.72	0.008	0.03	0.056	0.772	0.799	0.040 73	0.043 31	0.407 2
0.74	0.008	0.03	0.056	0.795	0.824	0.038 58	0.040 98	0.430 1
0.75	0.008	0.03	0.056	0.805	0.834	0.037 57	0.039 88	0.441 7
0.8	0.008	0.03	0.056	0.855	0.884	0.033 05	0.035	0.502 7
0.83	0.009	0.032	0.06	0.889	0.919	0.030 67	0.032 58	0.541 1
0.85	0.009	0.032	0.06	0.909	0.939	0.029 26	0.031 05	0.567 4
0.9	0.009	0.032	0.06	0.959	0.989	0.026 12	0.027 65	0.636 2
0.93	0.01	0.034	0.063	0.992	1.024	0.024 43	0.025 94	0.679 3
0.95	0.01	0.034	0.063	1.012	1.044	0.023 42	0.024 85	0.709 8
1	0.01	0.034	0.063	1.062	1.094	0.021 16	0.022 4	0.785 4
1.04	0.011	0.034	0.065	1.104	1.137	0.019 55	0.020 74	0.849 5
1.06	0.011	0.034	0.065	1.124	1.157	0.018 82	0.019 96	0.916 1
1.12	0.012	0.034	0.065	1.184	1.217	0.016 85	0.017 89	0.985 2
1.18	0.012	0.035	0.067	1.246	1.279	0.015 19	0.016 1	1.092 5
1.25	0.013	0.035	0.067	1.316	1.349	0.013 53	0.014 35	1.227
1.3	0.013	0.036	0.069	1.368	1.402	0.012 52	0.013 26	1.327
1.32	0.014	0.036	0.069	1.388	1.422	0.012 136	0.012 87	1.368 4
1.4	0.014	0.036	0.069	1.468	1.502	0.010 79	0.011 43	1.539
1.5	0.015	0.038	0.071	1.57	1.606	0.009 406	0.009 958	1.767
1.6	0.016	0.038	0.071	1.67	1.706	0.008 267	0.008 752	2.011
1.7	0.017	0.039	0.073	1.772	1.809	0.007 323	0.007 753	2.227
1.74	0.018	0.039	0.073	1.812	1.849	0.006 985	0.007 406	2.378
1.8	0.018	0.039	0.073	1.872	1.909	0.006 532	0.006 915	2.544
1.9	0.019	0.04	0.075	1.974	2.012	0.005 862	0.006 206	2.835
2	0.02	0.04	0.075	2.074	2.112	0.005 291	0.005 601	3.142
2.12	0.022	0.041	0.077	2.196	2.235	0.004 705	0.004 989	3.529
2.24	0.023	0.041	0.077	2.316	2.355	0.004 215	0.004 468	4.222
2.36	0.024	0.042	0.079	2.438	2.478	0.003 798	0.004 024	4.374
2.5	0.025	0.042	0.079	2.578	2.618	0.003 386	0.003 585	4.908

附录B

导磁材料

表 B-1　1～1.75 mm 厚的钢板的磁化曲线　　A/cm

B/T	0	0.01	0.02	0.03	0.04	0.05	0.06	0.07	0.08	0.09
0.3	1.80									
0.4	2.10									
0.5	2.50	2.55	2.60	2.65	2.70	2.75	2.79	2.83	2.87	2.91
0.6	2.95	3.00	3.05	3.10	3.15	3.20	3.25	3.30	3.35	3.40
0.7	3.45	3.51	3.57	3.63	3.69	3.75	3.81	3.87	3.93	3.99
0.8	4.05	4.12	4.19	4.26	4.33	4.40	4.48	4.56	4.64	4.72
0.9	4.80	4.90	4.95	5.05	5.10	5.20	5.30	5.40	5.50	5.60
1.0	5.70	5.82	5.95	6.07	6.15	6.30	6.42	6.55	6.65	6.80
1.1	6.90	7.03	7.20	7.31	7.48	7.60	7.75	7.90	8.08	8.25
1.2	8.45	8.60	8.80	9.00	9.20	9.40	9.60	9.92	10.15	10.45
1.3	10.8	11.12	11.45	11.75	12.2	12.6	13.0	13.5	13.93	14.5
1.4	14.90	15.30	15.95	16.45	17.00	17.50	18.35	19.2	20.10	21.10
1.5	22.7	24.5	25.6	27.1	28.8	30.5	32.0	34.0	36.5	37.5
1.6	40.0	42.5	45.0	47.5	50.0	52.5	55.8	59.5	62.3	66.0
1.7	70.5	75.3	79.5	84.0	88.5	93.2	98.0	103	108	114
1.8	119	124	130	135	141	148	156	162	170	178
1.9	188	197	207	215	226	235	245	256	265	275
2.0	290	302	315	328	342	361	380			

表 B-2　铸钢磁化曲线　　A/cm

B/T	0	0.01	0.02	0.03	0.04	0.05	0.06	0.07	0.08	0.09
0.0	0	0.08	0.16	0.24	0.32	0.40	0.48	0.56	0.64	0.72
0.1	0.80	0.88	0.96	1.04	1.12	1.20	1.28	1.36	1.44	1.52
0.2	1.60	1.68	1.76	1.84	1.92	2.00	2.08	2.16	2.24	2.32
0.3	2.40	2.48	2.56	2.64	2.72	2.80	2.88	2.96	3.04	3.12
0.4	3.20	3.28	3.36	3.44	3.52	3.60	3.68	3.86	3.84	3.92
0.5	4.00	4.08	4.17	4.26	4.34	4.43	4.52	4.61	4.70	4.79
0.6	4.88	4.97	5.06	5.16	5.25	5.35	5.44	5.54	5.64	5.74
0.7	5.84	5.93	6.03	6.13	6.23	6.32	6.42	6.52	6.62	6.72

续表

B/T	0	0.01	0.02	0.03	0.04	0.05	0.06	0.07	0.08	0.09
0.8	6.82	6.93	7.03	7.24	7.34	7.45	7.55	7.66	7.76	7.87
0.9	7.98	8.10	8.23	8.35	8.48	8.60	8.73	8.85	8.98	9.11
1.0	9.24	9.38	9.53	9.69	9.86	10.04	10.22	10.39	10.56	10.73
1.1	10.90	11.08	11.27	11.47	11.67	11.87	12.07	12.27	12.48	12.69
1.2	12.90	13.15	13.4	13.7	14.0	14.3	14.6	14.9	15.2	15.55
1.3	15.9	16.3	16.7	17.2	17.6	18.1	18.6	19.2	19.7	20.3
1.4	20.9	21.6	22.3	23.0	23.6	24.4	25.3	26.2	27.1	29.0
1.5	28.9	29.9	31.0	32.1	33.2	34.3	35.6	37.0	38.3	39.6
1.6	41.0	42.5	44.0	45.5	47.0	48.7	50.0	51.5	53.0	55.0

表B-3 DT1电工钢板磁化曲线　　A/cm

B/T	0	0.01	0.02	0.03	0.04	0.05	0.06	0.07	0.08	0.09
0.0	0.00	0.08	0.17	0.23	0.30	0.34	0.38	0.43	0.48	0.51
0.1	0.55	0.59	0.63	0.67	0.72	0.76	0.80	0.84	0.89	0.93
0.2	0.97	1.01	1.05	1.08	1.12	1.14	1.17	1.20	1.23	1.26
0.3	1.29	1.32	1.36	1.39	1.43	1.46	1.49	1.51	1.54	1.57
0.4	1.60	1.63	1.66	1.68	1.71	1.73	1.76	1.78	1.81	1.84
0.5	1.87	1.89	1.92	1.95	1.98	2.00	2.03	2.06	2.09	2.12
0.6	2.15	2.18	2.22	2.26	2.30	2.34	2.39	2.44	2.49	2.55
0.7	2.61	2.68	2.75	2.82	2.89	2.95	3.02	3.09	3.16	3.24
0.8	3.32	3.40	3.48	3.55	3.63	3.71	3.79	3.87	3.95	4.03
0.9	4.12	4.21	4.30	4.39	4.48	4.57	4.67	4.76	4.85	4.94
1.0	5.03	5.11	5.20	5.29	5.38	5.46	5.55	5.64	5.73	5.82
1.1	5.92	6.02	6.12	6.22	6.32	6.42	6.52	6.62	6.72	6.82
1.2	6.92	7.02	7.12	7.22	7.32	7.42	7.50	7.61	7.70	7.80
1.3	7.90	8.01	8.12	8.22	8.32	8.41	8.50	8.60	8.70	8.80
1.4	8.90	9.00	9.10	9.21	9.32	9.42	9.52	9.62	9.73	9.84
1.5	10.5	11.0	11.6	12.4	13.2	14.2	15.2	16.6	17.8	19.3
1.6	20.9	22.5	24.2	26.4	28.8	31.0	34.0	37.0	39.8	42.6
1.7	46.0	49.0	52.0	57.0	62.0	67.0	72.0	77.0	80.0	87.0
1.8	92.0	98.0	105	111	118	125	132	138	145	152
1.9	160	168	177	186	195	203	212	220	229	239
2.0	250	260	270	281	292	303	314	326	338	351

表 B-4　50 Hz 热轧硅钢片 DR610-50(D21)磁化曲线　A/cm

B/T	0	0.01	0.02	0.03	0.04	0.05	0.06	0.07	0.08	0.09
0.4	1.4	1.43	1.46	1.49	1.52	1.55	1.58	1.61	1.64	1.67
0.5	1.71	1.75	1.79	1.83	1.87	1.91	1.95	1.99	2.03	2.07
0.6	2.12	2.17	2.22	2.27	2.32	2.37	2.42	2.48	2.54	2.60
0.7	2.67	2.74	2.81	2.88	2.95	3.02	3.09	3.16	3.24	3.32
0.8	3.40	3.48	3.56	3.64	3.72	3.80	3.89	3.98	4.07	4.16
0.9	4.25	4.35	4.45	4.55	4.65	4.76	4.88	5.00	5.12	5.24
1.0	5.36	5.49	5.62	5.75	5.88	6.02	6.16	6.30	6.45	6.60
1.1	6.75	6.91	7.08	7.26	7.45	7.65	7.86	8.08	8.31	8.55
1.2	8.80	9.06	9.33	9.61	9.90	10.2	10.5	10.9	11.2	11.6
1.3	12.0	12.5	13.0	13.5	14.0	14.5	15.0	15.6	16.2	16.8
1.4	17.4	18.2	18.9	19.8	20.6	21.6	22.6	23.8	25.0	26.4
1.5	28.0	29.7	31.5	33.7	36.0	38.5	41.3	44.0	47.0	50.0
1.6	52.9	55.9	59.0	62.1	65.3	69.2	72.8	76.6	80.4	84.2
1.7	88.0	92.0	95.6	100	105	110	115	120	126	132
1.8	138	145	152	159	166	173	181	189	197	205

表 B-5　50 Hz 热轧硅钢片 DR530-50(D22)磁化曲线　A/cm

B/T	0	0.01	0.02	0.03	0.04	0.05	0.06	0.07	0.08	0.09
0.4	0.70	0.72	0.73	0.75	0.76	0.78	0.80	0.81	0.83	0.84
0.5	0.86	0.88	0.89	0.91	0.92	0.94	0.96	0.97	0.99	1.00
0.6	1.02	1.04	1.06	1.07	1.09	1.11	1.13	1.15	1.16	1.18
0.7	1.20	1.22	1.24	1.25	1.27	1.29	1.31	1.33	1.34	1.36
0.8	1.38	1.40	1.42	1.44	1.46	1.48	1.50	1.53	1.55	1.57
0.9	1.60	1.63	1.65	1.68	1.71	1.74	1.77	1.80	1.83	1.87
1.0	1.90	1.94	1.98	2.02	2.06	2.11	2.16	2.22	2.27	2.33
1.1	2.40	2.47	2.54	2.62	2.70	2.79	2.88	2.97	3.06	3.16
1.2	3.26	3.37	3.48	3.59	3.71	3.83	3.97	4.11	4.26	4.41
1.3	4.56	4.73	4.91	5.10	5.30	5.51	5.73	5.96	6.21	6.46
1.4	6.73	7.01	7.31	7.62	7.94	8.27	8.62	8.99	9.37	9.76
1.5	10.17	10.60	11.04	11.49	11.96	12.45	12.95	13.46	13.99	14.54
1.6	15.10	15.68	16.28	16.90	17.54	18.20	18.90	19.66	20.47	21.34
1.7	22.26	23.26	24.38	25.62	27.00	28.53	30.13	31.75	33.40	35.07
1.8	36.80	38.60	40.40	42.20	44.00	45.80	47.70	49.60	51.50	53.40

表 B-6　50 Hz 热轧硅钢片 DR510-50(D23)磁化曲线　A/cm

B/T	0	0.01	0.02	0.03	0.04	0.05	0.06	0.07	0.08	0.09
0.4	1.38	1.40	1.42	1.44	1.46	1.48	1.5	1.52	1.54	1.56
0.5	1.58	1.60	1.62	1.64	1.66	1.69	1.71	1.74	1.76	1.78
0.6	1.81	1.84	1.86	1.89	1.91	1.94	1.97	2.00	2.03	2.06
0.7	2.10	2.13	2.16	2.20	2.24	2.28	2.32	2.36	2.4	2.45
0.8	2.50	2.55	2.60	2.65	2.7	2.76	2.81	2.87	2.93	2.99
0.9	3.06	3.13	3.19	3.26	3.33	3.41	3.49	3.57	3.65	3.74
1.0	3.83	3.92	4.01	4.11	4.22	4.33	4.44	4.56	4.67	4.8
1.1	4.93	5.07	5.21	5.36	5.52	5.68	5.84	6.00	6.16	6.33
1.2	6.52	6.72	6.94	7.16	7.38	7.62	7.86	8.10	8.36	8.62
1.3	8.90	9.20	9.50	9.80	10.1	10.5	10.9	11.3	11.7	12.1
1.4	12.6	13.1	13.6	14.2	14.8	15.5	16.3	17.1	18.1	19.1
1.5	20.1	21.2	22.4	23.7	25.0	26.7	28.5	30.4	32.6	35.1
1.6	37.8	40.7	43.7	46.8	50.0	53.4	56.8	60.4	64.0	67.8
1.7	72.0	76.4	80.8	85.4	90.2	95.0	100	105	110	116
1.8	122	128	134	140	146	152	158	165	172	180

表 B-7　50 Hz 热轧硅钢片 DR490-50(D24)磁化曲线　A/cm

B/T	0	0.01	0.02	0.03	0.04	0.05	0.06	0.07	0.08	0.09
0.4	1.37	1.38	1.4	1.42	1.44	1.46	1.48	1.50	1.52	1.54
0.5	1.56	1.58	1.6	1.62	1.64	1.66	1.68	1.70	1.72	1.75
0.6	1.77	1.79	1.81	1.84	1.87	1.89	1.92	1.94	1.97	2.00
0.7	2.03	2.06	2.09	2.12	2.16	2.20	2.23	2.27	2.31	2.35
0.8	2.39	2.43	2.48	2.52	2.57	2.62	2.67	2.73	2.79	2.85
0.9	2.91	2.97	3.03	3.1	3.17	3.24	3.31	3.39	3.47	3.55
1.0	3.63	3.71	3.79	3.88	3.97	4.06	4.16	4.26	4.37	4.48
1.1	4.60	4.72	4.86	5.00	5.14	5.29	5.44	5.60	5.76	5.92
1.2	6.10	6.28	6.46	6.65	6.85	7.05	7.25	7.46	7.68	7.90
1.3	8.14	8.40	8.38	8.96	9.26	9.58	9.86	10.2	10.6	11.0
1.4	11.4	11.8	12.3	12.8	13.3	13.8	14.4	15.0	15.7	16.4
1.5	17.2	18.0	18.9	19.9	20.9	22.1	23.5	25	26.8	28.6
1.6	30.7	33.0	35.6	38.2	41.1	44.0	47.0	50.0	53.5	57.5
1.7	61.5	66.0	70.5	75	79.7	84.5	89.5	94.7	100	105
1.8	110	116	122	128	134	141	148	155	162	170

表 B-8　50 Hz 热轧硅钢片(D21)$p_{10/50}$ = 2.5 W/kg　　W/cm³

B/T	0	0.01	0.02	0.03	0.04	0.05	0.06	0.07	0.08	0.09
0.5	6.28	6.50	6.74	7.00	7.22	7.47	7.70	7.94	8.18	8.42
0.6	8.66	8.90	9.14	9.40	9.64	9.90	10.1	10.4	10.6	10.9
0.7	11.1	11.4	11.6	11.9	12.1	12.4	12.7	12.9	13.2	13.4
0.8	13.6	14.0	14.2	14.4	14.7	15.0	15.2	15.5	15.8	16.0
0.9	16.3	16.6	16.9	17.2	17.5	17.8	18.1	18.5	18.8	19.1
1.0	19.5	19.9	20.2	20.6	21.0	21.4	21.8	22.3	22.7	23.2
1.1	23.7	24.2	24.7	25.2	25.7	26.3	26.8	27.3	27.9	28.5
1.2	29.0	29.6	30.1	30.7	31.3	31.9	32.5	33.1	33.7	34.3
1.3	34.9	35.5	36.0	36.7	37.3	37.9	38.5	39.1	39.7	40.3
1.4	40.9	41.5	42.1	42.7	43.3	44.0	44.6	45.2	45.8	46.4
1.5	47.1	47.7	48.3	48.9	49.6	50.2	50.8	51.4	51.9	52.6
1.6	53.1	53.7	54.3	54.9	55.5	56.1	56.7	57.3	57.9	58.5
1.7	59.1	59.7	60.3	60.9	61.6	62.3	62.9	63.6	64.4	65.0
1.8	65.8	66.6	67.4	68.2	69.0	69.9	70.8	71.7	72.6	73.5
1.9	74.4	75.4	76.3	77.1	78.0	78.9	79.8	80.8	81.8	82.8

注：表中查得数据乘以 10^{-3}。

表 B-9　50 Hz 热轧硅钢片(D22,D23;$p_{10/50}$ = 2.1 W/kg)　　W/cm³

B/T	0	0.01	0.02	0.03	0.04	0.05	0.06	0.07	0.08	0.09
0.5	5.15	5.35	5.55	5.76	5.98	6.17	6.38	6.57	6.78	7.00
0.6	7.22	7.42	7.62	7.84	8.05	8.26	8.48	8.70	8.90	9.12
0.7	9.35	9.55	9.76	9.98	10.2	10.4	10.6	10.8	11.0	11.3
0.8	11.5	11.7	12.0	12.2	12.4	12.6	12.8	13.1	13.3	13.5
0.9	13.8	14.0	14.3	14.5	14.8	15.1	15.3	15.6	15.9	16.2
1.0	16.5	16.8	17.1	17.4	17.8	18.1	18.4	18.8	19.2	19.6
1.1	20.0	20.4	20.8	21.2	21.7	22.1	22.6	23.0	23.5	24.0
1.2	24.5	25.0	25.4	26.0	26.4	27.0	27.5	28.0	28.5	29.0
1.3	29.5	30.0	30.5	31.0	31.6	32.1	32.6	33.1	33.6	34.2
1.4	34.7	35.2	35.7	36.2	36.7	37.2	37.8	38.3	38.8	39.4
1.5	39.8	40.4	40.9	41.4	41.9	42.4	42.9	43.5	44.0	44.5
1.6	45.0	45.6	46.1	46.6	47.1	47.7	48.2	48.7	49.2	49.7
1.7	50.2	50.7	51.3	51.8	52.3	52.9	53.5	54.1	54.7	55.4
1.8	56.1	56.8	57.4	58.1	58.9	59.6	60.3	61.0	61.8	62.8
1.9	63.4	64.1	64.8	65.6	66.4	67.2	67.9	68.7	69.4	70.3

注：表中查得数据乘以 10^{-3}。

表 B-10　50 Hz 热轧硅钢片(D23,D24;$p_{10/50}$=2.1 W/kg)　W/kg

B/T	0	0.01	0.02	0.03	0.04	0.05	0.06	0.07	0.08	0.09
0.50	0.70	0.72	0.74	0.76	0.78	0.80	0.82	0.84	0.87	0.89
0.60	0.91	0.93	0.96	0.98	1.01	1.03	1.06	1.08	1.11	1.13
0.70	1.16	1.19	1.22	1.25	1.28	1.31	1.34	1.37	1.40	1.43
0.80	1.46	1.49	1.52	1.56	1.59	1.62	1.65	1.68	1.72	1.75
0.90	1.78	1.81	1.84	1.88	1.91	1.94	1.97	2.00	2.04	2.07
1.00	2.10	2.14	2.19	2.23	2.28	2.32	2.36	2.24	2.45	2.49
1.10	2.53	2.57	2.62	2.66	2.71	2.75	2.80	2.85	2.90	2.95
1.20	3.00	3.05	3.10	3.16	3.21	3.26	3.32	3.38	3.44	3.50
1.30	3.56	3.62	3.67	3.73	3.78	3.84	3.91	3.98	4.08	4.13
1.40	4.20	4.28	4.36	4.44	4.52	4.60	4.70	4.80	4.90	5.00
1.50	5.10	5.22	5.34	5.46	5.58	5.70	5.84	5.98	6.12	6.26
1.60	6.40	6.53	6.66	6.80	6.93	7.06	7.18	7.28	7.41	7.52
1.70	7.64	7.70	7.77	7.83	7.90	7.96	8.00	8.04	8.07	8.11
1.80	8.15	8.24	8.33	8.42	8.51	8.60	8.70	8.80	8.90	9.00
1.90	9.10	9.20	9.30	9.40	9.50	9.60	9.74	9.88	10.00	10.20

表 B-11　冷轧硅钢片 DW540-50 直流磁化曲线

B/T	0	0.01	0.02	0.03	0.04	0.05	0.06	0.07	0.08	0.09
0.1	35.03	36.15	37.74	39.01	40.61	42.20	42.99	44.27	45.38	46.18
0.2	46.97	47.77	49.36	50.16	50.96	52.55	52.95	54.14	54.94	55.73
0.3	57.32	58.12	58.92	59.71	60.51	62.10	62.90	63.69	64.49	65.29
0.4	66.08	66.88	67.68	68.47	69.27	70.06	70.86	71.66	72.45	73.25
0.5	74.04	74.84	75.64	96.13	77.23	78.03	78.82	79.62	80.41	81.21
0.6	82.01	82.80	84.39	85.99	86.78	87.58	88.38	89.17	89.97	90.76
0.7	91.56	92.37	93.15	93.95	95.54	97.13	98.73	100.32	101.91	102.71
0.8	103.50	104.30	105.89	108.28	109.87	110.67	111.46	113.06	116.24	117.04
0.9	117.83	118.63	121.02	122.61	124.20	125.80	126.59	128.98	132.17	135.35
1.0	156.15	136.94	139.33	141.72	144.90	148.09	151.27	152.87	156.05	159.24
1.1	160.83	162.42	167.20	171.18	173.57	179.14	185.51	187.90	191.08	199.04
1.2	203.03	207.01	214.97	222.93	230.89	238.85	248.41	257.96	267.52	277.07
1.3	286.62	294.95	302.55	318.47	334.39	350.32	366.24	398.09	414.01	429.94
1.4	461.78	477.71	517.52	549.36	589.17	636.94	700.64	748.41	796.18	875.80
1.5	955.41	1 035.03	1 114.65	1 194.27	1 433.12	1 512.74	1 671.97	1 910.83	2 070.06	2 308.92
1.6	2 547.77	2 866.24	3 025.48	3 264.33	3 503.18	3 821.66	4 140.13	4 458.60	4 617.83	5 095.54
1.7	5 254.78	5 573.25	5 891.72	6 050.96	6 369.43	6 847.13	7 165.61	7 484.08	7 802.55	

注:表中查得数据乘以 10^{-2} A/cm。

表 B-12 50 Hz DW540-50 损耗曲线 W/kg

B/T	0	0.01	0.02	0.03	0.04	0.05	0.06	0.07	0.08	0.09
0.50	0.560	0.580	0.600	0.620	0.640	0.660	0.690	0.715	7.400	7.550
0.60	0.770	0.800	0.825	0.850	0.875	0.900	0.918	0.933	0.950	0.980
0.70	1.00	1.030	1.060	1.100	1.130	1.170	1.200	1.220	1.250	1.280
0.80	1.300	1.330	1.350	1.370	1.385	1.400	1.430	1.450	1.480	1.510
0.90	1.550	1.580	1.610	1.630	1.660	1.700	1.730	1.760	1.800	1.850
1.00	1.900	1.930	1.950	1.980	2.010	2.050	2.100	2.150	2.180	2.250
1.10	2.300	2.330	2.360	2.400	2.450	2.500	2.530	2.570	2.600	2.630
1.20	2.650	2.720	2.790	2.850	2.870	2.900	2.960	3.020	3.080	3.110
1.30	3.150	3.200	3.250	3.300	3.350	3.400	3.460	3.530	3.600	3.680
1.40	3.750	3.800	3.850	3.900	3.950	4.000	4.070	4.140	4.200	4.280
1.50	4.350	4.430	4.500	4.600	4.650	4.700	4.800	4.900	5.000	5.050
1.60	5.100	5.160	5.230	5.300	5.370	5.440	5.510	5.580	5.650	5.720
1.70	5.800									

表 B-13 冷轧硅钢片 DW465-50 直流磁化曲线

B/T	0	0.01	0.02	0.03	0.04	0.05	0.06	0.07	0.08	0.09
0.1	31.85	33.44	35.03	36.62	38.06	39.01	39.81	41.40	42.20	43.79
0.2	45.38	46.18	46.97	47.77	48.57	50.16	50.96	52.55	54.14	54.94
0.3	55.73	56.53	57.32	58.12	58.92	59.71	60.51	62.10	62.90	63.69
0.4	64.49	65.29	66.08	66.88	67.68	68.47	69.27	70.06	70.86	71.66
0.5	72.45	73.25	73.65	74.04	74.44	74.84	75.24	75.64	76.04	76.43
0.6	76.83	77.23	77.63	78.03	78.42	78.82	78.98	79.14	79.30	79.46
0.7	79.62	80.41	81.21	82.01	82.80	83.60	84.39	85.19	85.99	86.78
0.8	87.58	89.17	90.76	92.36	93.95	96.34	97.93	99.52	101.11	102.71
0.9	104.30	105.89	107.48	109.08	110.67	112.26	113.85	115.45	117.04	118.63
1.0	121.02	123.41	125.80	129.78	131.37	133.76	135.35	136.94	140.13	141.72
1.1	143.31	146.50	149.68	152.87	160.83	167.20	171.97	176.75	181.53	184.71
1.2	189.49	195.86	202.23	208.60	213.38	222.93	230.89	238.85	246.82	254.78
1.3	262.74	272.29	286.62	302.55	310.51	318.47	334.39	362.26	382.17	398.09
1.4	429.94	445.86	477.71	525.48	581.21	668.79	740.45	764.33	835.99	915.61
1.5	995.22	1 114.65	1 273.89	1 353.50	1 512.74	1 592.30	1 831.21	1 990.45	2 149.68	2 308.92
1.6	2 547.77	2 866.24	3 025.48	3 184.71	3 503.18	3 742.04	3 901.27	4 219.75	4 458.60	4 777.07
1.7	5 095.54	5 414.01	5 891.72	6 210.19	6 369.43	6 687.90	7 006.37	7 165.61	7 643.31	

注：表中查得数据乘以 10^{-2} A/cm。

表 B-14　50 Hz DW465-50 损耗曲线　W/kg

B/T	0	0.01	0.02	0.03	0.04	0.05	0.06	0.07	0.08	0.09
0.50	0.560	0.580	0.600	0.620	0.640	0.660	0.680	0.710	0.740	0.760
0.60	0.780	0.800	0.825	0.850	0.875	0.900	0.925	0.950	0.970	1.000
0.70	1.030	1.050	1.070	1.100	1.130	1.150	1.180	1.200	1.220	1.260
0.80	1.300	1.320	1.340	1.350	1.380	1.400	1.430	1.460	1.500	1.520
0.90	1.540	1.560	1.580	1.600	1.630	1.650	1.700	1.750	1.800	1.820
1.00	1.840	1.850	1.860	1.880	1.920	1.970	2.000	2.050	2.100	2.140
1.10	2.180	2.200	2.220	2.250	2.280	2.300	2.360	2.420	2.500	2.530
1.20	2.550	2.580	2.620	2.650	2.700	2.750	2.800	2.850	2.900	2.950
1.30	3.000	3.050	3.100	3.150	3.200	3.250	3.300	3.350	3.400	3.450
1.40	3.500	3.550	3.600	3.650	3.700	3.750	3.800	3.850	3.900	3.950
1.50	4.000	4.050	4.100	4.150	4.180	4.200	4.230	3.270	4.300	4.400
1.60	4.500	4.570	4.640	4.700	4.750	4.800	4.850	4.900	4.950	4.980
1.70	5.000	5.050	5.100	5.200	5.250	5.300	5.400	5.500	5.600	5.700

表 B-15　冷轧硅钢片 DW360-50 直流磁化曲线

B/T	0	0.01	0.02	0.03	0.04	0.05	0.06	0.07	0.08	0.09
0.1	28.66	31.85	33.44	35.03	36.62	38.22	39.01	39.81	41.40	42.99
0.2	44.59	46.18	46.97	47.77	48.17	48.57	49.36	50.96	52.55	54.14
0.3	54.94	55.73	56.53	57.17	58.12	58.92	59.71	60.51	62.90	63.69
0.4	64.49	64.89	65.29	65.68	66.08	66.48	66.89	67.28	67.68	68.47
0.5	69.27	69.67	70.06	70.46	70.86	71.66	72.05	72.45	73.25	73.65
0.6	74.04	74.84	75.64	76.43	77.23	78.03	78.62	78.82	79.22	79.64
0.7	82.01	82.80	83.60	84.39	85.19	85.99	87.58	91.56	92.36	93.95
0.8	95.54	98.73	100.32	101.91	102.71	103.50	105.10	106.69	108.28	109.87
0.9	111.46	113.06	114.65	116.24	117.83	119.43	121.02	122.61	124.20	125.80
1.0	127.39	130.57	133.76	136.84	140.13	143.31	146.49	149.68	152.87	156.05
1.1	159.25	165.61	171.97	178.34	184.71	191.08	197.45	203.82	212.19	216.51
1.2	218.95	221.34	223.73	224.52	225.32	254.78	262.74	278.66	286.62	302.55
1.3	314.49	326.34	342.36	366.24	382.17	406.05	437.90	453.82	493.63	525.48
1.4	557.32	605.10	636.00	716.56	796.18	835.99	915.61	995.22	1114.65	1194.27
1.5	1 353.50	1 512.74	1 671.97	1 910.83	2 070.06	2 308.92	2 547.78	2 866.24	3 025.48	3 343.95
1.6	3 642.42	3 901.27	4 140.13	4 458.59	4 777.07	5 254.78	5 652.87	6 130.57	6 369.43	6 847.13
1.7	7 165.61	7 802.55								

注：表中查得数据乘 10^{-2} A/cm。

表 B-16　50 Hz DW360-50 损耗曲线　W/kg

B/T	0	0.01	0.02	0.03	0.04	0.05	0.06	0.07	0.08	0.09
0.50	0.420	0.433	0.448	0.460	0.470	0.480	0.495	0.505	0.520	0.540
0.60	0.560	0.570	0.580	0.590	0.610	0.630	0.645	0.660	0.680	0.690
0.70	0.700	0.715	0.735	0.750	0.780	0.800	0.815	0.830	0.840	0.860
0.80	0.880	0.900	0.920	0.940	0.955	0.970	0.990	1.020	1.040	1.060
0.90	1.090	1.120	1.150	1.170	1.200	1.240	1.260	1.280	1.300	1.320
1.00	1.340	1.360	1.380	1.400	1.425	1.450	1.470	1.500	1.540	1.560
1.10	1.580	1.600	1.620	1.640	1.680	1.700	1.730	1.750	1.780	1.820
1.20	1.850	1.880	1.910	1.930	1.950	1.980	2.000	2.350	2.135	2.180
1.30	2.150	2.200	2.240	2.270	2.310	2.350	2.400	2.450	2.500	2.550
1.40	2.600	2.630	2.650	2.680	2.740	2.800	2.830	2.860	2.900	2.950
1.50	3.000	3.020	3.045	3.070	3.100	3.200	3.260	3.320	3.400	3.450
1.60	3.500	3.550	3.600	3.650	3.700	3.750	3.820	3.880	3.950	3.980
1.70	4.000	4.030	4.060	4.100	4.200	4.300	4.350	4.400	4.450	4.500

表 B-17　冷轧硅钢片 DW315-50 直流磁化曲线

B/T	0	0.01	0.02	0.03	0.04	0.05	0.06	0.07	0.08	0.09
0.1	23.89	24.68	26.12	27.07	27.87	28.66	30.10	31.69	31.85	32.48
0.2	33.44	34.08	35.03	35.83	36.62	38.21	38.62	39.41	39.81	41.80
0.3	42.20	42.83	42.99	44.59	45.38	46.02	46.42	47.29	47.61	47.77
0.4	49.20	49.36	49.76	50.16	50.96	51.75	52.55	52.79	53.11	53.34
0.5	55.33	55.57	55.73	56.13	56.37	57.33	57.72	58.12	58.52	58.92
0.6	60.51	61.31	62.10	62.90	63.54	64.49	65.29	66.08	66.88	67.68
0.7	68.47	69.27	70.06	70.86	71.66	73.25	74.05	74.84	75.64	78.03
0.8	78.82	79.62	80.21	82.80	83.60	84.40	85.99	87.58	90.76	92.37
0.9	94.75	95.54	98.73	99.52	100.32	102.71	103.50	106.69	108.28	111.47
1.0	114.73	114.81	115.05	119.43	121.02	124.20	127.39	131.37	134.55	139.33
1.1	141.72	144.90	149.68	150.48	155.26	163.22	165.61	171.98	179.14	185.56
1.2	192.68	199.05	207.01	214.97	222.93	234.87	243.63	246.82	270.70	285.03
1.3	298.57	310.51	326.43	342.36	366.24	390.13	398.09	429.14	460.19	485.67
1.4	517.52	557.33	597.13	636.94	740.45	796.18	859.87	955.41	1035.03	1114.65
1.5	1 233.80	1 354.50	1 472.93	1 592.36	1 791.40	1 990.45	2 149.68	2 388.54	2 627.39	2 866.24
1.6	3 025.48	3 184.71	3 503.19	3 821.66	4 060.51	4 299.36	4 617.83	4 936.35	5 414.01	5 625.87
1.7	6 050.96	6 369.43	6 608.28	7 006.37	7 563.69	7 961.78				

注：表中查得数据乘以 10^{-2} A/cm。

表 B-18　50 Hz DW315-50 损耗曲线　W/kg

B/T	0	0.01	0.02	0.03	0.04	0.05	0.06	0.07	0.08	0.09
0.50	0.410	0.420	0.430	0.440	0.450	0.460	0.470	0.480	0.490	0.500
0.60	0.515	0.530	0.545	0.560	0.570	0.580	0.590	0.610	0.620	0.635
0.70	0.650	0.665	0.680	0.700	0.715	0.730	0.748	0.761	0.780	0.795
0.80	0.820	0.840	0.860	0.880	0.900	0.920	0.940	0.960	0.980	0.990
0.90	1.000	1.030	1.060	1.080	1.100	1.120	1.130	1.150	1.180	1.200
1.00	1.220	1.250	1.285	1.300	1.330	1.350	1.375	1.395	1.420	1.470
1.10	1.450	1.470	1.500	1.520	1.550	1.580	1.600	1.630	1.650	1.680
1.20	1.700	1.750	1.800	1.830	1.850	1.870	1.900	1.920	1.950	1.970
1.30	1.980	2.000	2.040	2.080	2.120	2.150	2.170	2.190	2.200	2.250
1.40	2.300	2.350	2.400	2.440	2.470	2.500	2.550	2.600	2.650	2.720
1.50	2.800	2.830	2.860	2.880	2.910	2.950	2.980	3.040	3.100	3.150
1.60	3.200	3.250	3.300	3.350	3.400	3.450	3.500	3.550	3.600	3.700
1.70	3.770	3.810	3.850	3.900	3.950	4.000	4.100	4.200	4.300	4.400

表 B-19　常用永磁材料性能

种类	牌号	剩余磁感应强度/T	矫顽力/(kA/m)	最大磁能积/(kJ/m³)	相对回复磁导率	磁温度系数/(%℃⁻¹)	居里点/℃	饱和磁化场/(kA/m)
铁氧体永磁材料	Y10T	≥0.20	128～160	6.4～9.6	1.05～1.3	−0.18～−0.20	450	700
	Y15Z	0.24～0.26	170～190	10.4～12.8				
	Y25	0.35～0.39	152～208	22.3～25.5			450～460	800
	Y30	0.38～0.42	160～216	26.3～29.5			450～460	800
	Y35	0.40～0.44	176～224	30.3～33.4			450～460	800
	Y15H	≥0.31	232～248	≥17.5			460	800
	Y20H	≥0.34	248～264	≥21.5			460	800
	Y25BH	0.36～0.39	176～216	23.9～27.1			460	800
	Y30BH	0.38～0.40	224～240	27.1～30.3			460	800
稀土永磁材料	XG112/90	0.73	520	104～120	1.05～1.10	−0.05	700～750	2 400
	XG160/120	0.88	640	150～184	1.05～1.10	−0.05	700～750	3 200
	NFB-10Z	≥0.64	450	70	1.15	−0.136	310	
	NFB-25	≥1.0	557	175～206	1.05		310	
	NFB-30	≥1.05	396.8	215～254	1.05		310	
	NFB36	≥1.22	888	270～300	1.05		310	
	NFB27H	≥1.05	816	200～230	1.08	−0.11	360	
	NFB30H	≥1.12	840	225～255	1.08	−0.11	360	
	NFB35H	≥1.17	880	250～280	1.08	−0.11	360	

附录 C

异步电机电磁计算用曲线

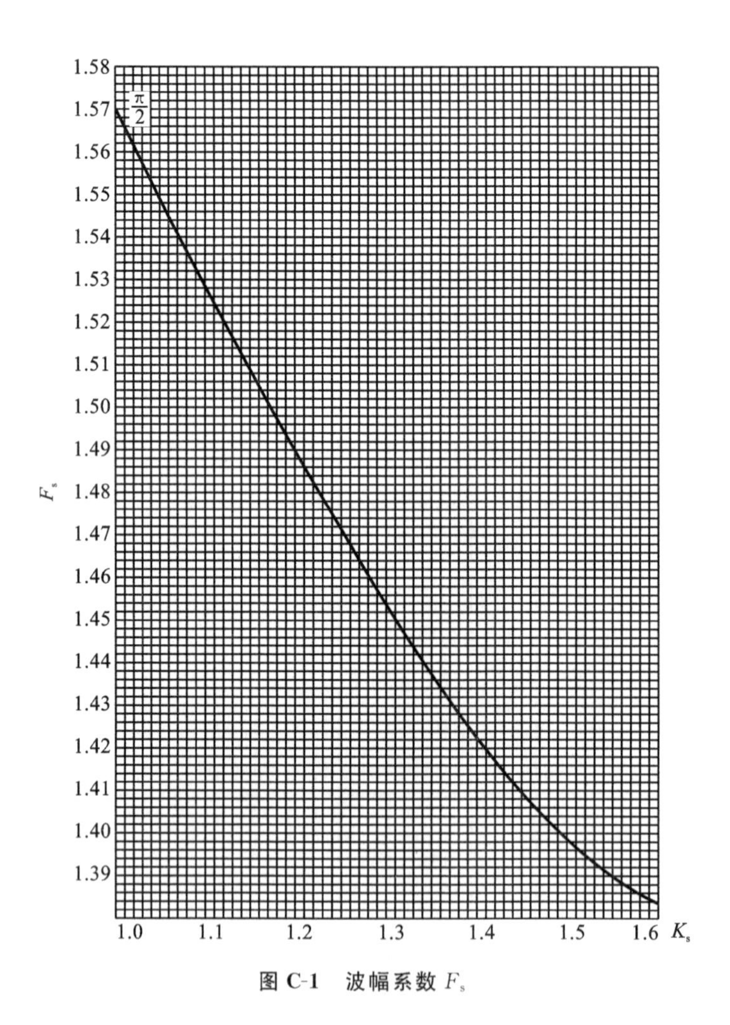

图 C-1　波幅系数 F_s

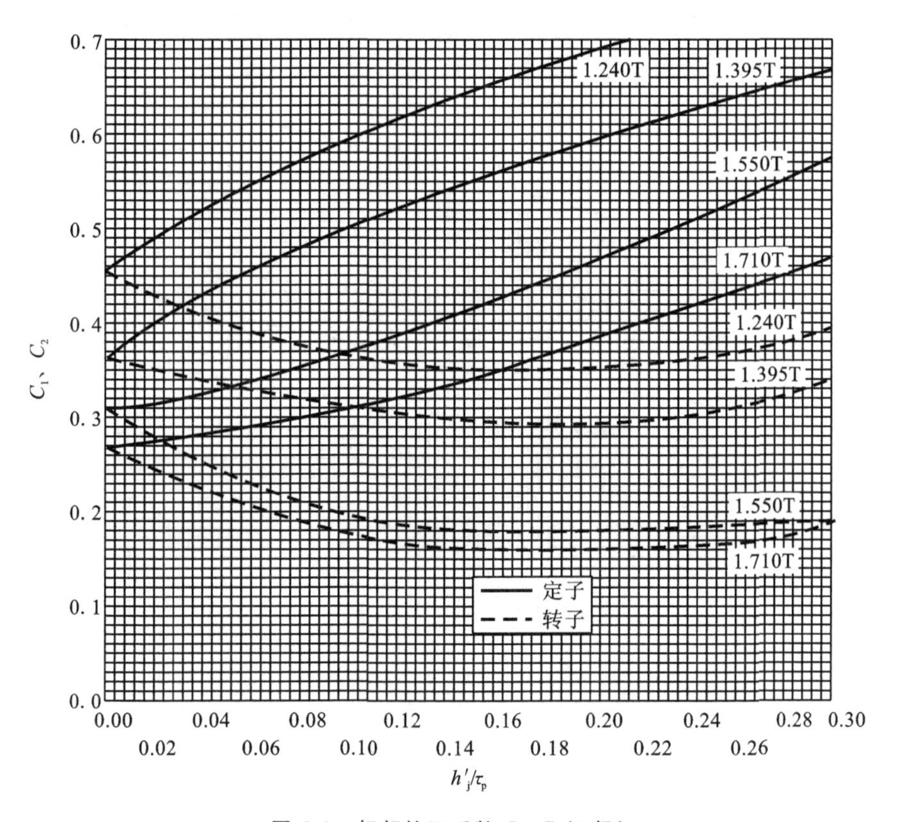

图 C-2　轭部校正系数 C_1、C_2(2 极)

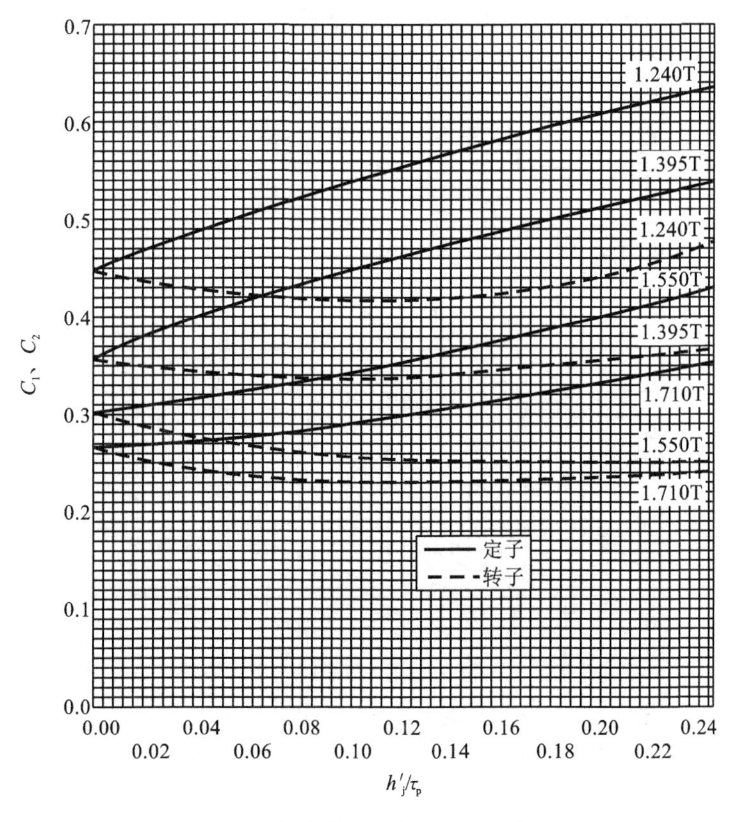

图 C-3　轭部校正系数 C_1、C_2(4 极)

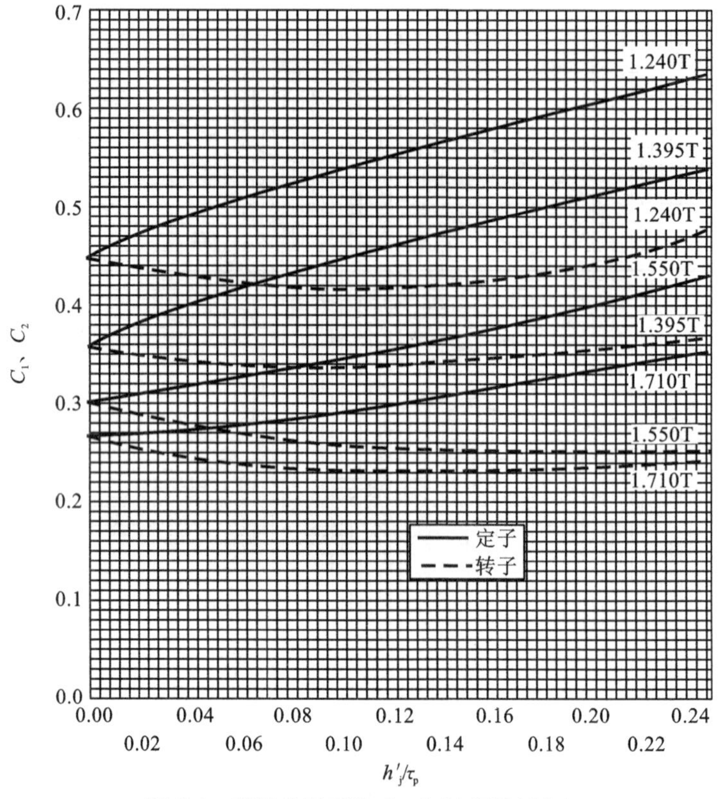

图 C-4 轭部校正系数 C_1、C_2(6 极及以上)

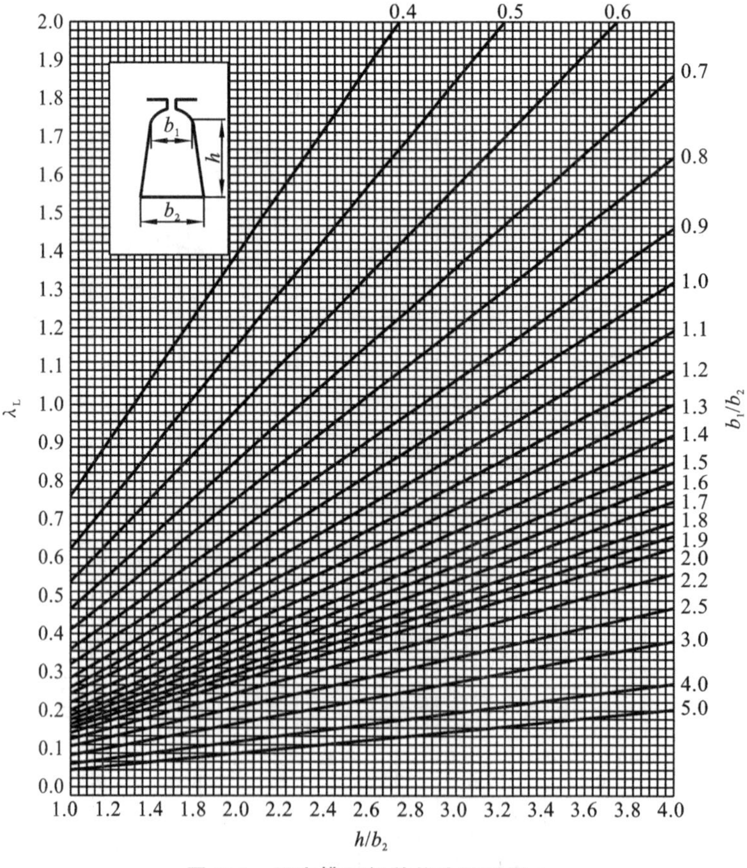

图 C-5 平底槽下部单位比漏磁导 λ_L

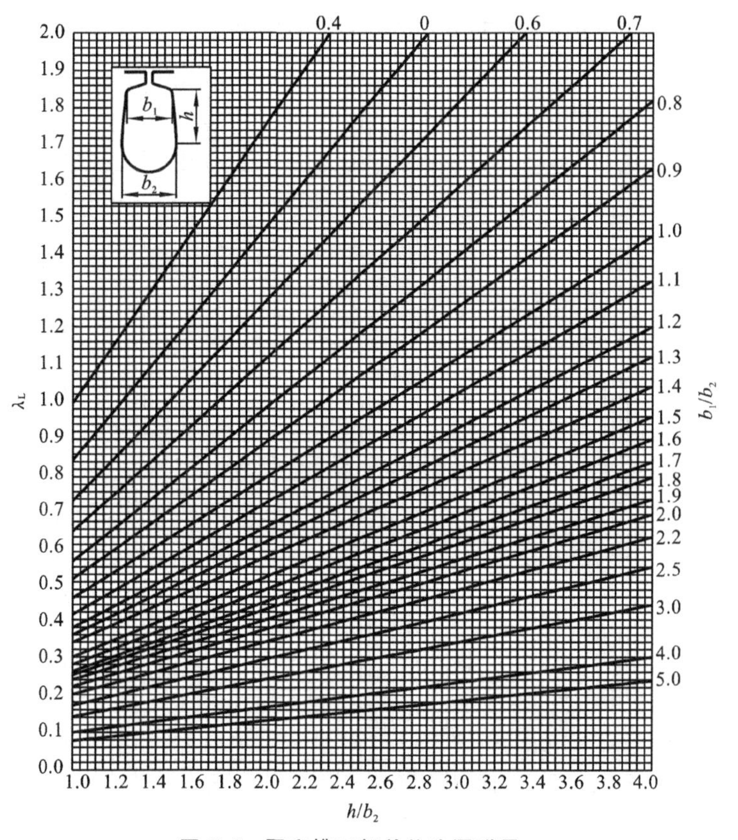

图 C-6　圆底槽下部单位比漏磁导 λ_L

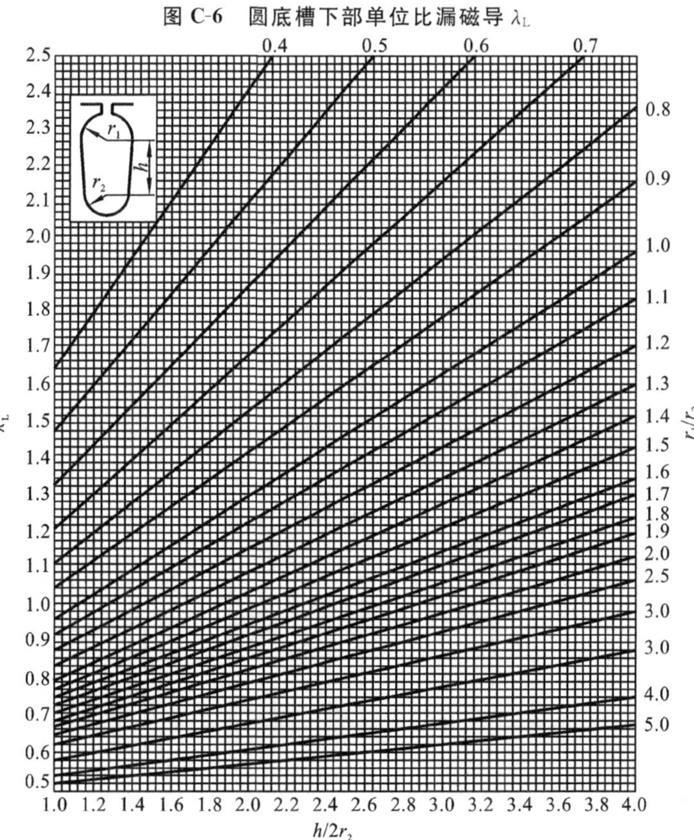

图 C-7　梨形槽下部单位比漏磁导 λ_L

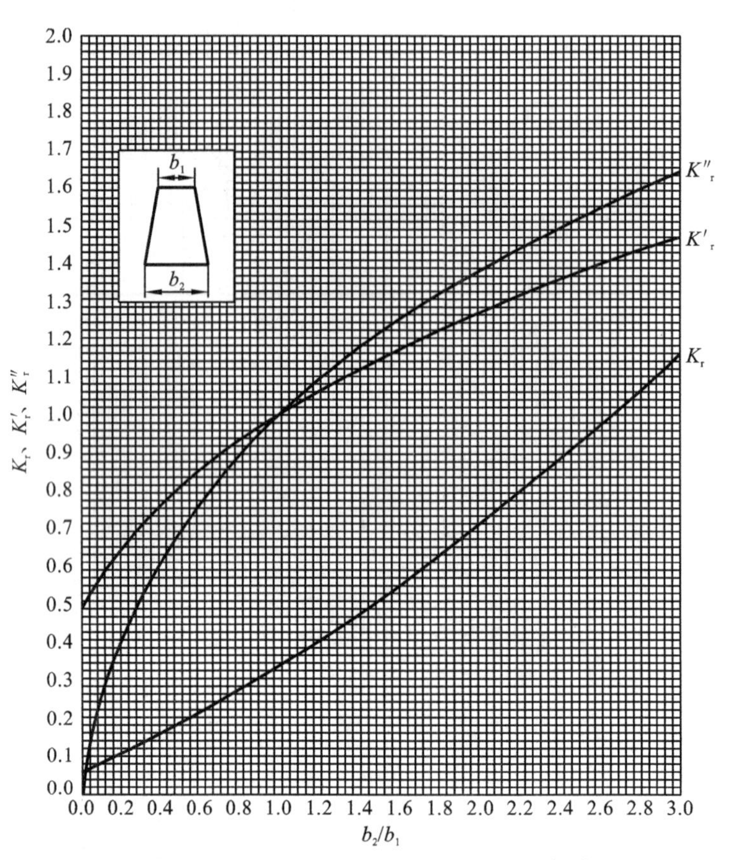

图 C-8　凸形槽下部单位漏磁导系数 k_r、k_r'、k_r''

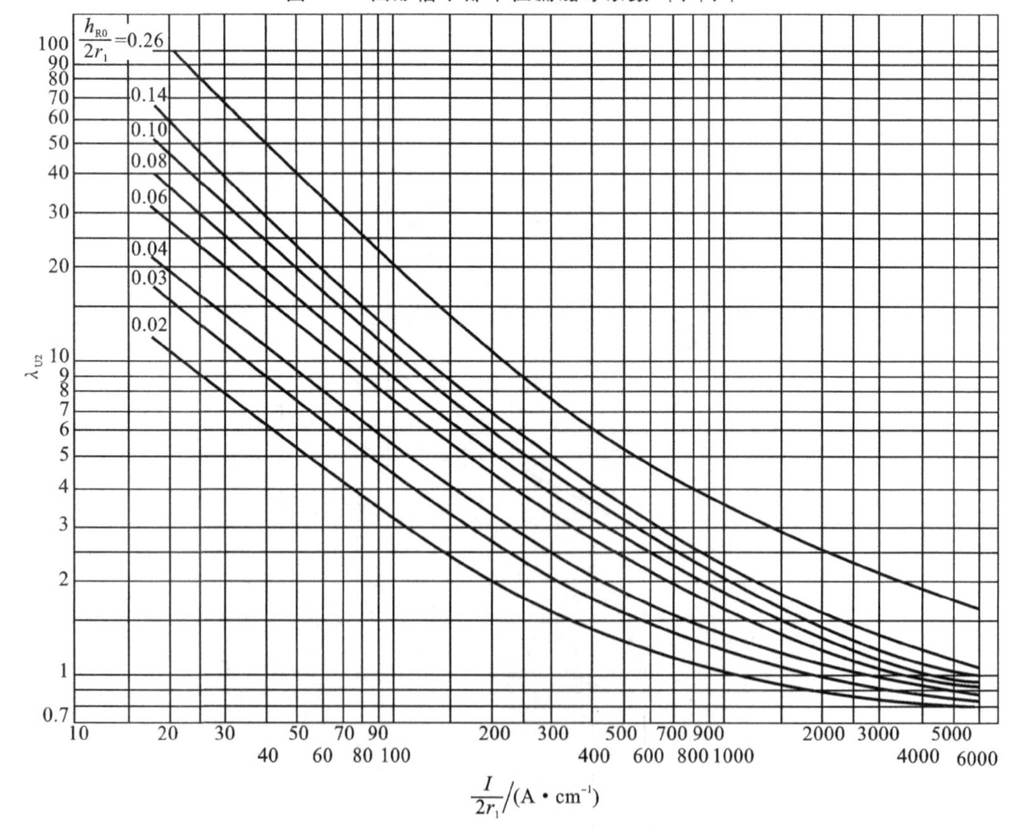

图 C-9　转子闭口槽上部单位比漏磁导 λ_{U2}

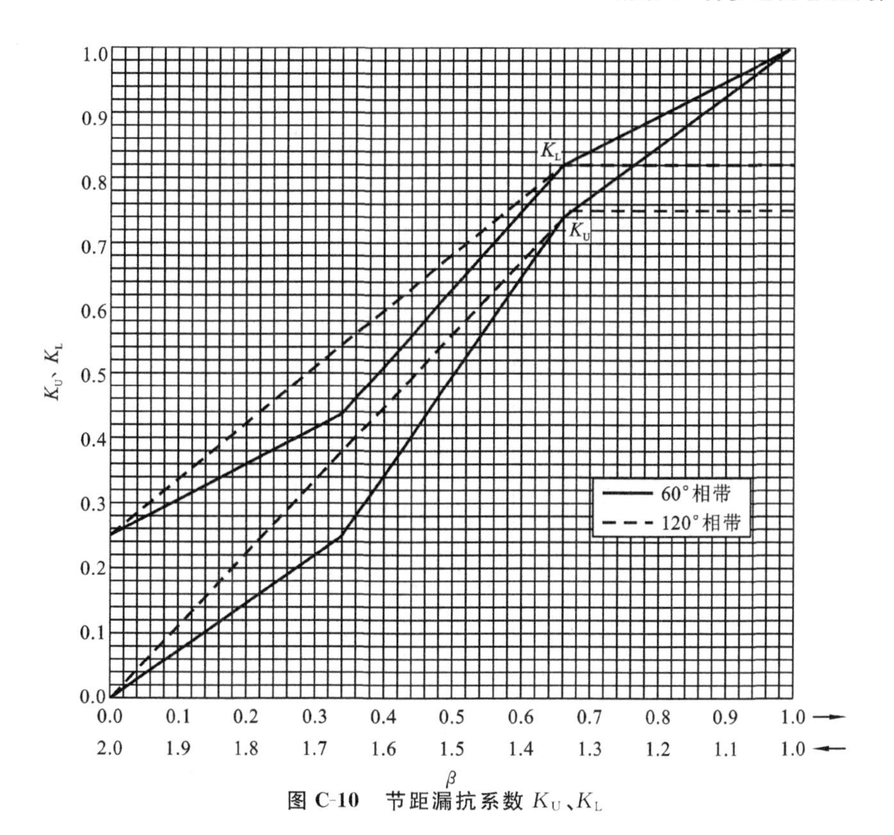

图 C-10　节距漏抗系数 K_U、K_L

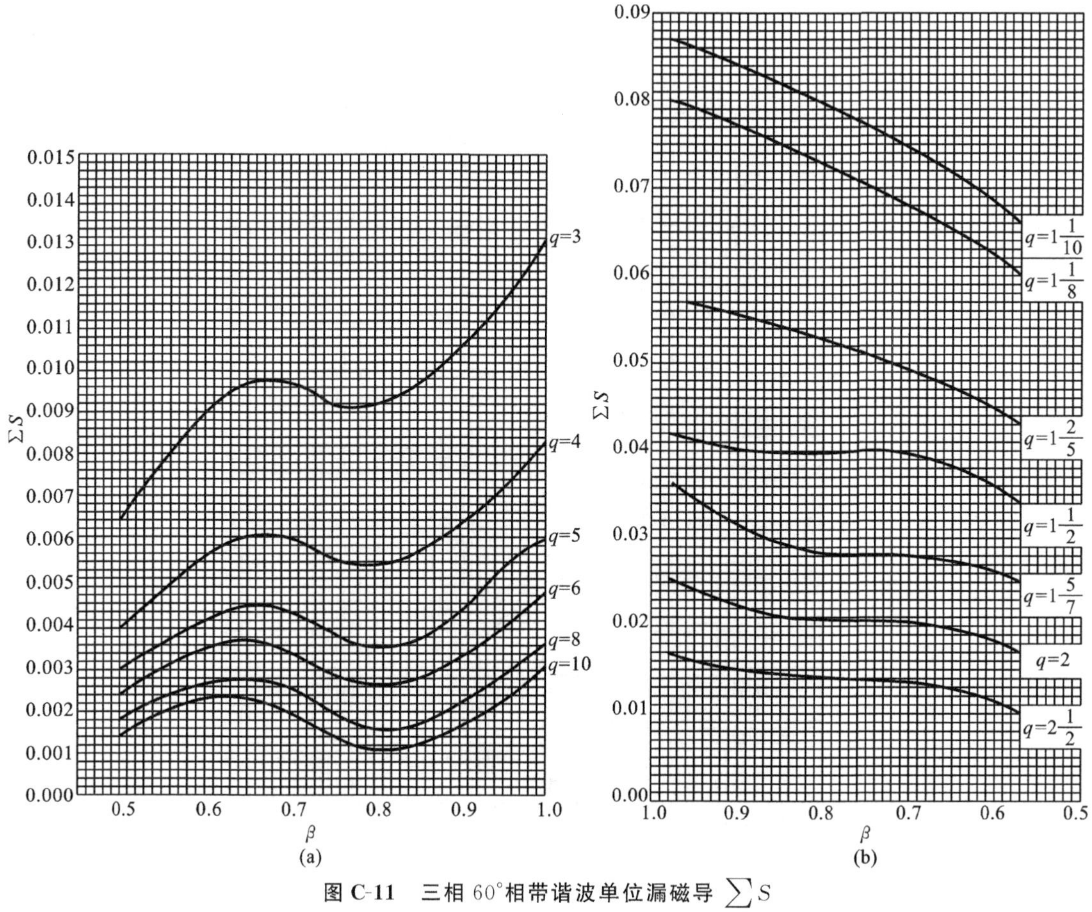

(a)　(b)

图 C-11　三相 60°相带谐波单位漏磁导 $\sum S$

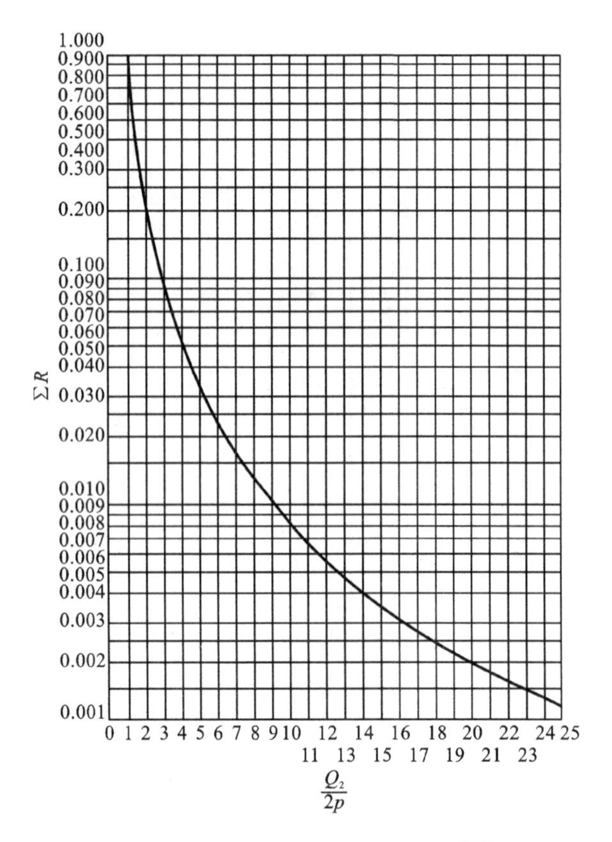

图 C-12 笼形转子谐波单位漏磁导 $\sum R$

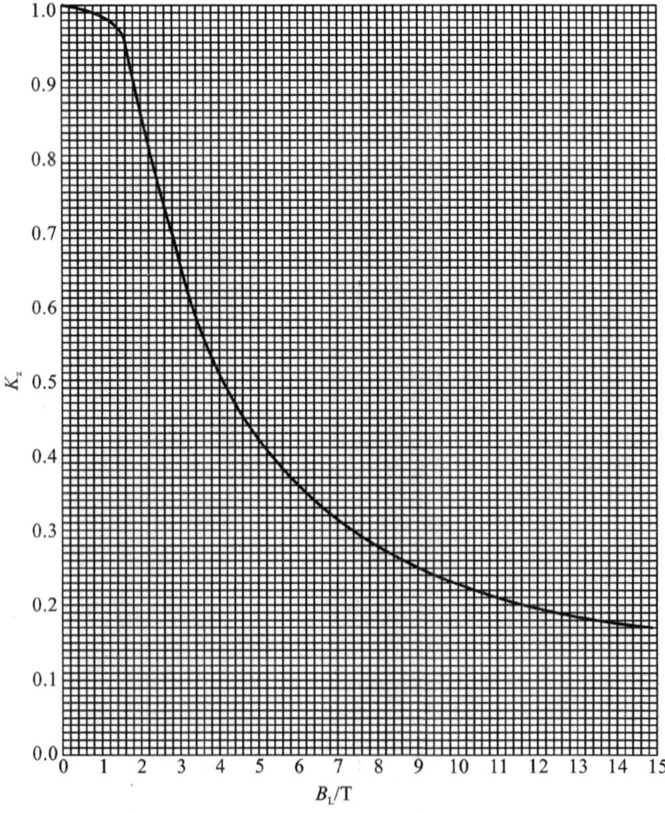

图 C-13 启动时漏电抗饱和系数 K_z

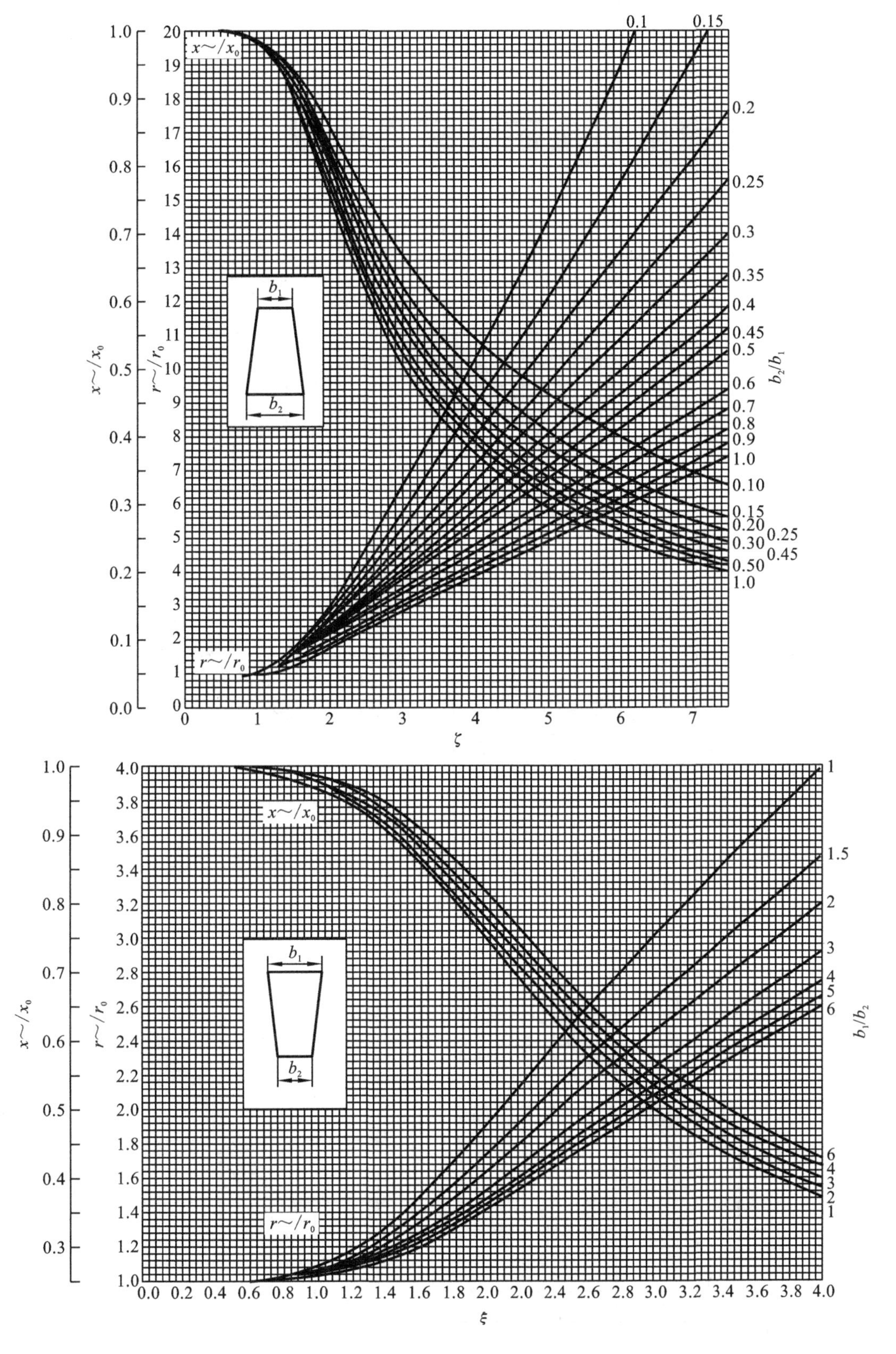

图 C-14 转子集肤效应系数$\frac{r\sim}{r_0}$、$\frac{x\sim}{x_0}$

附录D

直流电机电磁计算用曲线

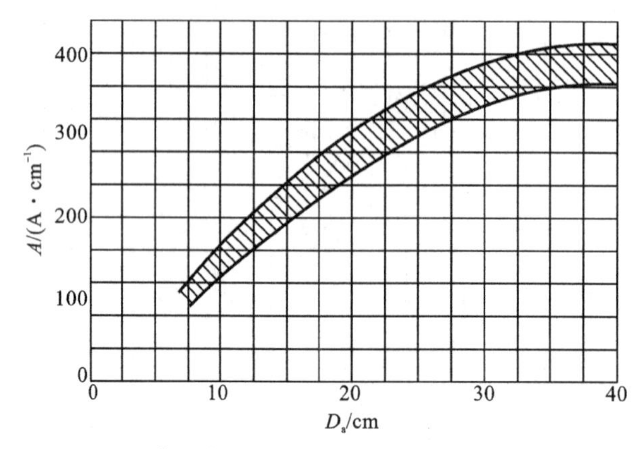

图 D-1　直流电机线负荷 A 与电枢直径 D_a 的曲线

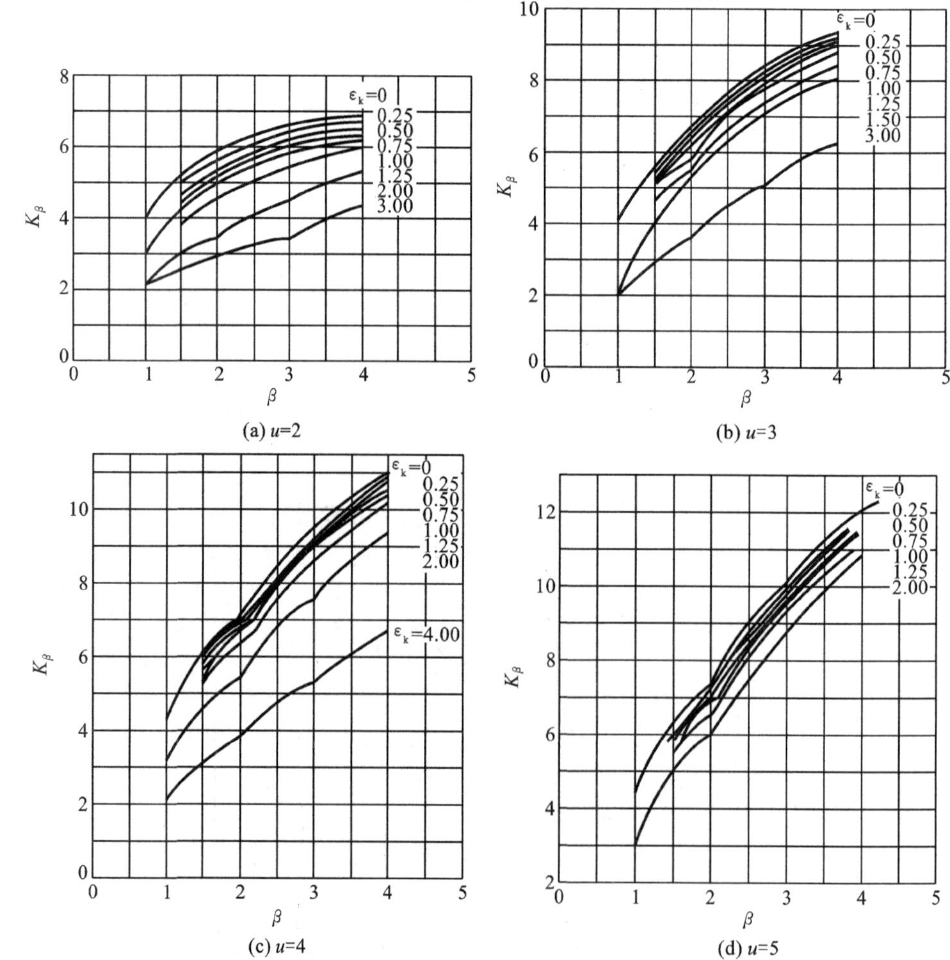

图 D-2　直流电机绕组电感系数

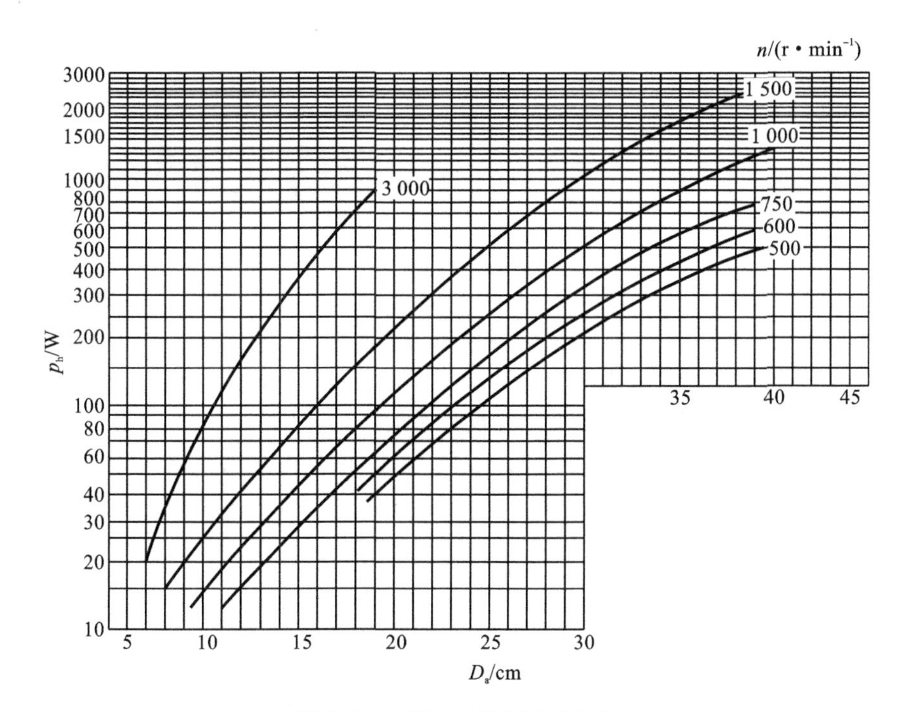

图 D-3 直流电机机械损耗曲线

参考文献 CANKAOWENXIAN

[1] 陈世坤.电机设计[M].2版.北京:机械工业出版社,2004.

[2] 戴文进,张景明,等.电机设计[M].北京:清华大学出版社,2010.

[3] 上海电器科学研究所.中小型电机设计手册[M].北京:机械工业出版社,1994.

[4] 唐任远.现代永磁电机理论与设计[M].北京:清华大学出版社,2006.

[5] 唐任远.特种电机原理及应用[M].2版.北京:机械工业出版社.2010.

[6] 汪镇国.单相串激电动机的原理设计制造[M].上海:上海科学技术文献出版社,1991.

[7] 汪国梁.单相串激电动机[M].西安:陕西科学技术出版社,1980.

[8] 黄国治,傅丰礼.中小旋转电机设计手册[M].北京:机械工业出版社,2006.

[9] 王秀和,等.永磁电机[M].2版.北京:中国电力出版社,2007.

[10] 李钟明,刘卫国.稀土永磁电机[M].北京:国防工业出版社,1999.

[11] 上海微电机研究所.微特电机设计程序[M].上海:上海科学技术出版社,1983.

[12] 湘潭电机厂.交流电机设计手册[M].长沙:湖南人民出版社,1977.

[13] 汤蕴璆,史乃.电机学[M].北京:机械工业出版社,2005.

[14] 戴文进,徐龙权,等.电机学[M].北京:机械工业出版社,2008.

[15] 阎治安,崔新艺,苏少平,等.电机学[M].2版.西安:西安交通大学出版社,2008.